守护黄河安澜
共促高质量发展

山东省黄河流域生态保护和高质量发展专项监督工作纪实

中共山东省纪律检查委员会
山 东 省 监 察 委 员 会

主编

山东人民出版社 · 济南
国家一级出版社 全国百佳图书出版单位

图书在版编目（CIP）数据

守护黄河安澜　共促高质量发展：山东省黄河流域生态保护和高质量发展专项监督工作纪实 / 中共山东省纪律检查委员会，山东省监察委员会主编．-- 济南：山东人民出版社，2025. 1. -- ISBN 978-7-209-15525-0

Ⅰ. X321.252

中国国家版本馆 CIP 数据核字第 2024AJ5717 号

守护黄河安澜　共促高质量发展

SHOUHU HUANGHE ANLAN　GONGCU GAOZHILIANG FAZHAN

——山东省黄河流域生态保护和高质量发展专项监督工作纪实

中共山东省纪律检查委员会　山东省监察委员会　主编

主管单位　山东出版传媒股份有限公司
出版发行　山东人民出版社
出 版 人　胡长青
社　　址　济南市市中区舜耕路517号
邮　　编　250003
电　　话　总编室（0531）82098914
　　　　　市场部（0531）82098027
网　　址　http://www.sd-book.com.cn
印　　装　山东临沂新华印刷物流集团有限责任公司
经　　销　新华书店

规　　格　16开（184mm×260mm）
印　　张　32.25
字　　数　490千字
版　　次　2025年1月第1版
印　　次　2025年1月第1次
ISBN 978-7-209-15525-0
定　　价　168.00元

守护黄河安澜　共促高质量发展

山东省黄河流域生态保护和高质量发展专项监督工作纪实

申广清/摄

山东省黄河流域生态保护和高质量发展专项监督工作综述

2021年10月，习近平总书记亲临山东视察并在济南召开深入推动黄河流域生态保护和高质量发展座谈会。山东省委随后召开十一届十四次全会就贯彻落实进行安排部署，作出《中共山东省委关于深入学习贯彻习近平总书记重要讲话精神扎实推动黄河流域生态保护和高质量发展的决定》，山东省纪委监委闻令而动、主动出击，全面启动黄河重大国家战略专项监督，跑出了沿黄九省区专项监督“第一棒”。三年来，山东省纪委监委以钉钉子精神深入开展专项监督，目标任务更为清晰、方式方法不断创新、机制制度日益完善、品牌效应充分彰显，在解放思想变革观念、创新机制完善制度、营造良好政治生态、锤炼过硬干部队伍等方面都发挥了很强的引领作用，不仅有力推动了黄河重大国家战略在齐鲁大地开花结果，成为助推山东经济社会高质量发展的重要引擎，也有力带动了纪检监察工作高质量发展，铸造了山东政治监督的金字招牌。相关经验做法先后得到中央纪委国家监委及省委省政府主要领导同志批示肯定，中央深改委以专刊形式予以推广，国家监委特约监察员专门到山东考察，黄河重大国家战略专项监督被省委授予“山东改革品牌”荣誉称号。

三年来，山东省纪委监委始终把准政治监督定位，推动“两个维护”更加具体深入。把黄河重大国家战略专项监督作为政治监督的总牵引、总抓手，推动全省各级各部门以实际行动坚定拥护“两个确立”、坚决做到“两个维护”。责任链条全面拧紧。省委省政府示范带头，制定一揽子政策措施。省人大先后制定颁布省黄河保护条例、东平湖保护条例等地方性法规，省政协开展为期三年的专项民主监督。各市县党委政府深入贯彻“省负总责、市县落实”机制，东营市委把专项监督纳入全市“大盘子”高标推进，黄河三角洲生态保护修复、国家盐碱地综合利用试点等取得重大进展。省直部门积极担当作为，省发展改革委高效履行领导小组办公室职责，省生态环境厅扎实开展黄河生态保护治理攻坚战“十大行动”，省水利厅突出抓好国家省级水网先导区建设，省自然资源厅聚力优化国土空间保护利用格局。各方责任扛得越来越牢，融入黄河、服务黄河的积极性主动性充分激发。监督保障深入有力。省纪委监委将专项监督纳入省纪委全会重点任务，每年制定监督方案，配套开展护航优化营商环境、乡村振兴领域不正之风和腐败问题、基层治理不良现象及不担当不作为乱作为、省属国有企业“靠企吃企”等专项整治，着力为高质量发展保驾护航。省纪委监委2023年推动有关部门短期内完成51家沿黄工业园区审批，2024年对化工园区扩区调区审核迟缓问题强化监督，推动短期内完成15家化工园区部门联审。全省各级纪检监察机关立足实际加强监督，济南、青岛、东营市纪委监委分别围绕新旧动能转换起步区、西海岸新区、黄河口国家公园建设等强化服务保障，有力破除制约发展的堵点难点痛点。

三年来，山东省纪委监委始终站稳人民至上立场，推动为民谋利更加坚定自觉。把践行初心使命融入专项监督，与群众身边不正之风和腐败问题集中整治深度融合，更好守护民心维护民利。着力解决急难愁盼。紧盯事关群众生产生活的热点难点问题，不彻底解决不罢休。开展房屋产权确权颁证历史遗留问题专项整治，化解项目5036个、惠及近140万户业主，截至目前已经办证80万本，并且有效盘活了资产、有力促进了发展。坚决清除蝇贪蚁腐。对胆敢啃噬群众利益的人和事零容忍，三年来全省共查处群众身边不正之风和腐败问题3.5万件次，批评教育和处理4.9万人次。强力推进为民办事。监督推动各级各部门兜牢民生底线、办好民生实事。紧盯黄河滩区迁建及后续发展，在全面完成脱贫迁建工程、实现60万人安居梦的基础上，推动出台支持黄河滩区高质量发展政策措施，确保“搬得出、稳得住、可发展、能致富”。

三年来，山东省纪委监委始终强化协助引导推动功能，推动各类监督更加贯通协调。把黄河重大国家战略专项监督作为深化改革、健全完善党和国家监督体系的“试验田”，初步构建起以黄河重大国家战略专项监督为牵引，在党内监督主导下，做实专责监督、贯通各类监督、拓展跨地区跨部门重大战略协同监督，左右衔接、上下联动、系统集成、协同高效的监督格局。搭建监督贯通“四梁八柱”。十二届省委首轮巡视即组织开展黄河流域生态保护和高质量发展专项巡视，对全省9市、25个县（市、区）和17个省直部门党组织进行巡视并同步开展市县党委联动巡察。省委深改委印发《加强纪检监察机关专责监督与其他各类监督贯通协调的意见》，省纪委监委机关与其他监督主体建立22项协作配合制度。在淄博、枣庄、威海、德州4个市以及广饶县、邹城市、五莲县、滨州市滨城区4个县（市、区）开展贯通协调试点，探索积累经验。强化“四项监督”全贯通。制定“四项监督”统筹衔接实施方案，健全“室组”联动监督、“组组”协同监督机制，推动力量整合、流程再造。授权监督检查室负责同志担任不驻组的省委巡视组副组长、派驻纪检监察组组长担任巡视组副组长直接参加对驻在部门单位巡视，释放“四项监督”叠加效应。促进各类监督优势互补。加强信息互通、力量整合、资源共用、成果共享，不断织密监督网络。依托监督贯通应用平台和巡视巡察综合信息管理系统，建立黄河重大国家战略专项监督数据模块，汇集25亿余条政务数据资源，监督效率显著增强。探索跨地区跨部门重大战略协同监督。省纪委监委与中央纪委国家监委驻水利部纪检监察组联合印发聚焦落实黄河流域生态保护和高质量发展加强政治监督和审查调查协作配合的意见，加强与山东省黄河河务局纪检组协同配合，指导聊城市莘县、阳谷县纪委监委与河南濮阳市范县、台前县纪委监委签订协同监督合作协议，空间领域不断拓展。

三年来，山东省纪委监委始终坚持守正创新理念，推动监督机制更加科学高效。坚持边实践、边总结，形成了一系列行之有效的制度机制，让监督质效倍增。创新建立并深化运用“一台账、两清单、双责任、双问责”监督机制，形成了以有力监督推动有效落实的完整链条。截至目前，纳入省纪委监委监督台账清单的108项重点任务，92项重大政策、重大资金、重大平台、重大项目，全部完成目标或达到进度。对突出问题开展“双问责”，围绕10个生态环保突出问题，对9个市、4家省直部门单位同步开展追责问责，有效避免只问地方属地责任不问部门监管责任的问题。创新建立政治监督活页，动态汇总各类监督监管发现问题，常态化梳理分析研判，打造成为政治监督“问题集”、政治生态“参考书”。根据活页“深加工”后发现的突出问题，全省纪检监察机关围绕黄河重大国家战略共制发纪检监察建议682份，提出的“清廉山东”建设、完善东平湖保护发展制度、打造绿色高效农业示范带等建议，全部纳入省委决策并加快落实。创新建立“五方联动”“一组双专班”专项监督工作体系，推动各级党委、政府、职能部门、纪委监委和广大群众同向发力、合力攻坚。

三年来，山东省纪委监委始终注重严管厚爱结合，推动干事环境更加优化提升。把从严管理监督和鼓励担当作为高度统一起来，推动山清水秀的政治生态持续向好。高压震慑保持严的基调。对涉及黄河重大国家战略的问题线索优先受理、优先处置，坚决查处在项目审批、工程建设、资金拨付等领域违纪违法问题，深入整治搞“半拉子工程”“面子工程”“新形象工程”等形式主义官僚主义问题。三年来，全省纪检监察机关共查处“靠黄河吃黄河”问题8555件次，批评教育和处理10479人次，以严明纪法打好新时代“黄河保卫战”。激励担当倡树干事导向。充分考虑沿黄地区园区建设、产业发展等历史沿革和自然条件、经济条件，加大容错纠错、澄清正名、严查诬告陷害等工作力度。省纪委监委会同省委组织部建立激励干部担当作为协同联动工作机制，督促相关领域建立容错纠错正面清单。三年来全省纪检监察机关为2531名干部容错纠错，为6238名干部澄清正名。

万里征程风正劲，千钧重任再扬帆。黄河重大国家战略是习近平总书记和党中央交给山东的重大政治任务，是推进新时代社会主义现代化强省建设的“牛鼻子”，全省各级纪检监察机关将继续坚持以只争朝夕的历史主动、主人翁的责任担当，全力以赴、锐意进取、攻坚克难，为“走在前、挑大梁”作出新的更大贡献！

目录

工作综述

组织领导篇

部署要求

重要会议及活动

高点谋划　高位推动

专题询问　法治保障

民主协商　建言献策

专项监督　推动落实

监督推动篇

专项监督方案

创新推动方式

贯通协同监督

在项目审批、工程建设、招标投标中以权谋私、贪污受贿等损害营商环境问题

雁过拔毛、侵占挪用、吃拿卡要、优亲厚友等侵害群众利益问题

制度机制篇

省级系统谋划

市级细化落实

成果成效篇

荣誉纪实

媒体聚焦

基层亮点

大事记

薄华瑞/摄

组织领导篇

1

编者按　习近平总书记对黄河流域生态保护和高质量发展念兹在兹，先后在河南郑州、山东济南和甘肃兰州召开会议，为将黄河流域打造成为大江大河治理的重要标杆，国家生态安全的重要屏障，高质量发展的重要实验区，中华文化保护传承弘扬的重要承载区提出要求、指引方向。特别是2021年10月视察山东期间，习近平总书记对山东提出了“在推动黄河流域生态保护和高质量发展上走在前”的要求。三年来，山东各级牢记习近平总书记嘱托，深入推进黄河重大国家战略实施。山东省纪委监委全面启动专项监督，在监督保障执行黄河重大国家战略上跑出“第一棒”。本篇分部署要求、重要会议及活动两部分，旨在进一步对标对表习近平总书记重要指示要求和党中央决策部署，全力推动省委工作安排落实见效，践行纪检监察机关使命担当。

部署要求

延智/摄

习近平在河南主持召开黄河流域生态保护
和高质量发展座谈会时强调

共同抓好大保护协同推进大治理 让黄河成为造福人民的幸福河

韩正出席并讲话

新华社郑州9月19日电　中共中央总书记、国家主席、中央军委主席习近平18日上午在郑州主持召开黄河流域生态保护和高质量发展座谈会并发表重要讲话。他强调，要坚持绿水青山就是金山银山的理念，坚持生态优先、绿色发展，以水而定、量水而行，因地制宜、分类施策，上下游、干支流、左右岸统筹谋划，共同抓好大保护，协同推进大治理，着力加强生态保护治理、保障黄河长治久安、促进全流域高质量发展、改善人民群众生活、保护传承弘扬黄河文化，让黄河成为造福人民的幸福河。

中共中央政治局常委、国务院副总理韩正出席座谈会并讲话。

座谈会上，青海省委书记王建军、陕西省委书记胡和平、河南省委书记王国生、自然资源部部长陆昊、生态环境部部长李干杰、水利部部长鄂竟平、国家发展改革委主任何立峰先后发言，山西省委书记骆惠宁、内蒙古自治区党委书记李纪恒、山东省委书记刘家义、四川省委书记彭清华、甘肃省委书记林铎、宁夏回族自治区党委书记石泰峰提供书面发言，分别从黄河流域生态修复、水土保持、污染防治等方面谈了认识和看法，结合实际提出了意见和建议。

听取大家发言后，习近平发表了重要讲话。他强调，黄河流域是我国重要的生态屏障和重要的经济地带，是打赢脱贫攻坚战的重要区域，在我国经济社会发展和生态安全方面具有十分重要的地位。保护黄河是事关中华民族伟大复兴和永续发展的千秋大计。黄河流域生态保护和高质量发展，同京津冀协同发展、长江经济带发展、粤港澳大湾区建设、长三角一体化发展一样，是重大国家战略。加强黄河治理保护，推动黄河流域高质量发展，积极支持流域省区打赢脱贫攻坚战，解决好流域人民群众特别是少数民族群众关心的防洪安全、饮水安全、生态安全等问题，对维护社会稳定、促进民族团结具有重要意义。

习近平指出，“黄河宁，天下平”。自古以来，中华民族始终在同黄河水旱灾害作斗争。新中国成立后，党和国家对治理开发黄河极为重视。在党中央坚强领导下，沿黄军民和黄河建设者开展了大规模的黄河治理保护工作，取得了举世瞩目的成就。水沙治理取得显著成效，防洪减灾体系基本建成，河道萎缩态势初步遏制，流域用水增长过快局面得到有效控制，有力支撑了经济社会可持续发展。生态环境持续明显向好，水土流失综合防治成效显著，三江源等重大生态保护和修复工程加快实施，上游水源涵养能力稳定提升，中游黄土高原蓄水保土能力显著增强，实现了“人进沙退”的治沙奇迹，生物多样性明显增加。发展水平不断提升，中心城市和中原等城市群加快建设，全国重要的农牧业生产基地和能源基地的地位进一步巩固，新的经济增长点不断涌现，滩区居民迁建工程加快推进，百姓生活得到显著改善。党的十八大以来，党中央着眼于生态文明建设全局，明确了“节水优先、空间均衡、系统治理、两手发力”的治水思路，黄河流域经济社会发展和百姓生活发生了很大的变化。同时也要清醒看到，当前黄河流域仍存在一些突出困难和问题，流域生态环境脆弱，水资源保障形势严峻，发展质量有待提高。这些问题，表象在黄河，根子在流域。

习近平强调，治理黄河，重在保护，要在治理。要坚持山水林田湖草综合治理、系统治理、源头治理，统筹推进各项工作，加强协同配合，推动黄河流域高质量发展。

第一，加强生态环境保护。黄河生态系统是一个有机整体，要充分考虑上中下游的差异。上游要以三江源、祁连山、甘南黄河上游水源涵养区等为重点，推进实施一批重大生态保护修复和建设工程，提升水源涵养能力。中游要突出抓好水土保持和污染治理，有条件的地方要大力建设旱作梯田、淤地坝等，有的地方则要以自然恢复为主，减少人为干扰，对污染严重的支流，要下大气力推进治理。下游的黄河三角洲要做好保护工作，促进河流生态系统健康，提高生物多样性。

第二，保障黄河长治久安。黄河水少沙多、水沙关系不协调，是黄河复杂难治的症结所在。尽管黄河多年没出大的问题，但丝毫不能放松警惕。要紧紧抓住水沙关系调节这个“牛鼻子”，完善水沙调控机制，解决九龙治水、分头管理问题，实施河道和滩区综合提升治理工程，减缓黄河下游淤积，确保黄河沿岸安全。

第三，推进水资源节约集约利用。黄河水资源量就这么多，搞生态建设要用水，发展经济、吃饭过日子也离不开水，不能把水当作无限供给的资源。要坚持以水定城、以水定地、以水定人、以水定产，把水资源作为最大的刚性约束，合理规划人口、城市和产业发展，坚决抑制不合理用水需求，大力发展节水产业和技术，大力推进农业节水，实施全社会节水行动，推动用水方式由粗放向节约集约转变。

第四，推动黄河流域高质量发展。要从实际出发，宜水则水、宜山则山，宜粮则粮、宜农则农，宜工则工、宜商则商，积极探索富有地域特色的高质量发展新路子。三江源、祁连山等生态功能重要的地区，主要是保护生态，涵养水源，创造更多生态产品。河套灌区、汾渭平原等粮食主产区要发展现代农业，把农产品质量提上去。区域中心城市等经济发展条件好的地区要集约发展，提高经济和人口承载能力。贫困地区要提高基础设施和公共服务水平，全力保障和改善民生。要积极参与共建“一带一路”，提高对外开放水平，以开放促改革、促发展。

第五，保护、传承、弘扬黄河文化。黄河文化是中华文明的重要组成部分，是中华民族的根和魂。要推进黄河文化遗产的系统保护，深入挖掘黄河文化蕴含的时代价值，讲好“黄河故事”，延续历史文脉，坚定文化自信，为实现中华民族伟大复兴的中国梦凝聚精神力量。

习近平指出，要加强对黄河流域生态保护和高质量发展的领导，发挥我国社会主义制度集中力量干大事的优越性，牢固树立“一盘棋”思想，尊重规律，更加注重保护和治理的系统性、整体性、协同性，抓紧开展顶层设计，加强重大问题研究，着力创新体制机制，推动黄河流域生态保护和高质量发展迈出新的更大步伐。

习近平强调，推动黄河流域生态保护和高质量发展，非一日之功。要保持历史耐心和战略定力，以功成不必在我的精神境界和功成必定有我的历史担当，既要谋划长远，又要干在当下，一张蓝图绘到底，一茬接着一茬干，让黄河造福人民。

韩正在讲话中表示，要深入学习领会习近平总书记重要讲话精神，坚持共同抓好大保护、协同推进大治理，齐心协力开创黄河流域生态保护和高质量发展新局面。要全面加强黄河流域生态保护，坚持山水林田湖草生态空间一体化保护和环境污染协同治理，形成上游“中华水塔”稳固、中下游生态宜居的生态安全格局。要坚定不移走高质量发展路子，因地制宜构建有地域特色的现代产业体系，增强经济发展的动力和韧性。要把保障改善民生作为出发点和落脚点，加快提升全流域基本公共服务均等化水平，让黄河流域人民更好分享改革发展成果。要深化体制机制改革创新，探索出一套符合市场规律和方向的合作机制，形成推进黄河流域生态保护和高质量发展强大合力。

丁薛祥、刘鹤、何立峰出席座谈会，中央和国家机关有关部门负责同志、有关省区负责同志参加座谈会。

（新华社2019年9月19日）

习近平在深入推动黄河流域生态保护
和高质量发展座谈会上强调

咬定目标脚踏实地埋头苦干久久为功 为黄河永远造福中华民族而不懈奋斗

韩正出席并讲话

新华社济南10月22日电　中共中央总书记、国家主席、中央军委主席习近平22日下午在山东省济南市主持召开深入推动黄河流域生态保护和高质量发展座谈会并发表重要讲话。他强调，要科学分析当前黄河流域生态保护和高质量发展形势，把握好推动黄河流域生态保护和高质量发展的重大问题，咬定目标、脚踏实地，埋头苦干、久久为功，确保“十四五”时期黄河流域生态保护和高质量发展取得明显成效，为黄河永远造福中华民族而不懈奋斗。

中共中央政治局常委、国务院副总理韩正出席座谈会并讲话。

座谈会上，国家发展改革委主任何立峰、甘肃省委书记尹弘、山西省委书记林武、山东省委书记李干杰、自然资源部部长陆昊、生态环境部党组书记孙金龙、水利部部长李国英先后发言，介绍工作情况，提出意见和建议。参加座谈会的其他省区主要负责同志提交了书面发言。

听取大家发言后，习近平发表了重要讲话。他强调，党中央把黄河流域生态保护和高质量发展上升为国家战略以来，我们围绕解决黄河流域存在的矛盾和问题，开展了大量工作，搭建黄河保护治理“四梁八柱”，整治生态环境问题，推进生态保护修复，完善治理体系，高质量发展取得新进步。同时也要看到，在黄河流域生态保护和高质量发展上还存在一些突出矛盾和问题，要坚持问题导向，再接再厉，坚定不移做好各项工作。

习近平指出，沿黄河省区要落实好黄河流域生态保护和高质量发展战略部署，坚定不移走生态优先、绿色发展的现代化道路。第一，要坚持正确政绩观，准确把握保护和发展关系。把大保护作为关键任务，通过打好环境问题整治、深度节水控水、生态保护修复攻坚战，明显改善流域生态面貌。沿黄河开发建设必须守住生态保护这条红线，必须严守资源特别是水资源开发利用上限，用强有力的约束提高发展质量效益。第二，要统筹发展和安全两件大事，提高风险防范和应对能力。高度重视水安全风险，大力推动全社会节约用水。要高度重视全球气候变化的复杂深刻影响，从安全角度积极应对，全面提高灾害防控水平，守护人民生命安全。第三，要提高战略思维能力，把系统观念贯穿到生态保护和高质量发展全过程。把握好全局和局部关系，增强一盘棋意识，在重大问题上以全局利益为重。要把握好当前和长远的关系，放眼长远认真研究，克服急功近利、急于求成的思想。第四，要坚定走绿色低碳发展道路，推动流域经济发展质量变革、效率变革、动力变革。从供需两端入手，落实好能耗双控措施，严格控制“两高”项目盲目上马，抓紧有序调整能源生产结构，淘汰碳排放量大的落后产能和生产工艺。要着力确保煤炭和电力供应稳定，保障好经济社会运行。

习近平强调，“十四五”是推动黄河流域生态保护和高质量发展的关键时期，要抓好重大任务贯彻落实，力争尽快见到新气象。一是加快构建抵御自然灾害防线。要立足防大汛、抗大灾，针对防汛救灾暴露出的薄弱环节，迅速查漏补缺，补好灾害预警监测短板，补好防灾基础设施短板。要加强城市防洪排涝体系建设，加大防灾减灾设施建设力度，严格保护城市生态空间、泄洪通道等。二是全方位贯彻“四水四定”原则。要坚决落实以水定城、以水定地、以水定人、以水定产，走好水安全有效保障、水资源高效利用、水生态明显改善的集约节约发展之路。要精打细算用好水资源，从严从细管好水资源。要创新水权、排污权等交易措施，用好财税杠杆，发挥价格机制作用，倒逼提升节水效果。三是大力推动生态环境保护治理。上游产水区重在维护天然生态系统完整性，一体化保护高原高寒地区独有生态系统，有序实行休养生息制度。要抓好上中游水土流失治理和荒漠化防治，推进流域综合治理。要加强下游河道和滩区环境综合治理，提高河口三角洲生物多样性。要实施好环境污染综合治理工程。四是加快构建国土空间保护利用新格局。要提高对流域重点生态功能区转移支付水平，让这些地区一心一意谋保护，适度发展生态特色产业。农业现代化发展要向节水要效益，向科技要效益，发展旱作农业，推进高标准农田建设。城市群和都市圈要集约高效发展，不能盲目扩张。五是在高质量发展上迈出坚实步伐。要坚持创新创造，提高产业链创新链协同水平。要推进能源革命，稳定能源保供。要提高与沿海、沿长江地区互联互通水平，推进新型基础设施建设，扩大有效投资。

习近平指出，党中央已经对推动黄河流域生态保护和高质量发展作出全面部署，关键在于统一思想、坚定信心、步调一致、抓好落实，要落实好中央统筹、省负总责、市县落实的工作机制，各尽其责、主动作为。要调动市场主体、社会力量积极性。

习近平强调，进入7月下旬以来，黄河流域部分地方遭受罕见洪涝灾害，各有关地方要切实做好灾后恢复重建工作，特别是要关心和帮助那些因灾陷入困境的群众，保障人民群众基本生活，保证生产生活正常秩序。要注意克服秋汛影响，采取有针对性的措施，抓好秋冬种工作。入冬在即，各地要早作谋划、制定预案，保障群众生活用电、供暖，确保群众温暖过冬。

韩正在讲话中表示，要认真学习贯彻习近平总书记重要讲话和指示精神，进一步增强推动黄河流域生态保护和高质量发展的责任感使命感。要坚持问题导向，统筹水安全和水资源优化利用，保障生态和生活用水，严控高耗水产能过度扩张。要从黄河流域生态环境系统性和完整性出发，加强上游水源涵养能力建设、中游水土保持、下游湿地保护和生态治理，分区分类推进生态环境保护修复。要扎实推动黄河流域高质量发展，建设特色优势现代产业体系，高度重视煤炭清洁利用，建设全国重要能源基地。要牢固树立大局意识，凝聚大保护合力，坚决把黄河流域生态保护和高质量发展重点任务落实到位。

为开好这次座谈会，20日至21日，习近平在山东省委书记李干杰、代省长周乃翔陪同下，深入东营市的黄河入海口、农业高新技术产业示范区、黄河原蓄滞洪区居民迁建社区等，实地了解黄河流域生态保护和高质量发展情况。

20日下午，习近平来到黄河入海口，凭栏远眺，察看河道水情，详细询问径流量、输沙量等。随后，习近平走进黄河三角洲生态监测中心，听取黄河流路变迁、水沙变化和黄河三角洲生物多样性保护等情况介绍。他强调，我一直很关心黄河流域生态保护和高质量发展，今天来到这里，黄河上中下游沿线就都走到了。扎实推进黄河大保护，确保黄河安澜，是治国理政的大事。要强化综合性防洪减灾体系建设，加强水生态空间管控，提升水旱灾害应急处置能力，确保黄河沿岸安全。

习近平听取了黄河三角洲国家级自然保护区情况汇报，沿木栈道察看黄河三角洲湿地生态环境。他指出，党的十八大以来，各级党委和政府贯彻绿色发展理念的自觉性和主动性明显增强，一体推进山水林田湖草沙保护和治理力度不断加大，我国生态文明建设成绩斐然。黄河三角洲自然保护区生态地位十分重要，要抓紧谋划创建黄河口国家公园，科学论证、扎实推进。习近平强调，在实现第二个百年奋斗目标新征程上，要坚持生态优先、绿色发展，把生态文明理念发扬光大，为社会主义现代化建设增光增色。

21日上午，习近平来到黄河三角洲农业高新技术产业示范区考察调研，走进盐碱地现代农业试验示范基地，察看大豆、苜蓿、藜麦、绿肥作物长势，了解盐碱地生态保护和综合利用、耐盐碱植物育种和推广情况。习近平强调，开展盐碱地综合利用对保障国家粮食安全、端牢中国饭碗具有重要战略意义。要加强种质资源、耕地保护和利用等基础性研究，转变育种观念，由治理盐碱地适应作物向选育耐盐碱植物适应盐碱地转变，挖掘盐碱地开发利用潜力，努力在关键核心技术和重要创新领域取得突破，将科研成果加快转化为现实生产力。

上世纪70年代，东营市黄河原蓄滞洪区群众响应国家号召搬迁至沿黄大堤的房台上居住。2013年起，东营市对66个房台村进行住房拆迁改造，建设新社区。习近平来到杨庙社区，走进便民服务中心、老年人餐厅、草编加工合作社，详细询问社区加强基层党建、开展便民服务、促进群众增收等情况。在居民许建峰家，习近平察看卧室、厨房、卫生间等，同一家三代人围坐交谈。许建峰告诉总书记，他们原来住在沿黄大堤房台村的老房子里，2016年搬进了这里的楼房，生活条件好了，就业门路多了，打心眼里感谢党的好政策。习近平指出，党中央对黄河滩区居民迁建、保证群众安居乐业高度重视。要扎实做好安居富民工作，统筹推进搬迁安置、产业就业、公共设施和社区服务体系建设，确保人民群众搬得出、稳得住、能发展、可致富。要发挥好基层党组织战斗堡垒作用，努力把社区建设成为人民群众的幸福家园。离开社区时，干部群众高声向总书记问好。习近平祝愿大家生活幸福、身体健康，孩子们茁壮成长。

21日下午，习近平来到胜利油田勘探开发研究院，了解油田开发建设历程和研究院总体情况，走进页岩油实验室、二氧化碳气驱实验室，听取油田坚持自主创新、加快技术攻关应用、保障国家能源安全等情况介绍。习近平强调，解决油气核心需求是我们面临的重要任务。要加大勘探开发力度，夯实国内产量基础，提高自我保障能力。要集中资源攻克关键核心技术，加快清洁高效开发利用，提升能源供给质量、利用效率和减碳水平。他指出，石油战线始终是共和国改革发展的一面旗帜，要继续举好这面旗帜，在确保国家能源安全、保障经济社会发展上再立新功、再创佳绩。

离开研究院，习近平来到位于东营市莱州湾的胜利油田莱113区块，了解二氧化碳捕集、利用与封存技术研发应用情况。他登上二层钻井平台，察看钻井自动化设备，走进操作室，同正在作业的工人亲切交流。今年是胜利油田发现60周年。习近平代表党中央向为我国能源事业作出贡献的石油工作者们表示崇高敬意。习近平叮嘱大家继承和发扬老一辈石油人的革命精神和优良传统，始终保持石油人的红色底蕴和战斗情怀，为社会主义现代化建设事业作出更大贡献。

习近平充分肯定党的十九大以来山东的工作，勉励他们努力在服务和融入新发展格局上走在前、在增强经济社会发展创新力上走在前、在推动黄河流域生态保护和高质量发展上走在前，不断改善人民生活、促进共同富裕，开创新时代社会主义现代化强省建设新局面。

丁薛祥、刘鹤、陈希、何立峰等陪同考察并出席座谈会，中央和国家机关有关部门负责同志、有关省区负责同志参加座谈会。

（新华社2021年10月22日）

习近平主持召开全面推动黄河流域生态保护
和高质量发展座谈会强调

以进一步全面深化改革为动力 开创黄河流域生态保护和高质量发展新局面

蔡奇丁薛祥出席

新华社兰州9月12日电　中共中央总书记、国家主席、中央军委主席习近平12日下午在甘肃省兰州市主持召开全面推动黄河流域生态保护和高质量发展座谈会并发表重要讲话。他强调，要认真贯彻党的二十大和二十届三中全会精神，牢牢把握重在保护、要在治理的战略要求，以进一步全面深化改革为动力，坚持生态优先、绿色发展，坚持量水而行、节水优先，坚持因地制宜、分类施策，坚持统筹谋划、协同推进，促进全流域生态保护上新台阶、绿色转型有新进展、高质量发展有新成效、人民群众生活有新改善，开创黄河流域生态保护和高质量发展新局面。

中共中央政治局常委、中央办公厅主任蔡奇，中共中央政治局常委、国务院副总理丁薛祥出席座谈会。

座谈会上，国家发展改革委主任郑栅洁、甘肃省委书记胡昌升、陕西省委书记赵一德、河南省委书记楼阳生先后发言，就推动黄河流域生态保护和高质量发展汇报工作情况、提出意见建议。参加座谈会的其他省区主要负责同志提交了书面发言。

听取大家发言后，习近平发表了重要讲话。他指出，党中央提出黄河流域生态保护和高质量发展战略以来，黄河流域生态环境质量稳步提升，水安全保障能力持续增强，能源粮食安全基础不断巩固，高质量发展亮点不少，黄河流域生态保护和高质量发展站到了更高起点上。同时也要看到，仍有不少难题需要进一步破解。

习近平强调，要持续完善黄河流域生态大保护大协同格局，筑牢国家生态安全屏障。更加突出黄河治理的系统性、整体性、协同性，推动构建上下游贯通一体的生态环境治理体系，深入实施重要生态系统保护和修复重大工程，提升流域生态系统稳定性。强化“三北”工程联防联治，提升整体效果。加强采煤沉陷区综合治理，积极探索资源型地区转型发展新路径。持续深入打好污染防治攻坚战，加强重要支流和重点湖库治理，搞好沿河环湖地区环境基础设施建设。强化大气污染综合治理，加快重点行业超低排放改造，大力推进煤炭清洁高效利用。依法整治“散乱污”企业，有效管控风险源。实施支持绿色低碳发展的财税、金融、投资、价格政策和标准体系。健全生态产品价值实现机制。探索建立全流域、市场化、多元化生态保护补偿机制。

习近平指出，要实施最严格的水资源保护利用制度，提高水资源节约集约利用水平。严守水资源开发利用上限，细化以水定城、以水定地、以水定人、以水定产举措，健全覆盖全流域的取用水总量控制体系，科学配置干支流水资源。强化地下水水位管控，加大中下游地下水超采漏斗治理力度。加强饮用水水源地保护。稳步优化调整“八七”分水方案。积极探索和规范推进水权交易，全面推行水资源费改税。实施节水行动，加快建设节水型社会。

习近平强调，要完善防灾减灾体系，全力保障黄河安澜。健全水沙调节机制，完善以骨干水库等重大水利工程为主的调控体系。坚持干支流统防统治，推进干流重点河段、险工险段治理，保障重要堤防水库和基础设施安全。统筹推进黄河水利枢纽重大工程。加强灾害监测预警，强化预警和应急响应联动。加大查险排险力度，加强防灾减灾宣传教育和常态化、实战化协同动员演练。

习近平指出，要推动发展方式全面绿色转型，建设特色优势现代产业体系。毫不放松抓好粮食和重要农产品生产，强化农业科技和装备支撑，发展农业适度规模经营，因地制宜发展特色优势农业。建设旱涝保收的高标准农田，抓好盐碱地综合改造利用，努力提高耕地质量。优化重大项目建设布局，最大程度降低对地表径流、地下水的影响。大力发展绿色低碳经济，有序推进大型风电光伏基地和电力外送通道规划建设，加快重点行业清洁能源替代。着力提高产业科技创新能力，推动重点行业节能降碳改造和设备更新，壮大战略性新兴产业、先进制造业集群，因地制宜发展新质生产力。鼓励区域内高校、科研院所等布局建设技术转移和产业化服务机制，提高产业链创新链协同水平。

习近平强调，要全面深化改革扩大开放，为高质量发展增添动力。深度参与全国统一大市场建设，坚决破除各种形式的地方保护主义。深化国资国企改革，全面落实促进民营经济发展壮大的政策举措。构建优势互补的区域经济布局和国土空间体系，特大城市要走内涵式发展之路，沿黄城市群要提升人口集聚和产业协作能力。完善交通、能源、水利等跨省区重大基础设施体系，推进新型基础设施建设。加强与其他区域战略的对接，促进自由贸易试验区建设协调联动。积极参与高质量共建“一带一路”，以高水平对外开放拓展发展空间。

习近平指出，要统筹新型城镇化和乡村振兴，稳步增进民生福祉。引导大中小城市和小城镇协调发展、集约紧凑布局，提升县城产业和人口承载能力，减轻生态脆弱区的承载压力。更好发挥县城连接城市、带动乡村作用，率先在县域内实现城乡融合发展。分类推进村庄建设，建设宜居宜业和美乡村。加强普惠性、基础性、兜底性民生保障。把就业摆在突出位置，城镇产业发展和乡村产业培育都要重视扩大就业容量。巩固拓展脱贫攻坚成果，防止规模性返贫致贫。全面贯彻新时代党的民族工作大政方针，深化民族团结进步创建，依法治理民族、宗教事务，铸牢中华民族共同体意识。

习近平强调，黄河流域是中华民族和中华文明的重要发祥地，要保护弘扬黄河文化，传承好历史文脉和民族根脉。加强对文化遗产和自然遗产的整体性、系统性保护，深入推进考古等工作。保护好红色文化资源，弘扬革命文化，发展社会主义先进文化。深入挖掘黄河文化的时代价值，充分展示中华民族自强不息、坚忍不拔的民族品格和奋斗精神。推动文化和旅游融合发展，建设具有国际影响力的黄河文化旅游带。

习近平指出，在党中央集中统一领导下，中央区域协调发展领导小组要加强统筹协调和督促指导，中央有关部门要主动作为、加大支持力度，沿黄各省区党委和政府要担起主体责任，充分调动社会各方面的积极性，齐心协力唱好新时代“黄河大合唱”，为推进中国式现代化作出更大贡献。

习近平最后强调，各地区各部门要认真贯彻落实党中央关于经济工作的部署和各项重大举措，抓好三季度末和四季度经济工作，努力完成全年经济社会发展目标任务。

丁薛祥在讲话中表示，要深入学习贯彻党的二十大、二十届三中全会精神和习近平总书记重要讲话精神，坚持生态优先、绿色发展，推动黄河流域生态保护和高质量发展不断迈上新台阶。坚持把大保护作为关键任务，深入推进环境污染防治，加快构建坚实稳固、支撑有力的国家生态安全屏障。精心做好“人水关系”这篇大文章，全方位贯彻“四水四定”原则，科学配置全流域水资源。根据主体功能定位，发挥各自比较优势，着力提高产业科技创新能力，因地制宜发展新质生产力。全面深化改革开放，更好参与全国统一大市场建设，拓展对内对外开放的广度和深度，为黄河流域生态保护和高质量发展注入强大动力和活力。

何立峰、吴政隆、穆虹、姜信治出席座谈会，中央和国家机关有关部门、有关省区负责同志参加座谈会。

（新华社2024年9月12日）

习近平在山东考察时强调

以进一步全面深化改革为动力 奋力谱写中国式现代化山东篇章

蔡奇陪同考察

新华社济南5月24日电　中共中央总书记、国家主席、中央军委主席习近平近日在山东考察时强调，山东要在全国发展大局中定好位、挑大梁，完整准确全面贯彻新发展理念，以进一步全面深化改革为动力，继续在服务和融入新发展格局上走在前、在增强经济社会发展创新力上走在前、在推动黄河流域生态保护和高质量发展上走在前，加快建设绿色低碳高质量发展先行区，打造高水平对外开放新高地，奋力谱写中国式现代化山东篇章。

5月22日至24日，习近平在山东省委书记林武和省长周乃翔陪同下，先后来到日照、济南等地进行调研。

22日下午，习近平首先来到日照港考察。日照港是重要的能源和大宗原材料中转基地，近年来推进智慧化、绿色化建设，建成顺岸开放式全自动化集装箱码头。习近平听取山东省港口发展建设和日照港规划布局等情况介绍，并察看全自动化集装箱码头作业场景。他说，日照港是改革开放后新建的港口，近年来推进科技创新，将传统港口改造升级为现代化港口，不仅货物吞吐量跻身全国前列，还积累了通过传统产业改造升级发展新质生产力的经验，值得肯定。习近平亲切慰问港口科技工作者、运营人员、航运人员，希望大家再接再厉、继续奋斗，推动日照港管理运营更上一层楼。

随后，习近平考察了日照市阳光海岸绿道。近年来，日照市对沿海裸露场地及岸线破损处进行生态修复，建成约28公里的阳光海岸绿道，为市民和游客提供了运动休闲好去处。习近平听取绿道整体建设情况介绍，察看修复治理后的海岸线生态环境，了解当地升级文旅产业、提升人民生活品质的做法和成效，并不时同市民和游客亲切交流。他指出，建设绿道应市民所需，是得民心之事。推进中国式现代化，就是要让人民群众的生活越来越好。生态环境好，老百姓就多了一份实实在在的幸福感。大家要一起动手，共同建设和呵护美好家园。

24日上午，习近平在济南市听取了山东省委和省政府工作汇报，对山东各项工作取得的成绩给予肯定。

习近平指出，山东在推进科技创新与产业创新深度融合、发展新质生产力、完善现代化产业体系上大有可为。要着眼国家战略需求，统筹推进传统产业改造提升、新兴产业培育壮大、未来产业超前布局，全面释放实体经济和数字经济融合效能，因地制宜发展新质生产力。要大力推动发展方式绿色低碳转型，推进绿色环保科技创新和产业发展。要深度对接区域协调发展战略，努力成为北方地区经济重要增长极。要发挥海洋资源丰富的得天独厚优势，经略海洋、向海图强，打造世界级海洋港口群，打造现代海洋经济发展高地。

习近平强调，山东要在进一步全面深化改革、推进高水平对外开放上勇争先。要聚焦推进中国式现代化，在解决制约高质量发展的突出矛盾上下功夫，在完善制度、健全机制、激发活力、增添动力上用实劲。要积极构建国际物流大通道，大力推动自由贸易区联动创新，建设好制度型开放示范区，深度融入高质量共建“一带一路”，精心打造重大国际交流合作高能级平台，努力成为畅通国内国际双循环的重要节点。

习近平指出，山东是农业大省、粮食大省，在保障国家粮食安全方面责任重大。要深化城乡融合发展，全面推进乡村振兴，提高村庄规划编制质量和实效，大力发展现代农业，积极发展乡村特色产业和农产品加工业，延长产业链、提升价值链。推进高标准农田建设，推动实现粮食增产提质，建设更高水平的“齐鲁粮仓”。要巩固拓展脱贫攻坚成果，拓宽共同富裕路径，推动农业增效益、农民增收入、农村增活力。要坚持和发展新时代“枫桥经验”，坚持以党建引领基层治理，提高基层党组织领导基层治理能力，提升农村公共服务水平，巩固农村和谐稳定、群众安居乐业的良好局面。

习近平强调，山东要担负起新时代的文化使命，在推动文化繁荣、建设文化强国、建设中华民族现代文明上积极作为。要坚定文化自信，深入挖掘中华优秀传统文化精华，坚持创造性转化、创新性发展，以国际孔子文化节等为载体深化文明交流互鉴，提升中华文化影响力。要保护和运用好红色资源，大力弘扬沂蒙精神，推动红色基因代代相传。要广泛践行社会主义核心价值观，持续深化城乡精神文明建设，抓好农村移风易俗，让现代文明理念在乡村深深扎根。要繁荣发展文化事业和文化产业，创新实施文化惠民工程，大力推进文化数字化，让社会主义先进文化为经济发展增动能增效益、为旅游休闲增内涵增魅力、为城乡社会增正气增活力。

习近平指出，推进中国式现代化，必须坚持党的领导、抓好党的建设。正在全党开展的党纪学习教育是今年党建工作的重点任务，各级党组织要精心组织、扎实推动、务求实效。要加强警示教育，抓好以案促学、以案说纪，让心存敬畏、手握戒尺真正成为日常自觉。要引导党员、干部全面理解和执行党的纪律，在遵规守纪前提下，安心工作、放手干事、锐意进取、积极作为，创造不负人民、不负时代的业绩。要以党纪学习教育为契机，持续深化整治形式主义为基层减负，为基层干部干事创业营造良好环境。

习近平强调，各级党委和政府要统筹发展和安全，扎实抓好中小金融机构、地方政府债务、房地产等重点领域风险防控和化解工作，落细落实安全生产责任，及早预防可能出现的洪涝等灾害，全面加强各领域安全风险隐患排查整治，切实防患于未然，守住安全底线。

中共中央政治局常委、中央办公厅主任蔡奇陪同考察。

李干杰、何立峰及中央和国家机关有关部门负责同志陪同考察。

5月23日上午，习近平在济南亲切接见驻济南部队上校以上领导干部，代表党中央和中央军委向驻济南部队全体官兵致以诚挚问候，并同大家合影留念。张又侠陪同接见。

（新华社2024年5月24日）

中共中央、国务院印发《黄河流域生态保护和高质量发展规划纲要》

近日，中共中央、国务院印发了《黄河流域生态保护和高质量发展规划纲要》（以下简称《纲要》），并发出通知，要求各地区各部门结合实际认真贯彻落实。

本规划纲要是指导当前和今后一个时期黄河流域生态保护和高质量发展的纲领性文件，是制定实施相关规划方案、政策措施和建设相关工程项目的重要依据。规划期至2030年，中期展望至2035年，远期展望至本世纪中叶。规划范围为黄河干支流流经的青海、四川、甘肃、宁夏、内蒙古、山西、陕西、河南、山东9省区相关县级行政区，国土面积约130万平方公里，2019年年末总人口约1.6亿。

《纲要》指出，要以习近平新时代中国特色社会主义思想为指导，坚持生态优先、绿色发展，坚持量水而行、节水优先，坚持因地制宜、分类施策，坚持统筹谋划、协同推进，将黄河流域打造成为大江大河治理的重要标杆，国家生态安全的重要屏障，高质量发展的重要实验区，中华文化保护传承弘扬的重要承载区。

发展目标是：到2030年，黄河流域人水关系进一步改善，流域治理水平明显提高，生态共治、环境共保、城乡区域协调联动发展的格局逐步形成，现代化防洪减灾体系基本建成，水资源保障能力进一步提升，生态环境质量明显改善，国家粮食和能源基地地位持续巩固，以城市群为主的动力系统更加强劲，乡村振兴取得显著成效，黄河文化影响力显著扩大，基本公共服务水平明显提升，流域人民群众生活更为宽裕，获得感、幸福感、安全感显著增强。

到2035年，黄河流域生态保护和高质量发展取得重大战略成果，黄河流域生态环境全面改善，生态系统健康稳定，水资源节约集约利用水平全国领先，现代化经济体系基本建成，黄河文化大发展大繁荣，人民生活水平显著提升。到本世纪中叶，黄河流域物质文明、政治文明、精神文明、社会文明、生态文明水平大幅提升，在我国建成富强民主文明和谐美丽的社会主义现代化强国中发挥重要支撑作用。

《纲要》就加强上游水源涵养能力建设、加强中游水土保持、推进下游湿地保护和生态治理、加强全流域水资源节约集约利用、全力保障黄河长治久安、强化环境污染系统治理、建设特色优势现代产业体系、构建区域城乡发展新格局、加强基础设施互联互通、保护传承弘扬黄河文化、补齐民生短板和弱项、加快改革开放步伐等作出细化部署，强调要把党的领导始终贯穿于黄河流域生态保护和高质量发展各领域各方面各环节。充分发挥党总揽全局、协调各方的领导核心作用，确保黄河流域生态保护和高质量发展始终保持正确方向。系统梳理与黄河流域生态保护和高质量发展相关法律法规，深入开展黄河保护治理立法基础性研究工作，适时启动立法工作，将黄河保护治理中行之有效的普遍性政策、机制、制度等予以立法确认。全面评估黄河流域及沿黄省份资源环境承载能力，严格规范各类沿黄河开发建设活动。围绕贯彻落实本规划纲要，研究出台配套政策和综合改革措施，形成“1+N+X”规划政策体系。坚持中央统筹、省负总责、市县落实的工作机制。中央成立推动黄河流域生态保护和高质量发展领导小组，全面指导黄河流域生态保护和高质量发展战略实施，审议全流域重大规划、重大政策、重大项目和年度工作安排，协调解决跨区域重大问题，确保在2025年前黄河流域生态保护和高质量发展取得明显进展。

（央广网2021年10月9日）

重要会议及活动

西海岸新区供图

山东召开全省领导干部会议

迅速兴起学习宣传贯彻热潮
确保习近平总书记重要指示要求落实落地

2021年10月25日上午，山东省委召开全省领导干部会议，传达学习习近平总书记在深入推动黄河流域生态保护和高质量发展座谈会上的重要讲话精神和视察山东重要指示要求，对全省学习贯彻作出部署安排。

省委书记李干杰主持会议并讲话。省委副书记、代省长周乃翔，省政协主席付志方，省委副书记杨东奇出席。

李干杰指出，党的十八大以来，习近平总书记多次到山东视察和参加有关活动。这次到山东视察，主持召开深入推动黄河流域生态保护和高质量发展座谈会，深刻阐释了一系列重大理论和实践问题，与时俱进提出一系列新思想新观点新要求，并对做好山东工作给予有力指导，饱含着深切的关怀关爱，体现了深邃的战略思考，彰显出深厚的为民情怀，指明了前进的目标方向。我们一定要深入学习领会，结合实际不折不扣抓好贯彻落实，以实际行动增强“四个意识”、坚定“四个自信”、做到“两个维护”。

李干杰强调，贯彻落实好习近平总书记重要讲话精神和重要指示要求，是当前和今后一个时期的重大政治任务。全省各级党组织和广大党员干部要切实抓好学习，深刻领会把握总书记对山东工作的重要指示要求，深刻领会把握黄河流域生态保护和高质量发展的形势、需要处理好的几个重大问题和重点任务，深刻领会把握抓落实的具体要求，进一步统一思想、凝聚力量。要精心组织，深入学习研讨，广泛开展宣传，加强理论阐释，迅速兴起学习宣传贯彻热潮，确保总书记重要讲话精神和重要指示要求落地生根、开花结果。

李干杰指出，习近平总书记明确要求山东，努力在服务和融入新发展格局上走在前、在增强经济社会发展创新力上走在前、在推动黄河流域生态保护和高质量发展上走在前，不断改善人民生活、促进共同富裕，开创新时代社会主义现代化强省建设新局面。这是总书记从战略和全局高度对山东发展的精准把脉定向，是我们做好一切工作的总遵循、总定位、总航标。我们要对表对标，进一步明确新时代社会主义现代化强省建设的思路举措。“在服务和融入新发展格局上走在前”，就要利用山东沿海独特优势，充分发挥开放平台作用，释放内需潜力，畅通经济循环，促进陆海联动、东西互济，加快打造对外开放新高地，探索服务和融入新发展格局的路径。“在增强经济社会发展创新力上走在前”，就要坚持新发展理念，深入实施创新驱动发展战略，全面推进科技创新、制度创新、管理创新、商业模式创新、业态创新、企业创新、文化创新，充分激发经济社会发展活力，增强高质量发展动力。“在推动黄河流域生态保护和高质量发展上走在前”，就要牢固树立正确政绩观，坚定不移走生态优先、绿色发展的现代化道路，以更大力度打造生态保护样板区、长久安澜示范带、绿色低碳发展先行区、对外开放新高地、文化“两创”新标杆，为黄河流域生态保护和高质量发展探索路径、作出示范。“不断改善人民生活、促进共同富裕，开创新时代社会主义现代化强省建设新局面”，就要通过共建共享促进人的全面发展，提高人民群众生活品质，积极探索共同富裕有效路径，让人民群众过上更好生活，不断把新时代社会主义现代化强省建设推向前进。

李干杰强调，在进入新发展阶段、贯彻新发展理念、构建新发展格局的大背景下，山东发展的比较优势更加凸显，三次产业可以齐头并进，需求供给可以协同发力，新老行业可以相得益彰，各类企业可以比翼齐飞，陆海潜力可以统筹开发，交通运输可以四通八达，对外开放可以提档升级，城乡区域可以均衡发展，人文沃土可以深度耕作，完全有基础、有条件实现我们的既定目标。要紧紧锚定“走在前列、全面开创”这个总目标，不断优化完善思路举措、策略方法、重点任务，汇聚新时代社会主义现代化强省建设的强大合力。实践中我们形成的“八大发展战略”“九大改革攻坚”“十强现代优势产业集群”，确定的“七个走在前列”“九个强省突破”，要继续坚定不移地抓下去。要适应形势发展需要，坚决做到“六个一”：坚持“一个统领”，始终做到“两个维护”；把握“一项根本”，始终坚持人民至上；聚焦“一条主轴”，始终聚力高质量发展；守好“一排底线”，始终做到安全发展；打造“一组生态”，始终营造良好政治生态、产业生态、市场生态、社会生态、自然生态；锻造“一支队伍”，始终从严从实管党治党。在策略方法上，要做到“六个更加注重”：更加注重依法办事，更加注重求真务实，更加注重统筹兼顾，更加注重综合施策，更加注重问题导向、需求导向、目标导向、效果导向，更加注重沟通引导。在工作重点上，要突出“十二个着力”：着力推进科技自立自强，着力加快新旧动能转换，着力有效扩大内需，着力推动乡村振兴，着力发展海洋经济，着力促进区域协调发展和共同富裕，着力加强生态文明建设，着力推动文化繁荣发展，着力促进高水平对外开放，着力防范化解风险，着力深化改革创新，着力锻造过硬干部队伍。

李干杰指出，要狠抓落实，更加扎实有力做好我省各项工作。一方面，要把握原则方向，正确处理好保护和发展、发展和安全、当前和长远、全局和局部的关系。另一方面，要明确发展重点，聚力抓好重点任务落实。要加强黄河三角洲、黄河干支流、重点区域生态保护修复，优化国土空间保护利用格局；加强环境污染综合治理，抓好重点领域、城镇污水、农业面源污染治理；加强防灾减灾能力建设，完善现代化防洪体系，提高灾害应急救援能力，加强城市防洪排涝体系建设；加强水资源集约节约利用，严格落实“四水四定”，抓好现代水网建设，管住黄河“水袋子”，深入开展节水控水；加快绿色低碳发展，加快新旧动能转换，推进数字赋能，培育优良产业生态，有序调整能源结构；加强陆海联动开放，提升城市群发展能级，加强沿黄合作，加强交通互联。在抓好黄河流域生态保护和高质量发展的同时，要统筹推进党史学习教育、政法队伍教育整顿、安全生产、社会稳定、生态环境问题整治、疫情防控、经济运行、地方基层换届等工作。

李干杰强调，要加强领导，层层压紧压实责任。各级各部门各单位要各尽其责、主动作为，领导干部要以身作则、率先垂范，一项一项抓好落实。广大基层党组织要团结带领党员干部群众共同努力，切实把总书记重要讲话精神和重要指示要求，转化为牢记嘱托、开拓前进的实际行动，努力向习近平总书记、向党中央、向全省人民交出一份满意答卷。

中共山东省委十一届十四次全体会议举行

审议通过《中共山东省委关于深入学习贯彻习近平总书记重要讲话精神扎实推动黄河流域生态保护和高质量发展的决定》

中国共产党山东省第十一届委员会第十四次全体会议公报

（2021年11月27日中国共产党山东省第十一届委员会第十四次全体会议通过）

中国共产党山东省第十一届委员会第十四次全体会议，于2021年11月26日至27日在济南举行。

出席这次全会的有省委委员82人。省纪委常委和有关方面负责同志列席会议。省第十一次党代会代表中的部分基层同志也列席会议。

全会由省委常委会主持。省委书记李干杰作了讲话。

全会以习近平新时代中国特色社会主义思想为指导，深入学习贯彻党的十九届六中全会精神，深入学习贯彻习近平总书记在深入推动黄河流域生态保护和高质量发展座谈会上的重要讲话精神和视察山东重要指示要求，听取和讨论了李干杰受省委常委会委托作的工作报告，审议通过了《中共山东省委关于深入学习贯彻党的十九届六中全会精神的决定》，审议通过了《中共山东省委关于深入学习贯彻习近平总书记重要讲话精神扎实推动黄河流域生态保护和高质量发展的决定》，审议通过了《关于召开中国共产党山东省第十二次代表大会的决议》。李干杰就《中共山东省委关于深入学习贯彻党的十九届六中全会精神的决定（讨论稿）》和《中共山东省委关于深入学习贯彻习近平总书记重要讲话精神扎实推动黄河流域生态保护和高质量发展的决定（讨论稿）》向全会作了说明。

全会认为，党的十九届六中全会，是在我们党成立一百周年的重要历史时刻，在党和人民胜利实现第一个百年奋斗目标、全面建成小康社会，正在向着全面建成社会主义现代化强国的第二个百年奋斗目标迈进的重大历史关头，召开的一次具有里程碑意义的会议。全会全面总结党的百年奋斗重大成就和历史经验，是郑重的历史性、战略性决策，充分体现党牢记初心使命、永葆生机活力的坚强意志和坚定决心，充分体现党深刻把握历史发展规律、始终掌握党和国家事业发展的历史主动和使命担当，充分体现党立足当下、着眼未来、注重总结和运用历史经验的高瞻远瞩和深谋远虑。全会审议通过的《中共中央关于党的百年奋斗重大成就和历史经验的决议》，是一篇光辉的马克思主义纲领性文献，是新时代中国共产党人牢记初心使命、坚持和发展中国特色社会主义的政治宣言，是以史为鉴、开创未来、实现中华民族伟大复兴的行动指南，必将激励全党锚定既定奋斗目标、意气风发走向未来，在新时代新征程上赢得更加伟大的胜利和荣光。

全会强调，习近平总书记在深入推动黄河流域生态保护和高质量发展座谈会上的重要讲话，从事关中华民族伟大复兴和永续发展的高度，科学分析当前黄河流域生态保护和高质量发展形势，深刻阐释了一系列重大理论和实践问题，体现了对发展规律的深刻洞察和科学把握，体现了高瞻远瞩的战略谋划，发出为黄河永远造福中华民族而不懈奋斗的伟大号召，为推动黄河流域生态保护和高质量发展提供了根本遵循和行动指南。

全会指出，习近平总书记充分肯定党的十九大以来山东的工作，明确要求我们“努力在服务和融入新发展格局上走在前、在增强经济社会发展创新力上走在前、在推动黄河流域生态保护和高质量发展上走在前，不断改善人民生活、促进共同富裕，开创新时代社会主义现代化强省建设新局面”。这是习近平总书记从战略全局高度对山东发展的精准把脉定向，是做好山东工作的总遵循、总定位、总航标。全省各级党组织和广大党员干部要深入学习贯彻党的十九届六中全会精神，深刻领会把握习近平总书记重要讲话精神和视察山东重要指示要求，以实际行动增强“四个意识”、坚定“四个自信”、做到“两个维护”。

全会充分肯定了省委常委会的工作。一致认为，在以习近平同志为核心的党中央坚强领导下，省委常委会坚持以习近平新时代中国特色社会主义思想为指导，全面贯彻党的十九大和十九届二中、三中、四中、五中、六中全会精神，统筹推进“五位一体”总体布局、协调推进“四个全面”战略布局，锚定“走在前列、全面开创”“三个走在前”总遵循、总定位、总航标，在学懂弄通做实习近平新时代中国特色社会主义思想上下功夫，扎实开展党史学习教育，推进科技自立自强，加快新旧动能转换，打造乡村振兴齐鲁样板，加快海洋强省建设，推动军民融合深度发展，推动黄河流域生态保护和高质量发展重大战略落地，优化生态环境，挖掘释放市场潜力，更大力度推进改革攻坚，更大力度打造对外开放新高地，全力增进民生福祉，抓紧抓牢常态化疫情防控，切实守牢安全发展底线，营造风清气正的政治生态，推动“十四五”实现良好开局，新时代社会主义现代化强省建设迈出坚实步伐。

全会提出，学习贯彻党的十九届六中全会精神是当前和今后一个时期的重大政治任务，全省各级党组织和广大党员干部要采取多种形式，不断把学习贯彻引向深入。要充分认识党的十九届六中全会的重大意义，深刻认识总结党的百年奋斗重大成就和历史经验的重大意义，弄清楚中国共产党为什么能、马克思主义为什么行、中国特色社会主义为什么好的历史逻辑、理论逻辑、实践逻辑。要全面把握党的十九届六中全会精神的丰富内涵和核心要义，深刻认识“两个确立”反映了全党全军全国各族人民共同心愿，对新时代党和国家事业发展、对推进中华民族伟大复兴历史进程具有决定性意义。要把学习贯彻党的十九届六中全会精神，与学习贯彻习近平总书记对山东工作的重要指示要求紧密结合起来，联系起来把握、统筹起来推进、贯通起来落实，深化拓展党史学习教育，迅速兴起学习贯彻热潮。

全会强调，习近平新时代中国特色社会主义思想，是当代中国马克思主义、二十一世纪马克思主义，是中华文化和中国精神的时代精华，实现了马克思主义中国化新的飞跃。要坚持做到深学细悟，全面系统学习“十个明确”的核心内容，准确把握原创性的治国理政新理念、新思想、新战略。要坚定做到真知笃信，自觉用习近平新时代中国特色社会主义思想指导改造主观世界，增进政治认同、思想认同、理论认同、情感认同。要坚决做到全面践行，把习近平新时代中国特色社会主义思想贯彻到山东经济社会发展全过程各方面，各项工作都要事争一流、唯旗是夺，争做习近平新时代中国特色社会主义思想的坚定信仰者和忠实实践者。

全会强调，要旗帜鲜明讲政治，更加坚定地忠诚核心、维护核心、紧跟核心、捍卫核心。要把“两个维护”作为最高政治原则和根本政治规矩，坚决维护习近平总书记党中央的核心、全党的核心地位，坚决维护党中央权威和集中统一领导。要健全完善保障“两个维护”的制度，建立落实习近平总书记重要指示要求台账，实施清单化管理、动态化更新、项目化推进、集约化考核。要全面落实党内监督制度，强化监督执纪，严明政治纪律和政治规矩，深化政治巡视巡察，确保坚决做到“两个维护”。

全会强调，要全面贯彻习近平总书记重要指示要求，锚定“走在前列、全面开创”“三个走在前”总遵循、总定位、总航标，在坚定不移抓好“八大发展战略”“九大改革攻坚”“十强现代优势产业集群”“七个走在前列”“九个强省突破”等既有工作部署基础上，聚焦“六个一”发展思路、“六个更加注重”策略方法、“十二个着力”重点任务，奋力开创新时代社会主义现代化强省建设新局面。要坚持内循环与外循环相互促进、供给侧与需求侧协同发力、沿海与内陆统筹联动，努力在服务和融入新发展格局上走在前。要推动理念思路创新、科技教育创新、产业企业创新、文化传承创新、社会治理创新、安全环保创新、民生保障创新、体制机制创新，努力在增强经济社会发展创新力上走在前。要更大力度打造生态保护样板区、长久安澜示范带、绿色低碳发展先行区、对外开放新高地、文化“两创”新标杆，努力在推动黄河流域生态保护和高质量发展上走在前。要加快提高人民群众收入，加快基本公共服务均等化，加快推进乡村全面振兴，加快完善社会保障兜底机制，不断改善人民生活、促进共同富裕。要坚持和加强党的全面领导，提高新时代党的建设质量，广泛集聚和用好各方面优秀人才，永远保持党同人民群众的血肉联系，锤炼敢于斗争善于斗争的政治品格，继续推进新时代党的建设新的伟大工程。各级领导干部要发挥“关键少数”作用，带头深入学习贯彻党的十九届六中全会精神，转变工作作风，压实工作责任，确保各项任务落实落地。

全会强调，要全面落实习近平总书记在深入推动黄河流域生态保护和高质量发展座谈会上的重要讲话精神，统一思想行动，强化使命担当，扎实推动黄河流域生态保护和高质量发展。要提高战略思维能力，正确处理好保护和发展、发展和安全、当前和长远、全局和局部的关系，深刻把握任务要求，坚定不移走生态优先、绿色发展的现代化道路。要加快构建抵御自然灾害防线，全力保障黄河下游长久安澜。要全方位贯彻“四水四定”原则，把水资源集约节约利用放在更加突出的位置，推动集约节约发展。要大力推动生态环境保护治理，加强黄河三角洲保护修复，打造黄河下游绿色生态廊道。要加快构建国土空间保护利用新格局，优化“一群两心三圈”区域发展布局，推动形成功能清晰、优势互补的区域经济布局。要充分发挥山东半岛城市群龙头作用，着力抓好科技创新、产业绿色化高端化、数字赋能等工作，在高质量发展上迈出坚实步伐。

全会认为，推动党的十九届六中全会精神和习近平总书记重要指示要求落实落地，开创新时代社会主义现代化强省建设新局面，必须贯彻新时代党的组织路线和新时代好干部标准，源源不断培养选拔信念坚定、为民服务、勤政务实、敢于担当、清正廉洁的高素质干部，建设一支忠诚干净担当的干部队伍。要信念坚定、对党忠诚，自觉用习近平新时代中国特色社会主义思想“凝心铸魂”，始终牢记“国之大者”，坚决做到“两个维护”。要牢记宗旨、为民服务，始终坚持为了人民、服务人民，依靠人民、仰仗人民，惠及人民、造福人民。要勤政务实、真抓实干，处理好“显绩”与“潜绩”、“小我”与“大我”、“面子”与“里子”、“做”与“讲”的关系。要敢于担当、勇于斗争，持续改变一个地方和领域的面貌，动真碰硬解决矛盾问题，坚决与歪风邪气作斗争。要清正廉洁、光明磊落，拧紧总开关，常怀敬畏心，有权不任性，守规不逾矩。要健全完善新时代干部队伍建设的有效机制，发挥科学规划的指导作用、用人导向的引领作用、培训实训的强基作用、容错纠错的激励作用、有效监督的倒逼作用，推动干部队伍整体优化提升。

全会决定，中国共产党山东省第十二次代表大会定于2022年5月在济南召开。全会认为，省第十二次党代会是我省在新时代社会主义现代化强省建设关键时期召开的一次十分重要的会议，是全省政治生活中的一件大事。各级党组织和全体共产党员要团结带领全省人民，不忘初心、牢记使命，锐意改革、开拓进取，为实现“十四五”目标任务、开创新时代社会主义现代化强省建设新局面而努力奋斗，以优异成绩迎接中国共产党第二十次全国代表大会召开。

全会号召，全省上下要更加紧密地团结在以习近平同志为核心的党中央周围，全面贯彻习近平新时代中国特色社会主义思想，增强“四个意识”、坚定“四个自信”、做到“两个维护”，大力弘扬伟大建党精神，埋头苦干、勇毅前行，奋力开创新时代社会主义现代化强省建设新局面，为全面建设社会主义现代化国家、夺取新时代中国特色社会主义伟大胜利、实现中华民族伟大复兴的中国梦作出新的更大贡献！

山东省黄河流域生态保护和高质量发展推进会举行

以学习贯彻落实党的二十大精神为动力 开创黄河流域生态保护 和高质量发展新局面

2022年10月27日下午，山东省黄河流域生态保护和高质量发展推进会举行。会议深入学习贯彻习近平总书记重要指示要求，对落实黄河重大国家战略进行再强调、再部署、再推进，以学习贯彻落实党的二十大精神为动力，开创黄河流域生态保护和高质量发展新局面。

省委书记李干杰出席会议并讲话，省委副书记、省长周乃翔主持，省委副书记、青岛市委书记陆治原出席。

会议指出，习近平总书记一直心系黄河生态，牵挂沿岸发展。2021年10月20日至22日，习近平总书记亲临山东视察，在济南主持召开深入推动黄河流域生态保护和高质量发展座谈会，发表重要讲话，要求山东“在推动黄河流域生态保护和高质量发展上走在前”。党的二十大报告把“推动黄河流域生态保护和高质量发展”作为区域协调发展的重要内容，就推动高质量发展、促进人与自然和谐共生等提出明确要求，作出具体部署。我们要全面系统学习领会习近平总书记重要指示要求和党的二十大决策部署，进一步加深对黄河流域生态保护和高质量发展重大意义、总体形势、重要原则和目标任务的认识，自觉拉升标杆、高点定位，扛牢大省责任，为推动黄河流域生态保护和高质量发展贡献山东力量，以实际行动坚定拥护“两个确立”、坚决做到“两个维护”。

会议强调，近年来，我们牢记习近平总书记嘱托，系统谋划、全域统筹、一体推进，出台省委决定、省黄河规划、“十四五”实施方案和有关专项规划、政策措施，全力推动黄河重大国家战略重点任务落实落地。我们加快构建抵御自然灾害防线，黄河长久安澜能力稳步提升；全方位贯彻“四水四定”原则，水资源节约集约利用新格局加速形成；大力推动生态环境保护治理，沿黄生态廊道建设初见成效；加快构建国土空间保护利用新格局，山东半岛城市群龙头作用日益凸显；着力推动在高质量发展上迈出坚实步伐，绿色低碳高质量发展之路越走越宽。总的来看，全省落实黄河重大国家战略推进体系更加完善，生态质量加快向好，发展质效稳步提升。同时也要看到，工作中也存在一些问题和不足，各级各部门要认真查摆，有针对性地解决。

会议指出，党的二十大擘画了以中国式现代化全面推进中华民族伟大复兴的宏伟蓝图，我们要把落实黄河重大国家战略作为学习贯彻党的二十大精神的实际行动，对表对标习近平总书记重要指示要求，努力走出一条生态优先、节约集约、绿色低碳发展新路子，为中国式现代化提供创新样本、实践范例。一要持续加力打造生态保护样板区，加强黄河三角洲湿地保护修复、沿黄地区生态保护治理和环境污染防治。二要持续加力打造长久安澜示范带，扎实推进防洪减灾工程建设、灾害应对体系建设、水资源节约集约利用。三要持续加力打造绿色低碳高质量发展先行区，着力强化科技创新支撑保障，着力加快产业绿色低碳转型，着力推进能源结构调整优化。四要持续加力打造对外开放新高地，加强流域合作交流，拓展开放发展空间，提速改革攻坚步伐。五要持续加力打造文化“两创”新标杆，加强黄河文化遗产保护、黄河文化研究阐释、文化资源转化利用。

会议强调，黄河重大国家战略覆盖我省全域，必须加强组织领导，树牢“一盘棋”理念，全省一体抓谋划，各方一齐抓推进。要扛牢主体责任，省负总责，领导小组加强统筹，市县抓落实，主要负责同志发挥好示范带头作用。要抓牢项目支撑，落实土地、能耗、资金等要素，推动已有项目早日建成达效，同时谋划更多跨区域、显示度高、带动性强的新项目。要锤炼过硬作风，完善监督考核，狠抓工作落实，努力在推动黄河流域生态保护和高质量发展上走在前。

会上，东营市、菏泽市、省发展改革委、省自然资源厅、省生态环境厅、省水利厅主要负责同志作了发言。省纪委监委机关汇报了黄河流域生态保护和高质量发展专项监督情况。

山东组织黄河流域生态保护和高质量发展现场观摩

努力在推动黄河流域生态保护和高质量发展上走在前

2023年10月24日至25日，山东省举行黄河流域生态保护和高质量发展现场观摩，深入学习贯彻习近平总书记关于深入推动黄河流域生态保护和高质量发展的重要讲话精神，统一思想、深化认识，总结成绩、查找不足，围绕落实黄河重大国家战略进行再部署、再推进，进一步巩固主题教育成果，推动各项工作取得新的更大成效。

省委书记林武出席活动并在观摩工作会上讲话，省委副书记、省长周乃翔主持会议，省委副书记、青岛市委书记陆治原出席。

党的十八大以来，习近平总书记站在中华民族伟大复兴和永续发展的高度，围绕黄河流域生态保护和高质量发展，多次发表重要讲话，特别是2021年10月视察山东并召开座谈会，作出重要指示要求，为我们做好各项工作提供了根本遵循。这次现场观摩是落实总书记重要讲话精神的实际行动。现场观摩在滨州市、东营市进行，在滨州观摩了魏桥国科研究院、黄河小街湾、沾化冬枣特色生态农业示范片区、滨化集团碳三碳四综合利用项目，在东营观摩了悦来湖数字经济产业园、国家盐碱地综合利用技术创新中心、黄河三角洲生态修复及生物多样性保护、威联化学PX PTA及配套项目。观摩中，大家认真听取项目介绍，详细了解有关情况，就一些具体问题深入交流讨论。大家表示，这次现场观摩收获很大，切实感受到落实总书记重要指示要求，推动黄河流域生态保护和高质量发展取得的进展和成效，回到工作岗位后将学习借鉴观摩地的好经验好做法，结合本地区本部门实际，奋勇争先、拼搏实干，推动工作再上新台阶。

25日下午，在东营宾馆召开现场观摩工作会议。省发展改革委主要负责同志汇报了全省推动黄河流域生态保护和高质量发展情况，省自然资源厅、省生态环境厅、东营市、滨州市主要负责同志作了交流发言。

林武对这次观摩作了简要总结。他说，我们用1天多的时间，实地观摩了滨州市、东营市有关项目。两市充分发挥沿黄区位优势，以项目建设为载体，持续夯实生态保护和高质量发展的基础，生态治理、防洪减灾、创新发展、产业升级、民生改善等方面取得明显成效，一些好经验好做法值得各地各部门学习借鉴。

林武指出，近年来，山东坚决贯彻落实习近平总书记重要指示要求和党中央决策部署，把落实黄河重大国家战略摆在突出位置，系统谋划、全力推进，取得重要阶段性成效，推进制度体系更加完善，水安全保障能力大幅提升，生态环境质量持续向好，高质量发展动力日趋强劲。同时也要看到，工作中还存在一些短板弱项，必须高度重视、认真研究，坚决抓好整改。站在新的起点上，我们必须聚焦“在黄河流域生态保护和高质量发展上走在前”的定位要求，咬定目标不放松，一张蓝图绘到底，全力打造生态保护样板区、黄河长久安澜示范区、绿色低碳发展先行区、对外开放新高地、文化“两创”新标杆，真正做到“地处黄河下游，工作力争上游”。

林武强调，要聚焦重点任务，着力推动落实黄河重大国家战略取得更大成效。一要在防洪减灾上抓落实求突破。聚力提升黄河干流防洪能力，聚力推动沿黄重点地区防洪除涝，聚力健全城市防洪排涝体系。二要在水资源节约集约上抓落实求突破。做好“节水”文章，推动重点领域节水，持续挖掘节水潜力；做好“用水”文章，深入推进重点水网工程建设，努力提升水资源配置效率；做好“管水”文章，落实水资源“双控”制度，从严整治违规取用黄河水行为。三要在生态环境保护上抓落实求突破。抓实抓好生态保护修复，加强黄河三角洲湿地保护修复，加强山水林田湖草沙系统治理，加强自然保护地优化整合；抓实抓好环境问题治理，统筹推进农业面源污染、工业污染、城乡生活污染防治和矿区生态环境综合整治；抓实抓好空间布局优化，打造沿黄生态廊道，守好守牢“三条控制线”，因地制宜推动空间高质量开发。四要在加快高质量发展上抓落实求突破。持续深化新旧动能转换，一手抓存量优化、一手抓增量提升，深入推进新型工业化，构建现代化产业体系；持续推动绿色低碳转型发展，供给端、企业端、生活端同向发力，加快形成绿色低碳生产生活方式；持续促进工业化数字化深度融合，协同推进产业数字化和数字产业化，打造数字经济发展新高地。五要在保护传承弘扬黄河文化上抓落实求突破。坚持在保护中传承，实施好重点保护工程，守好黄河文化根脉；坚持在创新中发展，推出一批标志性研究成果、一批艺术和展览精品，讲好新时代“黄河故事”；坚持在融合中转化，推进文化旅游深度融合，促进黄河文化传播交流。各级各部门要压紧压实责任，抓牢项目支撑，完善保障措施，强化督促落实，凝聚形成强大合力，不折不扣把黄河重大国家战略各项任务落到实处。

林武在调研黄河流域生态保护和高质量发展时强调

加强生态保护保障黄河安澜
为落实黄河重大国家战略作出更大贡献

2024年8月7日至8日，山东省委书记林武来到济南、东营、滨州3市，就深入推动我省黄河流域生态保护和高质量发展进行调研。他强调，要深入贯彻落实党的二十届三中全会精神和习近平总书记视察山东重要讲话精神，坚定扛牢“走在前、挑大梁”的使命担当，坚持生态优先、绿色发展，加强生态保护，保障黄河安澜，继续在推动黄河流域生态保护和高质量发展上走在前，为落实黄河重大国家战略作出更大贡献。

当前，我省处于“七下八上”防汛关键期，黄河正值主汛期，防汛工作片刻不能放松。林武先后来到济南市邢家渡引黄闸、滨州市小开河引黄闸，察看病险水闸运行管理、除险加固施工情况，听取黄河防汛、水闸建设、引黄供水等工作汇报。在黄河入海口，乘船察看黄河现行入海流路、河道水情，详细询问当前径流量、输沙量等情况。他强调，要强化监测预报预警，密切关注黄河上游水情雨情，及时准确做好汛情会商研判、调度指挥。要坚持关口前移、预防为主，强化隐患排查整治，加快推进黄河沿线病险水闸除险加固工程建设。要强化救援准备，提高应急预案的实用性、可操作性，备齐配强物资人员，确保安全度汛。

八月的黄河三角洲国家级自然保护区，水草丰沛，鸟鸣啁啾。林武来到保护区内，察看大汶流湿地恢复区，了解生态修复治理、湿地保护等情况。在垦东12区块，察看油气水井退出情况，听取黄河口国家公园创建有关情况汇报。在盐地碱蓬修复项目现场，察看盐地碱蓬生长情况，了解黄河三角洲生态修复及生物多样性保护情况。林武说，黄河三角洲是我们宝贵的自然财富，这几年，生态环境改善取得明显成效。要持续加强生态修复治理，提高湿地生态功能和生物多样性，确保生态稳步提升、生态系统稳定。要高质量高标准推进黄河口国家公园建设，推动整体保护、系统修复、综合治理，助力夯实黄河流域生态本底。林武还来到滨州绿能热电有限公司非法填埋粉煤灰问题现场，察看现场整改情况，听取填埋固体废物处置情况汇报，强调要坚决扛牢政治责任，认真抓好问题整改，从根本上解决突出生态环境问题，确保经得起历史和人民的检验。

林武指出，要聚焦“继续在推动黄河流域生态保护和高质量发展上走在前”的定位要求，谋深谋细谋实各项工作，推动黄河重大国家战略在我省落实落地。要把确保黄河防洪安全放在突出位置，强化综合性防洪减灾体系建设，提升黄河干流防洪能力，保障黄河下游长久安澜。要持续推进沿黄生态保护修复，狠抓突出环境问题整治，坚决守住生态保护红线。要全方位贯彻“四水四定”，强化黄河水资源监管，提高水资源集约节约利用水平。要充分发挥山东半岛城市群龙头作用，坚定不移走生态优先、绿色发展的现代化道路，在高质量发展上迈出坚实步伐，奋力谱写中国式现代化山东篇章。

周乃翔到东营调研黄河流域生态保护和高质量发展工作

坚持生态优先强化创新引领 扎实推进绿色低碳高质量发展

2022年4月12日，山东省委副书记、省长周乃翔到东营市调研黄河流域生态保护和高质量发展等工作。他强调，要深入贯彻落实习近平总书记对山东工作的重要指示要求，坚定不移走生态优先、绿色发展的现代化道路，全方位贯彻“四水四定”原则，大力推动生态环境保护治理，扎实推进绿色低碳高质量发展。

周乃翔来到黄三角农高区盐碱地综合利用技术创新中心，详细了解盐碱地生态保护和综合利用、耐盐碱植物育种和推广、智能农机研发应用等情况。在黄河口滩羊产业园、利津县北宋镇高家村，他深入调研乡村振兴情况。周乃翔指出，要全方位推动种业振兴，由治理盐碱地适应作物向选育耐盐碱植物适应盐碱地转变，挖掘盐碱地开发利用潜力，加快先进适用农业机械研发利用，为维护国家粮食安全作出更大贡献。要扎实推动乡村产业振兴、人才振兴、文化振兴、生态振兴、组织振兴，发展壮大集体经济，确保滩区群众安居乐业。

在黄河利津段五庄控导、天鹅湖蓄滞洪工程，周乃翔详细了解黄河堤防加固、河道整治、现代水网建设、生态保护等情况。他强调，要立足防大汛、抗大洪、抢大险、救大灾，加大安全隐患排查治理力度，备足备齐防汛物资、设备和专业队伍，加强应急演练，切实发挥各级河长作用，确保黄河安澜。要加快城市防洪排涝设施建设，强化防汛信息化管理，持续提升城市防洪排涝能力，全力保障人民群众生命财产安全。要加大湿地保护和生态治理力度，加强河道和滩区环境综合治理，筑牢黄河下游绿色生态屏障。

周乃翔来到波鸿轨道交通装备科技有限公司、国家级稀土催化研究院、国瓷功能材料股份有限公司、胜利油田东营原油库、国家管网集团东部原油储运有限公司东营输油站，调研企业运行、科技研发、产业配套、保障能源安全等情况。他指出，要坚定贯彻新发展理念，持续强化创新引领，着力推进产业链创新链融合发展，进一步加大市场开拓力度，不断提升核心竞争力。要积极构建多元清洁的能源供应体系，全面推进能源消费方式变革，推动能源清洁低碳转型，为维护国家能源安全作出积极贡献。

王宇燕在临沂市调研农业农村工作

坚决扛牢农业大省责任担当 在全面推进乡村振兴上再加力

2024年12月11日至12日，山东省委副书记王宇燕到临沂市调研农业农村工作，强调要深入学习贯彻习近平总书记关于“三农”工作的重要论述和视察山东重要讲话精神，学好用好“千万工程”经验，全力打造乡村振兴齐鲁样板，为扛牢“走在前、挑大梁”的使命担当贡献“三农”力量。

王宇燕先后来到临沂市孙祖镇东高庄红色“百千工程”片区、界湖小微企业园、砖埠镇榆林村、中睿无人机电池智造基地项目、临沂金锣文瑞食品有限公司等，详细了解示范片区建设、村集体经济发展等情况。她指出，要发挥园区平台作用，整合各类资源要素，强特色、兴业态、补链条、树品牌，推动乡村产业聚合升级，切实让集体增收、农民致富。要大力提升示范片区建设质效，充分尊重农民意愿，因地制宜、突出特色、串珠成链，推动片区内党建联合、资源整合、产业融合、人才聚合。要坚持抓党建促乡村全面振兴，传承好红色基因，完善乡村治理体系，注重关口前移，推动力量下沉，村事共商、家园共建、文明共创，广泛凝聚推动乡村振兴的强大合力。

山东省十四届人大常委会举行联组会议

对全省黄河流域生态保护和高质量发展工作进行专题询问

2023年7月25日下午，山东省十四届人大常委会第四次会议举行联组会议，对全省黄河流域生态保护和高质量发展工作情况进行专题询问。省人大常委会副主任、党组书记杨东奇出席并讲话；副主任王良、范华平，秘书长张斌出席；副主任王艺华主持；省委常委、常务副省长曾赞荣到会听取意见并讲话。

联组会议上，张术平等15名省人大常委会委员就全省黄河流域生态保护和高质量发展工作情况分别进行询问，省发展改革委主任孙爱军等15位省政府部门负责人回答了询问。

杨东奇指出，要深入学习贯彻习近平总书记关于推动黄河流域生态保护和高质量发展的重要指示要求，扛牢扛实使命任务，以实际行动坚定拥护“两个确立”、坚决做到“两个维护”。以这次专题询问为新起点，在省委的坚强领导下，省人大常委会要进一步强化法规制度保障，增强监督效能，支持保障代表履职尽责，依法推动黄河重大国家战略深入实施；省政府及有关部门要强化责任担当，研究制定具体落实措施，加强协调配合，共同谱写黄河流域生态保护和高质量发展山东新篇章。

王艺华在主持时说，这次专题询问求真务实、切中要害，部门应询直面问题、坦诚实在，进一步提高了认识、理清了思路、明确了下步工作的重点和举措，达到了预期目的。

曾赞荣表示，省政府将以此次专题询问为契机，认真研究落实省人大常委会的审议意见和各位委员提出的问题，坚持问题导向、目标导向和效果导向，以更高的站位、更严的标准、更实的举措，全力推动黄河重大国家战略取得新的更大突破。

7月25日上午，省人大常委会还举行了黄河保护法专题讲座。

山东省人大调研组开展黄河流域生态保护和高质量发展工作及黄河保护专项立法调研

2023年4月至7月，山东省人大常委会副主任、党组书记杨东奇，副主任王良、王艺华分别带领调研组，就黄河流域生态保护和高质量发展工作及黄河保护专项立法开展调研。

调研组通过实地调研、召开座谈会和书面调研等方式，深入了解我省沿黄9市黄河流域生态保护和高质量发展工作开展情况，听取人大代表、相关

部门对黄河保护专项立法的建议；赴河南省考察调研，学习借鉴兄弟省份在推动黄河流域生态保护和高质量发展方面的具体做法和立法经验。

调研组指出，要把深入学习贯彻习近平总书记关于黄河流域生态保护和高质量发展的重要论述，与学习贯彻习近平新时代中国特色社会主义思想结合起来，与贯彻落实习近平总书记对山东工作的重要指示要求结合起来，深刻把握其精神实质和丰富内涵，转化为推动黄河流域生态保护和高质量发展的思路举措，以实际行动坚定拥护“两个确立”、坚决做到“两个维护”。

调研组强调，全省各级人大及其常委会要提高政治站位，扛牢使命担当，充分发挥职能作用，强化制度供给，依法监督，注重发挥代表作用，形成工作合力，共同谱写黄河流域生态保护和高质量发展山东新篇章。

山东省政协部署开展 黄河流域生态保护专项民主监督

2023年9月6日上午，山东省政协召开黄河流域生态保护专项民主监督协商会。省政协主席葛慧君主持会议并讲话。

根据省委、省政府总体部署，省政协自2023年起开展为期三年的黄河流域生态保护专项民主监督。省市县三级政协联动，充分利用协商平台，坚持问题导向，总结典型经验，广泛凝聚共识，实地调研沿黄地区，访谈干部群众，有针对性地提出意见建议。协商会上，8位政协委员和企业代表围绕黄河流域生态保护存在的问题作了发言，省生态环境厅作了综合答复，省发展改革委、省住房城乡建设厅、省水利厅、省农业农村厅作了针对性答复。

会议强调，以民主监督的方式推进黄河重大国家战略实施，是省政协全面贯彻落实习近平总书记重要指示要求的实际行动，也是省政协围绕中心服务大局的重要履职方式。全省各级政协要持续做好这项工作，围绕污染防治攻坚、绿色低碳发展、生态保护修复、稳妥推进碳达峰碳中和等统筹谋划好今后两年监督重点，开展聚焦问题更准、分析论证更深、研究力量更强的监督活动，认真梳理协商成果，推动各项决策落实落地。要切实加强和改进政协民主监督工作，始终坚持民主监督的正确方向、把牢性质定位、把握着力重点、规范制度程序，充分发挥协商式监督聚识性、建设性、包容性强的优势，促进协商与监督优势互补、一体贯通，确保民主监督工作取得实效。

省政协副主席林峰海作主题发言，副省长范波介绍我省黄河流域生态保护总体情况，省政协副主席刘均刚、秘书长秦传滨，省委省政府督查办负责同志出席会议。会议在沿黄9市政协设分会场。

鲁豫两省政协座谈协商

助推“深化鲁豫合作、引领黄河流域生态保护和高质量发展”

2024年9月11日上午，助推“深化鲁豫合作、引领黄河流域生态保护和高质量发展”鲁豫两省政协协商座谈会在河南郑州召开。山东省政协主席葛慧君、河南省政协主席孔昌生出席座谈会并讲话。

促进区域协调发展，是新时代推动高质量发展的重要战略支撑。习近平总书记多次主持召开关于区域协调发展的会议，作出一系列重要指示。党的二十大、二十届三中全会就完善区域一体化发展机制、构建跨行政区合作发展新机制作出安排。山东、河南两省省委省政府高度重视两省合作发展，两省政协将助力深化鲁豫合作作为重要课题，组织开展专题调研，在深入沟通基础上共同举办此次协商座谈会。会议通过了《山东、河南省政协助推“深化鲁豫合作、引领黄河流域生态保护和高质量发展”协商机制及议事办法（试行）》，就两省政协深化合作的方向、架构、重点、举措等进行协商研讨，提出意见建议，为两省开启合作新局面提供决策参考。

葛慧君指出，要深入学习贯彻习近平总书记关于促进区域协调发展、黄河流域生态保护和高质量发展的重要论述，按照党的二十届三中全会关于完善实施区域协调发展战略机制的重要部署要求，把服务两省合作发展作为山东省政协的重要履职任务，强化责任担当，加强协同配合，抓好工作落实，把共识转化为行动。要充分发挥鲁豫两省政协优势作用，以课题牵引为抓手，聚焦产业协作、深化交通互联互通等，扎实开展调研，深入协商建言，探索跨省域协商民主新形式，切实把政协制度优势转化为推进区域协调发展的实际成效。要创新组织形式，围绕两省共性需求，组织住两省全国政协委员、省政协委员和各方面智库专家，同时吸收各级政协开展联动履职，更好汇聚智慧，凝聚合力，共同谱写服务两省高质量发展新篇章。

孔昌生指出，这次协商座谈会是贯彻落实习近平总书记重要讲话重要指示精神、助力两省省委和省政府中心工作的具体行动。要深入学习贯彻习近平总书记有关重要论述精神，全面把握党的二十届三中全会关于完善实施区域协调发展战略机制相关部署，充分发挥专门协商机构作用，加强联系交流，深化协同联动，健全完善协商机制，推动协商成果转化落实，为助推两省高质量发展作出政协贡献。

山东省政协副主席张新文、河南省政协副主席谢玉安作交流发言，山东省政协秘书长秦传滨、河南省政协秘书长汪中山出席会议，河南省发展改革委负责同志介绍鲁豫合作有关工作开展情况。

在豫期间，葛慧君还到中原科技城、哈尔滨工业大学郑州研究院、智慧岛大厦、河南省科学院、超聚变数字技术有限公司、河南博物院实地考察。

住鲁全国政协委员围绕“推动黄河流域生态保护和高质量发展”主题进行考察

2024年10月30日至31日，山东省政协组织住鲁全国政协委员，围绕“推动黄河流域生态保护和高质量发展”主题到泰安、聊城考察。住鲁全国政协委员召集人、省政协主席葛慧君带队。

考察团深入泰安大汶河砖舍拦河闸、中储国能300MW压缩空气储能电站、山东能源兖矿泰安港公铁水联运物流园、东平县现代农业高科技示范园

等，详细了解水利和新能源项目进展。在聊城，先后到乖宝宠物食品集团股份有限公司、中通客车股份有限公司、山东博源精密机械有限公司、阳谷城乡供水一体化智慧平台项目、波米科技有限公司等，实地考察企业发展情况。

10月31日下午，考察团在聊城召开座谈会，听取有关情况介绍。葛慧君说，习近平总书记对山东落实好黄河重大国家战略寄予厚望，明确要求山东在推动黄河流域生态保护和高质量发展上走在前。要进一步提高政治站位，锚定“走在前、挑大梁”，以绿色低碳高质量发展为主线，推动经济与生态融合发展、区域重点与产业重点一体融合，实现高质量发展、高效能治理与高能级生态互融互构，为落实黄河重大国家战略蹚出一条山东路径。要按照省委部署要求，充分发挥政协专门协商机构作用，继续把推动黄河流域生态保护和高质量发展作为协商议政、民主监督、提案办理、社情民意信息等工作的重点，把问题找准、建议提好。要广泛凝聚共识，发挥委员在本界别、本领域的代表示范作用，厚植“想在一起、干在一起”的群众基础，共同营造全面推动黄河流域生态保护和高质量发展的良好氛围。

王桂英、孙继业等住鲁全国政协委员，省政协副主席梅建华参加考察。

山东省纪委监委全面启动黄河流域生态保护和高质量发展专项监督工作

2021年12月23日，山东省纪委监委组织召开黄河流域生态保护和高质量发展专项监督工作部署会议。省委常委、省纪委书记、省监委代理主任夏红民出席会议并讲话，省纪委分管日常工作的副书记、省监委副主任李伟主持会议，省纪委副书记、省监委副主任范晓丽介绍《关于加强山东省黄河流域生态保护和高质量发展专项监督的实施意见》。

会议强调，全省各级党组织和纪检监察机关要深入学习贯彻习近平总书记视察山东重要指示要求，落实省委十一届十四次全会精神，坚持从政治和大局上把握实施黄河重大国家战略。全省各级纪检监察机关要把做好专项监督工作作为捍卫“两个确立”、做到“两个维护”的实践检验，切实强化政治监督。要精准把握专项监督的定位、内容、对象和民生取向，确保方向不偏、焦点不散。要健全“一台账、两清单、双责任、双问责”监督机制、“发现问题、严明纪法、整改纠偏、深化治理”闭环机制、“内部贯通、左右衔接、上下联动”协作机制，形成常态长效的有力支撑。要综合运用日常监督、派驻监督、巡视巡察监督等方式跟进监督、下沉监督、精准监督，及时发现和查处责任、纪律、作风问题，并推动深化改革、建章立制、优化治理。要突出效果导向，科学把握监督检查节奏，坚持依规依纪依法，落实“三个区分开来”，强化激励干部担当作为，营造干事创业浓厚氛围，保障我省在推动黄河流域生态保护和高质量发展上走在前。

会议指出，推进黄河流域生态保护和高质量发展专项监督，必须把派驻监督做强，坚持问题导向，切实解决好工作中存在的突出矛盾和问题。要正确处理政治监督与业务监督、领导与被领导、监督与支持的关系，进一步把准职责定位，坚决防止越位、错位。要健全完善领导体制、“四项监督”统筹衔接机制、外部协作机制，强化领导指导、协作配合，形成整体合力，使组织体系释放更大效能。要牢牢抓住监督这个基本职责、首要职责，积极探索创新，当好“不走的巡视组”，改进会议监督方式，多开展下沉式监督、嵌入式监督，强化政治生态分析研判，真正把近距离、全天候、常态化监督实实在在地做起来。

省纪委监委领导班子成员，省直有关部门单位党组（党委）书记，省委巡视办主任、副主任，各巡视组组长，各市纪委书记，省纪委监委派驻派出机构、机关部门单位主要负责同志参加会议；6个部门单位作会议发言。

山东省纪委监委持续深化黄河流域生态保护和高质量发展专项监督

2023年5月11日下午，山东省纪委监委组织召开黄河流域生态保护和高质量发展专项监督工作推进座谈会。省委常委、省纪委书记、省监委主任夏红民出席会议并讲话。

会议指出，在省委坚强领导下，全省各级各部门深入贯彻落实习近平总书记重要讲话精神和党中央决策部署，奋力推进黄河重大国家战略实施，专项监督统领牵引效果更加明显，贯通协调机制更加完善，监督保障作用更加充分，践行“两个维护”更加有力。

会议强调，各级各部门要提高政治站位，与时俱进深化抓监督，深刻认识持续深化专项监督是践行“两个维护”的现实检验，不断提高“凡事首先从政治上看”的能力，善于从具体工作中查看各级党组织践行“两个维护”情况，坚决纠正打折扣、搞变通、做选择等政治偏差。要坚持守正创新，优化提升高效抓监督，深化运用“一台账、两清单、双责任、双问责”监督机制，一体做好政治监督活页“建管用”文章，注重把专项监督融入日常，确保重大政策、重大项目、重大资金、重大平台落地见效。要树牢系统观念，统筹结合一体抓监督，完善牵头抓总、统筹联动、分头落实的工作机制，常态化开展联动监督，健全巡视巡察上下联动工作格局，以专项监督为工作平台，推动各类监督贯通协调。要注重严管厚爱，激励约束并重抓监督，持续保持高压震慑，精准运用“四种形态”，深入落实“三个区分开来”，加大容错纠错、澄清正名、严查诬告陷害等工作力度，切实营造干部敢为、地方敢闯、企业敢干、群众敢首创的良好环境。

会议要求，要结合学习贯彻习近平新时代中国特色社会主义思想主题教育，自觉运用蕴含其中的世界观和方法论，在专项监督中把握好统领牵引与融合推进、立足局部与着眼全局、专责监督与专业监管、监督保障与服务发展的关系，真正使监督融入发展、服务发展、促进发展。

会上，与会人员观看了黄河重大国家战略专项监督工作纪实片，省纪委监委机关、省委办公厅、省委巡视办、省发展改革委、省生态环境厅、省审计厅、东营市作了发言。

山东省纪委监委以更加有力监督推动黄河重大国家战略不断谱写新篇章

2024年11月19日，山东省纪委监委在东营召开黄河流域生态保护和高质量发展专项监督工作会议。会议深入学习贯彻习近平总书记在全面推动黄河流域生态保护和高质量发展座谈会上的重要讲话精神，认真落实党中央有关部署和省委工作安排，总结工作、交流经验，对深化专项监督进行再推动再安排。省委常委、省纪委书记、省监委主任夏红民出席会议并讲话。

会议指出，全省各级纪检监察机关以钉钉子精神深入开展黄河流域生态保护和高质量发展专项监督，始终把准政治监督定位，推动“两个维护”更加具体深入；始终站稳人民至上立场，推动为民谋利更加坚定自觉；始终强化协助引导推动功能，推动各类监督更加贯通协调；始终坚持守正创新理念，推动监督机制更加科学高效；始终注重严管厚爱结合，推动干事环境更加优化提升。黄河流域生态保护和高质量发展专项监督的目标任务更为清晰、方式方法不断创新、机制制度日益完备、品牌效应充分彰显，有力推动了黄河重大国家战略在齐鲁大地开花结果，有力带动了纪检监察工作高质量发展，铸造了山东政治监督“金字招牌”。

会议强调，要全面贯彻落实习近平总书记重要讲话精神，立足更高起点，以更加有力监督推动黄河重大国家战略不断谱写新的篇章。站位格局再提升，持续深化思想认识、增强战略定力，在久久为功中坚定坚决扛牢使命担当；靶向重点再明确，紧盯重点任务落实、关键改革事项、群众所忧所盼、突出问题整改，在精准监督中有力有效服务中心大局；清淤排障再加力，狠抓案件查办、纠风治乱、激励担当，在正风反腐中持续营造齐鲁“黄河清风”；理念思路再优化，与一体推进“三不腐”紧密结合，与完善监督体系深度融合，与深化现代治理高度契合，在统筹推进中不断放大综合效能。

会议要求，层层压实责任，聚力抓好落实，坚持不懈强化政治引领、扛牢政治责任、凝聚工作合力，进一步汇聚起纵深推进黄河重大国家战略的强大力量，为“走在前、挑大梁”作出新的更大贡献。

会议期间，与会人员实地考察了利津县黄河口滩羊产业园和黄河三角洲国家级自然保护区，8个部门单位作了交流发言。省纪委监委领导班子有关成员，省有关部门单位负责同志，东营市委主要负责同志，16市纪委监委主要负责同志，青岛市黄岛区（西海岸新区）、菏泽市东明县纪委监委主要负责同志，省纪委监委有关派驻机构、机关有关部门单位主要负责同志，山东黄河河务局纪检组主要负责同志参加会议。

夏红民围绕黄河流域生态保护和高质量发展专项监督开展调研督导

山东省委常委、省纪委书记、省监委主任夏红民对黄河流域生态保护和高质量发展专项监督工作高度重视，亲自谋划、亲自部署、亲自推动，坚持以调研开路、以实效破题，走遍全省16市和有关省直部门，多次深入田间地头、企业工厂、村居社区、机关单位、生态保护区一线了解情况、听取意见，对专项监督工作谋思路、找定位、厘方向、提方法，为高质量开展专项监督提供了科学指导和重要遵循。夏红民同志强调，全省各级各部门单位要深入学习贯彻习近平总书记重要指示要求，认真落实党中央决策部署和省委工作安排，进一步细化措施、夯实责任，把黄河重大国家战略作为一等一的“国之大者”组织实施好；各级纪检监察机关要健全“一台账、两清单、双责任、双问责”监督机制、“五方联动、一组双专班”专项监督工作体系和政治监督活页有效载体，跟进监督、精准监督、做实监督，以强有力政治监督确保黄河重大国家战略在山东落实落地，坚决当好拥护“两个确立”、做到“两个维护”的示范践行者和坚定推动者。

三年来，省纪委监委领导班子成员结合各自分工，赴省内16市和有关省直部门单位常态化开展下沉式调研督导，进一步传导压力、压实责任、督促落实，切实发挥黄河重大国家战略专项监督牵引作用，持续推进政治监督具体化、精准化、常态化，推动实现纪检监察工作高质量发展。

2021年12月19日至21日，夏红民同志在东营、滨州调研督导时强调，要聚焦黄河流域生态保护和高质量发展这一“国之大者”，建立“一台账、两清单、双责任、双问责”监督机制，综合运用日常监督、派驻监督、巡视巡察监督等方式，紧盯责任、纪律和作风，跟进监督、下沉监督、精准监督，确保我省在推动黄河流域生态保护和高质量发展上走在前

2022年3月22日，夏红民同志在省自然资源厅、省生态环境厅调研时强调，要将黄河重大国家战略作为一等一的“国之大者”组织实施好，以实际行动做到“两个维护”，扛牢压实管党治党政治责任，坚持党委（党组）主体责任、书记第一责任人责任、班子成员“一岗双责”、纪委（派驻纪检监察组）监督责任协同发力，推动全面从严治党向纵深发展，为黄河重大国家战略实施提供坚强纪律作风保证

2022年6月22日，夏红民同志在德州市调研督导时强调，要进一步做细做实政治监督，坚持党中央决策部署到哪里，监督检查就跟进到哪里，特别是将突出抓好黄河流域生态保护和高质量发展专项监督作为长期任务持续推进，并加强与专项巡视巡察的协作配合，用“全周期管理”方式，推动各项措施在政策取向上相互配合、在实施过程中相互促进、在工作成效上相得益彰

2023年8月2日，夏红民同志在省审计厅调研时强调，要立足经济监督定位，聚焦“国之大者”，总结在黄河流域生态保护和高质量发展专项监督等工作中形成的纪审、巡审联动有效做法，进一步完善纪检监察监督、巡视巡察监督、审计监督贯通协调机制，形成衔接顺畅、配合有效的工作格局，不断提升审计监督实效

2023年11月9日至10日，夏红民同志在聊城市调研督导时强调，要进一步提升政治监督质效，完善政治监督具体化、精准化、常态化机制，深化黄河流域生态保护和高质量发展专项监督、护航优化营商环境专项行动、乡村振兴领域不正之风和腐败问题专项整治等，并将基层治理不良现象及不担当不作为乱作为假作为问题专项整治贯穿其中

2024年9月，夏红民同志在济南、枣庄调研督导时强调，要以持续深入整治群众身边不正之风和腐败问题为抓手做实正风肃纪反腐，通过办案开路、狠抓整治、保持震慑，纵深推进“不敢腐”；以开展黄河重大国家战略专项监督为牵引做实政治监督，深化运用“一台账、两清单、双责任、双问责”监督机制，通过压实责任、完善制度、优化治理，深化拓展“不能腐”；以清廉山东建设为载体做实新时代廉洁文化建设，探索新模式、新载体、新路径，通过教育引导、文化浸润、习惯养成，推动强化“不想腐”

十二届山东省委第一轮巡视工作动员会召开

部署开展黄河流域生态保护和高质量发展专项巡视

2022年6月15日，山东召开全省巡视巡察工作会议暨十二届省委第一轮巡视工作动员部署会。会议深入学习贯彻习近平总书记关于巡视工作重要论述，贯彻落实全国巡视工作会议和省第十二次党代会精神，总结过去五年全省巡视巡察工作，对当前和今后一个时期的工作作出安排，对十二届省委第一轮开展的黄河流域生态保护和高质量发展专项巡视进行动员。省委常委、省纪委书记、省监委主任、省委巡视工作领导小组组长夏红民出席会议并讲话；省委常委、组织部部长，省委巡视工作领导小组副组长王宇燕主持会议。

会议指出，省第十一次党代会以来的五年是巡视巡察工作全面加强、持续深化的五年，党的领导持续加强，政治巡视持续深化，全覆盖任务圆满完成，巡视巡察战略格局不断完善，整改落实和成果运用不断加强，规范化、法治化、正规化水平明显提升。五年来的探索实践，对做好巡视巡察工作积累了有效经验，必须坚持学懂弄通做实习近平新时代中国特色社会主义思想，坚持围绕中心、服务大局，坚持群众路线、人民立场，坚持问题导向、效果导向，坚持系统观念、协同意识，坚持与时俱进、守正创新。要深刻把握过去五年全省巡视巡察工作取得的成效、积累的经验，进一步增强履职尽责的战略定力。

会议强调，要充分发挥巡视巡察在党的自我革命中的重要作用，既抓住当前，又谋好长远，持续推进全省巡视巡察工作高质量发展。要全面深化政治巡视巡察，自觉服务保障“国之大者”，紧盯权力运行和责任落实，聚焦群众急难愁盼问题，充分发挥政治监督功能。要全面深化巡视巡察上下联动，确保责任一体落实、任务上下协同、效能充分释放，充分发挥市级巡察机构在上下联动中的重要作用，健全完善“上下一盘棋”战略格局。要全面深化巡视巡察与其他监督贯通融合，以与纪检监察监督、组织监督深度融合引领贯通，以审计、财政、统计等专业力量深度参与深化贯通，以用好信息化手段促进贯通，推动形成系统集成、协同高效的监督体系。要全面深化巡视巡察整改和成果运用，进一步压实整改主体责任，强化整改日常监督，用好巡视巡察成果，不断提升监督治理效能。要全面深化规范化法治化正规化建设，推动制度建设再加强、履职用权再规范、队伍建设再强化，持续夯实高质量发展基础。

会议要求，扎实做好黄河流域生态保护和高质量发展专项巡视，深刻理解这次专项巡视是扛牢“两个维护”根本任务的职责要求，是服务保障现代化强省建设的历史使命，是对黄河重大国家战略落地落实的强力推动，切实提高政治站位和政治自觉。要精准聚焦专项巡视的任务重心，把准监督重点、阶段任务和职能责任，做到精准高效监督。要用好省纪委监委机关对黄河重大国家战略专项监督成果，与被巡视党组织形成同题共答合力，发挥好巡视巡察上下联动、巡纪联动、巡审同步联动监督优势，以巡视巡察传导责任压力、激发创新活力、营造良好生态，切实保障监督成效，以实际行动迎接党的二十大胜利召开。

经省委批准，十二届省委第一轮巡视安排13个巡视组，对沿黄的9个市、25个县（市、区）和2个功能区以及承担重要工作任务的17个省直部门（单位）党组织，开展黄河流域生态保护和高质量发展专项巡视。

十二届山东省委第一轮巡视集中反馈

根据山东省委部署，2022年6月下旬至8月下旬，十二届省委第一轮巡视，对沿黄9个市、25个县（市、区）和2个功能区以及承担重要工作任务的17个省直部门（单位）党组织，开展了黄河流域生态保护和高质量发展专项巡视。9月29日，十二届省委第一轮巡视集中反馈会议召开。

会议传达学习李干杰同志在听取十二届省委第一轮巡视情况汇报时的讲话精神，通报了巡视发现的主要问题，对巡视整改和成果运用作出部署安排。省委常委、省纪委书记、省监委主任，省委巡视工作领导小组组长夏红民出席会议并讲话；省委常委、组织部部长，省委巡视工作领导小组副组长王宇燕主持会议。

巡视反馈指出，近年来，被巡视党组织坚持以习近平新时代中国特色社会主义思想为指导，在学习贯彻习近平总书记重要指示要求，落实党中央决策部署，推动黄河流域生态保护和高质量发展上做了一些基础性工作，取得阶段性成效，但还存在不少问题。有的学习领会习近平总书记关于黄河流域生态保护和高质量发展的重要指示要求不够深入，思想认识存在偏差，落实黄河重大国家战略责任扛得不牢；有的职责履行不到位，高效联动的工作推进机制不够健全；有的统筹发展和安全不到位，构筑黄河安澜屏障有差距；有的贯彻新发展理念不够坚决，推进水资源集约节约利用、加强生态保护修复担当作为不力，推动高质量发展存在薄弱环节；有的管党治党责任扛得不牢，防范和纠治落实黄河重大国家战略中的腐败和作风问题不够严实；有的整改责任没有压紧压实，对巡视、审计、环保督察等发现的问题整改不到位、不彻底。

巡视反馈要求，被巡视党组织要深入学习贯彻习近平总书记关于黄河流域生态保护和高质量发展的重要指示要求，锚定“走在前、开新局”，坚定扛起落实黄河重大国家战略政治责任。要解决好思想认识问题，从政治和全局高度，深刻领会和把握实施黄河重大国家战略的重大意义，不断增强政治判断力、政治领悟力、政治执行力。要解决好体制机制问题，坚持系统观念，强化责任担当，不同层级、不同地域、不同领域之间要加强沟通协作，以全省“一盘棋”工作格局推动黄河重大国家战略落实落地。要解决好工作理念问题，始终坚持以人民为中心的发展思想，完整、准确、全面贯彻新发展理念，全力构筑黄河安澜屏障，系统推进水资源集约节约利用，统筹抓好生态环境保护治理，加快绿色低碳高质量发展，让黄河成为造福人民的幸福河。要解决好政治生态问题，压紧压实管党治党“两个责任”，紧盯重点领域、关键环节，紧盯“关键少数”特别是“一把手”，系统治理权力运行的风险隐患，深入整治形式主义、官僚主义，大力弘扬严肃严格、求真较真、细致细究、务实扎实、高效快捷的工作作风，以新风正气护航黄河重大国家战略走深走实。

巡视反馈强调，被巡视党组织要扛牢巡视整改主体责任，深入研究问题，科学组织实施，党委（党组）书记作为“第一责任人”，要直接抓、抓具体，督促班子成员落实好“一岗双责”，层层传导责任和压力，实事求是、求真务实推进巡视反馈问题整改。要坚持当下改与长久立相结合、局部改与整体改相结合、治标和治本相结合，切实做到以巡促改、以巡促建、以巡促治。纪检监察机关、组织部门要加强巡视整改日常监督，将整改情况与省委年度高质量发展综合考核挂钩，省纪委监委机关用好“一台账、两清单、双责任、双问责”监督机制，对整改不力的，严肃问责、通报，推动全面整改、真改实改。

根据本轮巡视反馈工作安排，各省委巡视组还将向53个被巡视党组织进行“一对一”反馈。

关义华/摄

监督推动篇

2

编者按　三年来，全省各级纪检监察机关以钉钉子精神深入开展黄河流域生态保护和高质量发展专项监督，探索出以“一台账、两清单、双责任、双问责”监督机制为路径，以政治监督活页为有效载体，以“五方联动、一组双专班”为组织形式的工作格局。健全依托黄河重大国家战略专项监督贯通各类监督的有效机制，完善对跨地区跨部门重大战略的协同监督，牵引带动各级各部门聚焦聚力，纠治了一批“靠黄河吃黄河”的典型问题，破除了一批制约发展的堵点难点，办成了一批群众可感可及的暖心实事，让黄河成为造福人民的幸福河。本篇分专项监督方案、创新推动方式、贯通协同监督、正风肃纪反腐、促发展护民生五个部分，选编了部分典型经验做法和查处案例，为立足更高起点，以更加有力监督推动黄河重大国家战略不断谱写新篇章提供有益借鉴。

专项监督方案

曹县融媒体中心供图

山东省纪委监委印发《2022年度黄河流域生态保护和高质量发展专项监督工作方案》

2022年1月7日，中共山东省纪委办公厅印发《2022年度黄河流域生态保护和高质量发展专项监督工作方案》（以下简称《方案》），并发出通知，要求有关纪检监察机构结合实际认真贯彻执行。

《方案》明确四项监督重点：一是紧盯构筑黄河安澜屏障，聚焦加快完善防洪减灾工程体系、提高灾害防范处置能力、增强城市防洪排涝能力、统筹黄河流域国土空间保护利用格局、保护传承黄河文化创造性转化和创新性发展进行监督。二是紧盯集约节约用水，聚焦强化水资源约束、切实管住黄河“水袋子”、优化水资源配置格局、推进深度节水控水进行监督。三是紧盯生态保护修复，聚焦加强黄河三角洲保护修复、提升沿黄区域生态保护水平、强化重点行业污染源管控治理、提升城乡生活污染治理水平进行监督。四是紧盯发挥山东半岛城市群龙头作用，聚焦优化“一群两心三圈”区域发展布局、建设沿黄达海大通道大枢纽大网络、推动重大科技攻关、拓宽跨省区合作领域和扩大高水平对外开放、创新乡村振兴体制机制、做优做强乡村产业进行监督。

《方案》提出八项监督措施：一是加强汇总分析。建立专项监督情况调度机制和查处数据统计体系，定期调度工作情况，各市纪委监委参照建立相应机制。二是创新监督机制。实行“一台账、两清单、双责任、双问责”监督机制，探索建立专项监督活页，运用“一线监督法”，深入开展调研式监督、下沉式监督。三是实行分包督导。省纪委监委领导班子成员每人分包联系1个市、1个县（市、区）、1个省直部门（单位），每年度到分包单位开展调研督导。四是开展集中察访。定期组织集中察访，重点检查确定的目标任务是否按时完成，各项工作是否取得预期成效。五是畅通信访渠道。充分发挥“信、访、电、网”平台作用，广泛接受群众监督和社会监督。六是严格执纪执法。严肃查处主体责任、监管责任虚化空转，工作作风不严不实，表态多调门高、行动少落实差，行政执法宽松软、一刀切，在项目审批、工程建设、资金拨付和管理使用等领域以权谋私、贪污受贿等违纪违法问题，对履责不力的严格追责问责，典型问题通报曝光。七是融入专项整治。将黄河流域生态保护和高质量发展专项监督与各级纪检监察机关开展的专项整治有机结合，选择突出领域重点整治，完善提升“一市一领域”“一县一领域”模式；深入查找管理漏洞、制度短板，督促职能部门深化改革、建章立制，形成“发现问题、严明纪法、整改纠偏、深化治理”闭环机制。八是强化巡视巡察。将黄河流域生态保护和高质量发展作为巡视巡察重要内容，统筹安排常规巡视巡察、专项巡视巡察和巡视巡察“回头看”，十二届山东省委第一轮巡视安排开展黄河流域生态保护和高质量发展专项巡视。

山东省纪委监委印发《2023年度黄河流域生态保护和高质量发展专项监督工作方案》

2023年2月15日，中共山东省纪委办公厅印发《2023年度黄河流域生态保护和高质量发展专项监督工作方案》（以下简称《方案》），并发出通知，要求有关纪检监察机构结合实际认真贯彻执行。

《方案》明确五项监督重点：一是围绕全力保障黄河安澜，紧盯推进黄河干流治理，提速建设现代水网，补齐防洪减灾短板，推进沿运片邳苍郯新片区平原洼地治理等重点工程强化监督。二是围绕深入推进水资源集约节约利用，紧盯引黄总量管控，深挖农业节水潜力，提升工业节水效能，督促推进工业节水标准体系强化监督。三是围绕加强生态保护修复和污染综合治理，紧盯黄河三角洲生态保护修复，督促实施黄河流域生态保护十大行动，推进河湖生态修复和生态环境突出问题整改强化监督。四是围绕严格国土空间保护利用和保护传承弘扬黄河文化，紧盯国土空间规划管控，优化提升区域发展布局，保护传承弘扬黄河文化，培育黄河国家风景道（山东）典型段强化监督。五是围绕加快绿色低碳高质量发展和发挥山东半岛城市群龙头作用，紧盯科技教育支撑，督促实施山东绿色低碳高质量发展先行区建设三年行动计划，紧盯沿黄达海大通道，实现小清河全线复航强化监督。

《方案》提出六项监督措施：一是坚持具体精准常态提升监督质效。深化拓展“一台账、两清单、双责任、双问责”监督机制，统筹建好用好省市县三级政治监督活页。二是坚持深度贯通协调完善工作机制。围绕贯通“四项监督”，深化委机关与派驻机构、巡视机构协作配合；围绕贯通党内监督，深化“督纪联动”机制；围绕贯通“九类监督”，强化与省领导小组办公室及有关职能部门协作；围绕放大品牌效应，探索与沿黄省区纪检监察机关联系机制。三是坚持紧盯突出问题强化整改监督。加强十二届山东省委第一轮专项巡视反馈问题整改监督，统筹抓好中央环保督察，以及省级审计、黄河流域生态保护和高质量发展专项督察等反馈问题整改，加大系统性问题整改力度，结合突出问题推动开展专项治理。四是坚持丰富载体手段优化方式方法。大力推行“一线工作法”，探索运用“四重”监督法，深化运用“双看式”监督法，全面运用“智慧式”监督法，开展线上线下融合监督。五是坚持严格正风肃纪保持高压震慑。紧盯责任、权力、纪律、作风，开展不担当不作为乱作为假作为专项整治，定期交办督办重要问题线索，适时通报典型案件；坚持一体推进“三不腐”，做实监督执纪执法“后半篇文章”。六是坚持激励担当作为促进干事创业。落实“三个区分开来”，运用“四种形态”，进一步加大容错纠错、澄清正名、严查诬告陷害、关爱回访力度；与护航优化营商环境专项行动有机结合，营造良好政治生态和发展环境。

《方案》要求，省纪委监委各部门单位要提高政治站位、狠抓工作落实，以重大专项监督引领各类监督协同开展。要把握工作节奏，避免扎堆检查、重复检查，不干扰基层工作、不加重基层负担。要自觉弘扬优良作风，深学习、实调研、抓落实，带头做到忠诚坚定、担当尽责、遵纪守法、清正廉洁。

山东省纪委监委印发《2024年度黄河流域生态保护和高质量发展专项监督工作方案》

2024年2月20日，中共山东省纪委办公厅印发《2024年度黄河流域生态保护和高质量发展专项监督工作方案》(以下简称《方案》)，并发出通知，要求有关纪检监察机构结合实际认真贯彻执行。

《方案》明确六项监督重点：一是聚焦防洪减灾，紧盯实施黄河下游防洪工程、提升东平湖蓄滞洪区防洪能力、健全城市防洪排涝体系进行监督。二是聚焦水资源节约集约，紧盯落实“四水四定”要求、加快南水北调东线二期前期工作以及水网骨干工程建设、落实水资源“双控”制度进行监督。三是聚焦生态环境保护，紧盯生态保护修复、环境问题治理、空间布局优化进行监督。四是聚焦加快高质量发展，紧盯持续深化新旧动能转换、扩大有效投资、建强用好开放平台进行监督。五是聚焦保护传承弘扬黄河文化，紧盯守好黄河文化根脉、打造黄河文化文艺创作高地、促进黄河文化传播交流进行监督。六是聚焦审计发现突出问题，紧盯加强全流域水资源节约集约利用、增强生态系统质量和稳定性、建设高质量发展重要实验区等方面存在的突出问题进行监督。

《方案》提出六项监督措施：一是统筹推进各类专项监督整治。以黄河重大国家战略专项监督为总牵引，统筹协同开展各类专项监督整治，构建省市县三级以重大专项监督为引领，上下联动、左右衔接、一体推进的“1+N+X”专项监督工作格局。二是开展突出问题整改监督“回头看”专项检查。结合国家黄河规划纲要审计反馈问题整改监督，精准筛选一批中央环保督察、省委专项巡视等发现的突出问题，谋划开展“回头看”专项检查，以点上问题突破带动全局提升。三是打造以党内监督为主导、各类监督贯通协调综合平台。认真落实加强纪检监察机关专责监督与其他各类监督贯通协调的意见，将黄河重大国家战略专项监督作为综合平台，探索完善对跨地区跨部门重大战略协同监督机制，推动构建全省大监督工作格局。四是全面运用“小切口”监督。推动各级精准选取一批制约本地区、本行业、本领域黄河重大国家战略落实的堵点难点痛点，梳理确定一批带动作用强、社会影响大、群众关注度高、廉洁风险高的年度重大政策、重大资金、重大平台、重大项目，针对性开展“小切口”监督整治，切实把监督着力点放到具体人、具体事、具体问题上。五是优化监督机制方法。深化运用“一台账、两清单、双责任、双问责”监督机制和政治监督活页，将纠治形式主义、官僚主义作为“规定动作”，用好用足清单式、嵌入式、驻点式、下沉式、智慧式监督方式，不断提升监督综合质效。六是持续深化“清风护河”。着力查处在项目审批、工程建设、资金拨付、管理使用等领域以权谋私、贪污受贿、侵占挪用、利益输送等“靠黄吃黄”违纪违法问题，以及表态多调门高、行动少落实差，搞“半拉子工程”“面子工程”“新形象工程”等形式主义官僚主义问题，加大通报曝光力度。

创新推动方式

陈人豪/摄

开展专项巡视
推动黄河重大国家战略走深走实

山东省委巡视办

2022年6月下旬至8月下旬，十二届山东省委第一轮巡视对沿黄9市、25县（市、区）和2个功能区以及17个省直部门（单位）党组织，开展了黄河流域生态保护和高质量发展专项巡视。本轮巡视为十二届山东省委巡视工作的“开篇之作”，在全国沿黄九省区中率先围绕黄河重大国家战略开展专项巡视。

一是发现问题、形成震慑。专项巡视坚持以习近平总书记关于黄河流域生态保护和高质量发展重要指示要求、党中央决策部署和省委工作安排为监督标尺，重点围绕构筑黄河安澜屏障、集约节约用水等4个方面，紧盯权力、责任和作风，共发现落实责任扛得不牢、践行“绿水青山就是金山银山”理念不到位、贯彻“四水四定”原则不够系统全面等7个方面问题，发现一批问题线索，形成了有力震慑。

二是推动改革、促进发展。通过巡视发现了一些制约黄河重大国家战略实施的深层次体制机制性问题，提出了一些需要强化顶层设计、优化政策供给的意见建议，推动省级层面制定和完善了沿黄工业项目进合规园区等9项制度，提出的打造沿黄齐鲁粮仓等建议，纳入省委2023年一号文件和绿色低碳高质量发展先行区三年行动计划。

三是压实责任、狠抓整改。着力层层压实被巡视党组织整改主体责任、纪检监察机关和组织部门整改监督责任、有关职能部门成果运用责任、巡视机构统筹督促责任，形成整改合力。省纪委监委机关牵头省委组织部、省委巡视机构建立集中整改进展情况“三方联审”机制，对整改不到位问题追责问责，选取典型问题由省委办公厅面向全省通报，树立了狠抓整改责任落实的鲜明导向。

创新运用“一台账、两清单、双责任、双问责”监督机制构建监督落实完整链条

山东省纪委监委党风政风监督室

为监督推动黄河重大国家战略落地落实，山东省纪委监委创新建立并深化运用“一台账、两清单、双责任、双问责”监督机制，通过台账式管理、清单化监督、责任化落实，将重大监督事项细化为一条条明确要求、一项项具体任务、一个个监督事项，找到了做深做实政治监督的方法路径。

一是科学设立“一台账”。对照习近平总书记关于黄河流域生态保护和高质量发展的重要论述和视察山东重要指示讲话精神，形成政治监督总台账，明确6个方面108项具体监督任务，确保跟得紧、不漏项。

二是精准细化“两清单”。省纪委监委连续三年制定年度监督方案，及时细化完善两张清单。将台账内容分解到地方、行业部门单位，形成省直部门和各市党委政府两张任务清单，厘清各方责任、明确工作任务，确保责任清晰、靶向监督。三年来，纳入监督台账清单的108项重点任务，92项重大政策、重大资金、重大平台、重大项目全部完成目标或达到进度。

三是压紧压实“双责任”。成立重大专项监督办公室，开展黄河流域生态保护和高质量发展专项巡视巡察，对照台账、清单及时发现问题、纠正偏差，既压实各级党委政府属地责任，也压实各级行业主管部门的监管责任，

确保权责一致、齐抓共管。比如，对2022年度黄河流域生态环境警示片涉及有关问题，省纪委监委充分发挥“一台账、两清单、双责任、双问责”监督机制作用，督促相关地方和部门整改到位。

四是有效实施“双问责”。对工作中出现的问题既追究地方推进落实不力责任，也追究行业主管部门监管不到位责任，确保板子打得准、推动责任落得实。比如，围绕10个生态环保突出问题，对9个市、4家省直部门单位同步开展追责问责，有效解决了只问地方属地责任不问部门监管责任的问题，取得良好效果。

深化运用政治监督活页
打造专项监督“活字典”

山东省纪委监委党风政风监督室

2022年以来，山东省各级纪检监察机关创新建立政治监督活页，一体推进“建、管、用”，为政治监督具体化、精准化、常态化提供了有效载体，有力推动了黄河流域生态保护和高质量发展重大国家战略的落地落实。

梯次推进、全面覆盖，高质高效“建”。政治监督活页，是围绕捍卫制度、落实决策、履行责任、行使权力“四个着力点”，对被监督地区、部门的政治监督工作进行系统梳理、分类归纳、动态更新，并以活页夹形式呈现的政治监督清单。省纪委监委印发《山东省纪委监委政治监督活页建设管理使用办法》，纵向上省市县三级梯次建设、逐步推开，建成180余份省级监督活页、2700余份市级监督活页、1.2万份县级监督活页，实现监督对象全面覆盖；横向上积极争取被监督单位党委（党组）支持配合，广泛收集组织人事、党建、审计等方面基础素材，最大程度丰富活页内容；形式上坚持线上线下同步建设，纸质版与电子版互相印证，便于查询使用。

动态更新、定期维护，规范有序“管”。坚持“随时动态充实、半年定期更新、年度完善成册”，将监督办案中发现的突出问题随时纳入活页、定期充实更新，“按图索骥”、跟进监督，督促被监督党组织“到点交账”、抓实整改。加强活页信息化管理运用，用好“大数据”手段，整合建成全省线上“活页库”，开发“活页百度”功能，提高政治监督质效。

明确目标、务求质效，深化拓展“用”。建立健全结果运用机制，每半年开展一次分析研判，研判结果作为加强政治监督、日常监督、专项监督，以及党风廉政意见回复、高质量发展综合绩效考核、党内谈话等的重要参考依据。比如，通过梳理分析省市县发改、水利等部门活页，将21个重点工作纳入2024年黄河重大国家战略专项监督工作方案，让专项监督重点更加突出，推动政治监督从“有形”覆盖向“有效”覆盖转变。

构建“五方联动、一组双专班”专项监督工作体系　形成齐抓共管格局

山东省纪委监委党风政风监督室

山东省纪委监委立足推动完善党和国家监督体系，探索构建“五方联动、一组双专班”专项监督工作体系，为更好凝聚监督合力、服务中心大局、推动专项监督工作任务落细落实提供了方法路径。

“五方联动”，即党委领导、政府主抓、部门落实、纪委推动、群众参与。党委领导，就是各级党委切实履行加强政治监督、开展专项监督的领导责任，确保党中央重大决策部署一贯到底、落地见效。政府主抓，就是推动各级政府在行政管理方面扎实履行规划、协调、监管等职能，统一制定重大政策、部署重点任务，加强对专项监督工作的统筹谋划、面上督导。部门落实，就是充分调动有关职能部门推进专项监督工作的积极性主动性，扛牢“管行业必须管作风”的主管责任、监管责任、指导责任。纪委推动，就是纪检监察机关立足“监督的再监督”，既协调推动各级各部门履职尽责，又严查业务问题背后的责任问题、作风问题、腐败问题，构建“发现问题、严明纪法、整改纠偏、深化治理”的工作闭环。群众参与，就是坚持开门搞监督、搞整治，畅通群众监督渠道，办好一批民生实事，监督效果由群众评判。

“一组双专班”，即经党委批准成立一个领导小组（协作机制），由纪委监委主要负责同志和政府分管负责同志任“双组长（双召集人）”；建立

由纪委监委牵头的监督问责和由政府有关职能部门牵头的实施推进“双专班”，一体部署、协同作战，推动各级党委、政府、职能部门、纪委监委和广大群众同向发力、合力攻坚。

“五方联动、一组双专班”专项监督工作体系，近年来已运用到我省黄河重大国家战略专项监督、群众身边不正之风和腐败问题集中整治、护航优化营商环境专项行动等各项专项监督中，并取得良好效果。比如，在房屋产权确权颁证历史遗留问题专项整治中，省纪委监委会同省自然资源厅建立监督和业务“双专班”，累计化解项目5036个，惠及140万户业主，该项工作入选全国主题教育山东唯一典型案例，被评为全省2023年度法治为民实事。

聚焦“四重”精准监督 有力推动重大国家战略落实

山东省纪委监委党风政风监督室

山东省纪委监委聚焦“四重”紧盯不放，以更加精准更加有力监督，推动黄河流域生态保护和高质量发展战略目标实现。

一是明确监督重点。聚焦《黄河流域生态保护和高质量发展规划纲要》《山东省黄河流域生态保护和高质量发展规划》中涉及的重大政策、重大资金、重大平台、重大项目，充分征求职能部门意见，确定监督重点。三年来，省纪委监委共筛选确定92个“四重”事项，挂图上墙、跟进监督。

二是创新监督方式。紧盯“四重”事项，探索实施“两牌两函”提醒问责机制，对履责不力、问题突出、推进缓慢的发送提醒函，亮黄牌提醒；对整改不力、效果不明显的发送督办函，进行重点督办；对拒不整改、造成不良后果的亮红牌，依规依纪依法追责问责。比如，针对南四湖湿地保护恢复项目建设不力问题，省纪委监委向有关省直职能部门下发“黄牌”提醒函，督促建立整改方案，推动项目如期完成。

三是注重贯通协调。找准纪检监察监督同其他各类监督同类项和衔接点，对“四重”事项联合开展监督检查。比如，省纪委监委联合省生态环境厅对中央生态环保督察、国家黄河流域生态环境警示片披露、国家审计黄河规划纲要落实情况反馈问题开展联合检查，推动相关问题改彻底、改到位。

四是高效解决问题。及时将发现问题向职能部门和地方反馈，纳入政治监督活页跟进督促整改，重要情况及时通报沟通。比如，针对监督发现的沿黄工业园区调区扩区审批慢问题，及时督促省直有关部门单位整改，短期内完成51家园区的审批。

用好“五式监督法”全面提升监督质效

山东省纪委监委党风政风监督室

山东省各级纪检监察机关牢牢把握黄河流域生态保护和高质量发展专项监督重点，大力推行清单式、嵌入式、驻点式、下沉式、智慧式监督方法，持续放大监督质效。

一是做实清单式监督。细化黄河重大国家战略具体任务和监督事项，形成监督“清单”，推动监督具体化、可视化。济宁市纪委监委联合市黄河办紧盯筑牢抵御自然灾害防线等目标制定1445条监督清单，对照监督检查。

二是推行嵌入式监督。将监督嵌入重大事项和重点任务事前决策、事中执行和事后评价全过程。驻省交通运输厅纪检监察组紧盯黄河重大国家战略重点工程之一的小清河复航工程，针对陆港不连、运力不足、监管不畅等堵点嵌入监督，靶向督促省交通运输厅深入整改，有力推动2024年2月小清河复航工程顺利交工验收。

三是拓展驻点式监督。集中人员、集中力量、集中办公，进驻被监督单位贴近监督。东营市纪委监委选派县级干部“驻点”黄河口国家公园创建等4项重大工程、17项具体任务现场监督，推动按期完工。

四是开展下沉式监督。下沉一线进项目、进厂房、进田间，蹲点督促解决群众急难愁盼。驻省自然资源厅纪检监察组围绕农村乱占耕地建房等群众反映强烈的突出问题，下沉8个市一线项目现场进行监督检查，反馈问题80余条，督促整改落实。

五是探索智慧式监督。充分运用大数据、云计算等信息化手段，助力监督提质增效。省委巡视办搭建“智慧巡视”业务平台，通过数据分析比对，预判政策落实堵点和违规违纪疑点，十二届省委第三轮巡视通过大数据精准发现了6市、16县存在耕地“非农化”等方面问题。

有效运用“小切口”监督 深化整治“靠企吃企”问题

山东省纪委监委第五监督检查室

为深入推进黄河流域生态保护和高质量发展专项监督，山东省纪委监委精准选取省属国有企业“靠企吃企”问题作为“小切口”开展专项整治，确保国有企业健康发展。

一是坚持“三责”同向发力。推动监管责任、主体责任、监督责任同向发力、同题共答。督促省国资委9次召开党委会议安排部署，对省属企业实地督导全覆盖，现场反馈问题194项，制定出台20余项制度文件，完善监管制度体系。39户省属企业均制定实施方案、成立领导机构，建立集团党委主责、纪委监督督促、职能部门与权属单位协同落实的组织推进体系。

二是坚持惩治后墙不松。始终保持惩治腐败高压态势，严肃查处山东国惠投资控股集团党委书记、董事长尹某，省机场管理集团原党委委员、副总经理李某，水发集团原党委书记、董事长王某某等严重违纪违法案件，坚决清除企业蛀虫。

三是坚持纠错促治并重。统筹反腐败、防风险、挽损失、促发展，深化以案促治，针对发现的突出问题，省国资国企纪检监察机构共向相关党组织发出纪检监察建议书346份。加强教育引导，省纪委监委编印《山东省国有企业靠企吃企典型案例选编》，会同省国资委组织拍摄“靠企吃企”

警示教育专题片。突出激励约束并重，推动省国资委建立国有企业领导人员履职行为容错纠错正面清单，省属企业对14名干部容错免责、为19名干部澄清正名。

用好信息化大数据手段
为专项监督插上“科技”翅膀

山东省纪委监委网络管理中心

山东省纪委监委依托监督贯通应用平台，开发黄河重大国家战略专项监督功能专区，健全“职责明晰、全程管理、动态监督”工作体系，推进大数据赋能专项监督提质增效。

一是严把监督定位，找准监督方向。2022年4月，省纪委监委运用信息化手段，建立黄河重大国家战略专项监督功能专区，根据年度工作部署及时更新调整，对黄河重大国家战略落实及时跟进、动态监督。按照“一台账、两清单、双责任、双问责”监督机制，设计重点工作台账、重点平台项目功能，细化分解任务台账，明确地方党委政府和行业部门单位工作清单，对重点项目资金计划实行“红黄牌”动态管理，以“双问责”推动落实“双责任”。2022年以来，共形成责任清单596项、重点台账237项。

二是强化资源整合，全程线上办理。利用制度文件、情况共享、工作报送等功能，及时传达学习工作部署要求，准确把握政策规定，推广典型经验做法，横向广泛收集省直部门单位相关业务信息，纵向全面汇聚全省纪检监察机关专项监督数据，推进各类监督资源贯通融合。设置“督察督办”功能，对重点事项、重点问题线索进行在线督察督办，实时跟踪进度，实现闭环管理。截至2024年11月底，已通过平台下发整改清单472项，有效提高整改效率。

三是情况一屏统览，辅助决策分析。设计“统计分析”功能，按行政区划、所属领域、问题来源、处理情况等，设计10大类统计维度，以图、表形式直观展示黄河重大国家战略专项监督阶段性成效，以及查处问题、查处人员变化趋势，自动生成各类报表报告，为及时掌握整体情况、辅助研判分析提供有力支撑。

强化“室组地”联动监督
保障科技政策落地

山东省纪委监委驻省科技厅纪检监察组

山东省纪委监委驻省科技厅纪检监察组以监督推动科技创新引领黄河流域现代化产业体系建设为切入点，采取“室组地”联动监督方式，全力保障黄河重大国家战略在科技系统落地生根、开花结果。

驻省科技厅纪检监察组工作人员到东营市对省科技示范工程进行监督检查（鞠志刚/摄）

一是联合选题调研。聚焦涉黄河重大国家战略重要科技计划，锚定沿黄地市产业发展难点堵点问题，联合省纪委监委第八监督检查室开展调研座谈10余次、现场调研8次，详细了解科技计划资金使用、组织实施、绩效评价等情况；联合济南、烟台、东营、滨州等市纪委监委派驻机构接续开展“省重大科技创新工程”“省科技示范工程”等多个专项调研，深入基层一线掌握“活”情况。

二是合力联动监督。省纪委监委第八监督检查室加强综合协调、统筹指导；驻科技厅纪检监察组紧盯科技计划全流程各环节开展嵌入式监督；各市纪委监委派驻机构参与具体监督事项，充分发挥室统、组专、地熟的监督优势。比如，针对钙钛矿太阳能科技示范工程、盐碱地开发利用等重点项目，派出人员开展现场监督检查，发现项目审查不严、专项资金使用不规范、评审专家管理不到位、制度供给不足等问题，推动深入整改。

三是做实“后半篇”文章。针对项目审查不严、专项资金使用不规范等突出问题建立监督台账，逐一对账销号。着眼打通科技计划全周期管理监督痛点、堵点，督促省科技厅党组召开全面从严治党专题会议3次，反馈问题并督促整改。推动印发《科技创新引领标志性产业链高质量发展实施方案（2024—2027年）》，着力提升产业链自主可控能力，加快形成新质生产力，切实以科技创新引领黄河流域现代化产业体系建设。

紧盯资金奖补精准监督 助力工业经济跑出加速度

山东省纪委监委驻省工业和信息化厅纪检监察组

山东省纪委监委驻省工业和信息化厅纪检监察组以黄河重大国家战略专项监督为牵引，围绕省工业和信息化厅承担的95类涉企评审和奖补项目精准监督，有效维护工业企业利益。

驻省工业和信息化厅纪检监察组开展工信领域涉企奖补资金专项监督，到企业一线开展调研（吕怀德/摄）

一是强化智慧监督。充分运用大数据手段，构建“数据分析—发现疑点—推动整改”大数据监督模式。立项监督“山东制造·网行天下”流量券网上拓市场项目，借助省纪委监委监督贯通应用平台，建立4个数据分析模型，发现疑点数据200余条，分析研判疑点问题5个。

二是强化办案震慑。充分发挥案件查办的后墙效应和震慑作用，对近年来涉企奖补资金问题线索“大起底”，对前期已处置的问题线索“回头看”。严肃查处涉企资金奖补、项目评审等方面违纪违法问题，对有关人员进行依纪依法处理。

三是强化标本兼治。推动省工业和信息化厅在全省工信系统召开警示教育会，将典型案例作为“活教材”进行通报。对发现的省级技术改造设备奖补资金未及时发放到企业等问题，督促省工业和信息化厅会同财政部门大幅提升“技改专项贷”贴息和担保补助资金拨付企业比例，健全完善项目评审、资金管理等8项制度。

贯通协同监督

陈同磊/摄

巡视审计“同频共振”监督推动黄河重大国家战略落地

山东省委巡视办

十二届山东省委第一轮黄河流域生态保护和高质量发展专项巡视积极探索巡视与审计一体谋划、协同开展的有效路径，取得了效应叠加、多方共赢的效果。

省委第十二巡视组在齐河县南坦险工现场查看黄河调水调沙和黄河大堤防汛准备情况（赵宗斌/摄）

一是坚持高位推动，着力破解同步联动难题。将巡审联动工作纳入十二届省委巡视工作规划，推动省委巡视和省管领导干部经济责任审计、专项审计同步进行。统筹安排巡审年度工作计划，明确专门处室负责协调联动工作，黄河流域生态保护和高质量发展专项巡视期间，安排同步开展经责审计。

二是监督手段联动，推动优势互补、相得益彰。对重点难点问题，巡视、审计双方及时会商研究解决。充分发挥巡视权威，帮助审计组解决调阅资料难、谈话了解难等问题。借助审计力量，有效解决账目查不深、查不透等问题。签订《信息化建设和大数据分析协作框架协议》，实现巡视巡察和审计平台基础数据、分析成果共用共享。

三是深化信息共享，相互提供支持、凝聚监督合力。巡视进驻前，巡视机构与审计机关互通相关问题及情况，筛选建议关注的重点问题173个。巡视期间，及时共享信息、会商问题。巡视反馈后，巡视机构将审计发现问题整改情况作为监督重点，审计机关将与审计有关问题整改情况作为必审内容，推动问题整改见底到位。

四是强化“全周期管理”理念，健全完善工作机制。加强巡视和审计工作联动协作，建立巡审联动成果运用情况考核制度，将向对方通报问题数、写入对方报告问题数等作为评价指标。既整合监督资源、相互借势借力，又严格依规依纪依法，提高监督质效。

以黄河重大国家战略专项监督为牵引探索完善各类监督贯通协调机制

山东省纪委监委党风政风监督室

山东在沿黄九省区率先开展黄河重大国家战略专项监督，以此为牵引探索建立以党内监督为主导、各类监督贯通协调的有效路径，为健全跨地区跨部门重大战略的协同监督机制提供了经验参考。

一是以专项监督为依托强化引领带动。每年制定专项监督方案、明确监督重点，纪检监察机关做实专责监督、巡视机构开展专项巡视、党政督查深度介入，审计、水利、财政等部门单位和各市都结合职责强化监督。比如，省纪委监委会同省水利厅对农村供水保障、会同省农业农村厅对高标准农田建设等进行监督检查，取得“1+1>2”的监督效果。

二是以制度建设为先导促进规范有序。对内，制定“四项监督”统筹衔接实施方案、“室组地”联动监督工作指引，推动“四项监督”统筹衔接制度化。对外，制定《加强纪检监察监督与各类监督贯通协调的指导意见（试行）》，与党政督查、行政执法、审计、统计等监督主体建立了协作配合机制，形成“1+22”监督贯通工作体系。比如，省纪委监委会同财政、审计等部门对黄河滩区迁建项目资金拨付使用情况开展监督，严肃查处截留滞拨、套取挪用等问题，确保资金按时拨付到位。

三是以问题短板为靶向确保有力有效。强化各监督主体间的信息互通、会商研判、线索移送和措施配合，更加有效发现问题。将发现和移送的有关问题纳入政治监督活页，引导相关监督主体立足职责抓好整改，重要情况及时通报，协力构建“发现问题、严明纪法、整改纠偏、深化治理”的完整链条。比如，省委巡视集中整改进展报告由省纪委监委机关、省委组织部、省委巡视机构“三方联审”，督促被巡视党组织落实整改任务，进行现场评估检查，连续3轮选取整改不力典型问题进行通报。

释放“纪组”联动监督叠加效应守护黄河安澜

山东省纪委监委党风政风监督室

山东省纪委监委会同中央纪委国家监委驻水利部纪检监察组，创新建立跨地区跨部门重大战略协同监督机制，扎实开展黄河流域生态保护和高质量发展专项监督，守护黄河安澜。

一是强化政治监督协作配合。紧盯中央巡视、中央环保督察等涉水问题整改落实、水资源节约集约利用、农村饮水安全保障、黄河文化保护传承弘扬等重点领域和重点事项，常态化开展联合调研、联合监督、联合整治。对监督中发现的执行党中央决策部署打折扣、搞变通，不担当、不作为等问题，及时共享信息、互通情况。及时梳理相关部门单位存在的共性问题，共同查找制度机制短板，督促建章立制、系统治理。建立联络员制度，“点对点”对接，扎实做好工作协调、信息沟通、具体事项办理等，提升协同监督实效。

二是强化审查调查协作配合。建立问题线索移送机制，由驻水利部纪检监察组、山东省市级以上纪委监委按照相关规定明确问题线索移送流程，畅通移送渠道。对移送的问题线索依规依纪依法优先查办，提高处置效率。在审查调查工作中相互支持、协作配合，充分发挥双方资源优势，强化联合办案效能，增强监督合力。

三是强化日常工作协作配合。对重大、疑难问题加强互助支持。结合业务特长和优势资源，相互为对方开展教育培训，积极选派业务骨干到有关部门单位授课。根据工作需要，双向选派纪检监察干部到相关部门单位进行业务学习锻炼，实现优势共享、资源共享、人才共享。

纪检、督查、组织监督联动深入整治不担当不作为顽瘴痼疾

山东省纪委监委党风政风监督室

山东省纪委监委强化纪检监察监督、党委政府督查、组织部门监督协同联动，深入开展基层治理不良现象及不担当不作为乱作为假作为问题专项整治，纠治党员干部担当精神不足、工作作风不实等问题，为黄河重大国家战略落实提供坚强纪律保障。

一是统筹部署凝集工作合力。综合信访举报、日常监督等掌握情况，围绕“8个方面、14个有的”基层治理不良现象，确定5大类20项整治重点。会同省委办公厅、省委组织部组建工作专班，抽调人员实行集中办公，建立9项工作机制。将专项整治贯通两批学习习近平新时代中国特色社会主义思想主题教育，省市县三级建立联动整治机制，上下贯通一体推进。

二是联动整治释放叠加效应。建立与其他专项整治贯通联动、“双向移交”机制，明确信息沟通、问题移交、监督落实流程规范。做好与群众身边不正之风和腐败问题集中整治、护航优化营商环境专项行动等结合文章，严肃查处不担当不作为等问题。比如，加强黄河重大国家战略专项巡视发现问题整改监督，对整改不力的追责问责，通报整改不到位典型问题。

三是融合监督提升治理效能。发挥群众监督作用，各级通过开通举报电话、开设“码上监督”专区等方式畅通监督举报渠道。加强与审计、

信访等部门单位协作配合，及时移交相关问题并督促整改。比如，督促相关省直部门，加快审批51个沿黄合规工业园区，提前完成审批认定流程。

强化与人大监督、民主监督贯通协调 打好黄河重大国家战略监督“组合拳”

山东省纪委监委第一监督检查室

山东省纪委监委积极推动纪检监察监督与人大监督、民主监督贯通协调，提升监督质效，形成监督合力，打好黄河重大国家战略监督“组合拳”。

一是强化制度牵引抓贯通。制定《关于建立纪检监察监督、巡视监督与人大监督贯通协调机制的意见（试行）》，建立沟通联络、信息互通、工作协同、成果共享机制。对照黄河流域生态保护和高质量发展专项监督年度工作方案，与省人大、省政协共同商定具体监督措施，明确监督重点、方法步骤、责任单位，确保监督工作有的放矢。

二是注重监督联动促贯通。省纪委监委班子成员列席人大专题询问、政协监督协商等重要会议，广泛听取人大代表、政协委员意见，共同监督推动黄河流域生态环境保护治理、水资源节约利用等相关政策落地。省纪委监委邀请人大代表和政协委员列席专项监督工作会议，赴滨州、东营等地调研督导专项监督工作。把专项监督嵌入省政协“黄河流域生态保护专项民主监督”、专题调研等重点工作，一体筹备、一体推动。

三是推动成果共享强贯通。将专项监督发现的制度机制问题，及时向省人大常委会进行通报，推动持续完善法律制度供给，完成《山东省黄河三角洲生态保护条例》等多项法规条例审议工作；多位人大代表、政协委员充分借鉴运用省纪委监委专项监督成果，以人大议案、政协提案、专题监督报告等方式积极履职尽责，共同推动我省黄河流域生态保护和高质量发展再上新高度。

“室校联动”强监督 深化协作促落实

山东省纪委监委第四监督检查室

山东省纪委监委指导聊城大学、山东师范大学、齐鲁工业大学（山东省科学院）、山东理工大学、山东建筑大学等5所高校纪检监察机构，创新采取片区协作方式，整合力量开展政治监督，推动黄河重大国家战略在相关高校落地落实。

一是建立政治监督片区协作机制。省纪委监委相关监督检查室牵头，组成由相关纪检监察干部、巡视巡察干部、服务黄河重大国家战略工作专家学者、职能部门工作人员参加的监督协作组，共同研究制定监督方案，逐校明确监督重点事项，定期沟通会商监督情况。

二是精准开展“小切口”监督。监督协作组坚持调研察访先行，聚焦重大政策、重大资金、重大平台、重大项目推进情况，摸清各校落实黄河重大国家战略的堵点难点痛点，集体会商研究确定监督切口。立足监督的再监督职能，开展联合督导检查，深化运用“一台账、两清单、双责任、双问责”监督机制、监督贯通协调机制，推进协作监督具体化、精准化。比如，针对在省内率先成立黄河学研究院的聊城大学，重点从研究院学科支撑、校地企联动、人才培养、黄河文化传承四个方面选取切口，发现问题、推动整改。

三是深化运用协作监督成果。认真梳理监督发现的问题，提出针对性整改要求和意见建议，形成政治监督报告并向各高校党委反馈。协同开展问题整改“回头看”监督检查，针对突出问题、典型性普遍性问题统筹推进专项整治，全面提升监督效能。比如，针对发现的山东师范大学落实黄河重大国家战略职责分工不明确问题，推动学校建立由发展规划与学科建设处牵头，各职能部门和学院（部）分工协作的工作体制，建立了“工作目标+任务分工+目标结果”闭环。

贯通“组厅”监督合力 奏响黄河文化启智润心的时代强音

山东省纪委监委驻省教育厅纪检监察组

为充分发挥教育资源优势，传承弘扬黄河文化，山东省纪委监委驻省教育厅纪检监察组以“三个聚焦”为抓手，贯通“组厅”监督合力，推动黄河文化的创新传承。

驻省教育厅纪检监察组与省教育厅到菏泽市牡丹区长城学校调研黄河文化传承等工作（张红艳/摄）

一是聚焦“组厅”协同会商，明确监督重点。驻省教育厅纪检监察组与省教育厅党组围绕实施黄河重大国家战略，召开联席会议，进行工作会商，明确6个方面21项监督内容，进一步达成了监督共识，形成了工作合力。将“汇聚多方合力，助力黄河文化传承发展”确定为监督重点，纳入政治监督活页，监督推动弘扬黄河文化重点任务有序推进。

二是聚焦“组厅”联合督查，找准短板弱项。会同省教育厅党组先后4次赴沿黄市县和有关高校开展联合调研督查，围绕“黄河文化传承”等工作，以下看上发现问题，推动履职尽责到位。督促全省教育系统省市县、高等学校上下联动，充分挖掘黄河文化蕴含的时代价值，建立研学基地、讲好黄河故事，引导青少年坚定文化自信。比如，山东艺术学院以大学生村官在黄河滩区迁建过程中开展精准扶贫为原型，拍摄电影《九道湾》在总台央视电影频道播放，讲好黄河故事。

三是聚焦“组厅”携手推动，助力文化传承。驻省教育厅纪检监察组与省教育厅基础教育处、体育卫生与艺术教育处等内设机构多次会商“黄河文化传承”工作，会同驻在单位纪委嵌入式监督相关项目和活动，督促公平公正开展。比如，监督推动省教育厅联合其他沿黄八省区教育厅开展的“沿黄九省（区）原创儿童图画书素材创意大赛”，吸引2万余人参赛，形成1.8万余件创意作品，正式出版发行图画书56册，实现沿黄九省区的文化串联。

“五联机制”聚合力 监督守护齐鲁大地“每寸沃土”

山东省纪委监委驻省自然资源厅纪检监察组

近年来，山东省纪委监委驻省自然资源厅纪检监察组坚持以黄河流域生态保护和高质量发展专项监督为牵引，创新建立“五联机制”，凝聚监督合力，提升监督质效，用实际行动践行“走在前、挑大梁”的使命担当。

驻省自然资源厅纪检监察组到黄河三角洲国家级自然保护区三万亩盐地碱蓬修复区等地开展调研（吕桂玲/摄）

一是事项联商“压责任”。通过定期会商、重要情况通报等方式压实驻在部门党组主体责任。围绕规划纲要审计报告整改清单、警示片披露问题整改等事项进行联商，已下发工作提示10余份，指出存在问题，提出工作建议，推动解决落实。

二是清单联制“清底数”。围绕重点任务、重点项目，形成与驻在部门对接清单“一张表”。督促驻在部门党组围绕黄河重大国家战略专项巡视、专项审计等8大类259项具体问题，建立台账，逐条逐项抓实整改，项目化推动派驻监督和行业监管责任落实。

三是监督联动“抓落实”。贯通协调自然资源行政监督与派驻监督，与驻在部门在信息集成、政策解读等方面加强联动。强化“室组+部门”联动监督，开展调研式、嵌入式监督30余次，以下看上推动履职尽责到位。

四是案件联查“强震慑”。建立重点信访事项和问题线索移交机制，与驻在部门党组共同分析研判、商定处置意见。采取直接或联合查办等方式处置问题线索。用好巡视反馈问题、移交问题线索，实行专人盯靠、分组包案等方式，确保查处、整改到位。

五是教育联办“守底线”。会同省纪委监委相关监督检查室共同梳理分析全省自然资源领域问题线索及查处情况，得到省纪委监委主要负责同志批示肯定。运用调研情况开展廉政教育辅导7次，与驻在部门共同开展纪检监察干部培训，推动形成遵规守纪的高度自觉，共同营造全省自然资源系统良好的政治生态。

“1+3”协同监督强贯通 护航黄河生态提质效

山东省纪委监委驻省生态环境厅纪检监察组

近年来，山东省纪委监委驻省生态环境厅纪检监察组聚焦黄河重大国家战略，立足环保垂管实际，构建纪检监督与业务监督、民主监督、舆论监督“1+3”协同监督格局，凝聚强大监督合力，保障推动黄河重大国家战略在生态环境领域落实见效。

驻省生态环境厅纪检监察组到济南实地调研水环境取样监测规范化操作（谢勇/摄）

一是与业务监管贯通协同。聚焦生态保护修复、水资源节约集约利用、保障黄河安澜，以及专项巡视发现问题、中央环保督察反馈问题整改等关键领域和重点事项，结合工作实际制定专项监督方案，坚持靠前监督、照单监督，逐项跟踪、对账销号，推动生态环境业务监管与派驻监督融合聚力、同题共答。近年来，黄河干流山东段全线保持优良水质，人民群众生态环境满意度持续居全国前列。相关经验做法先后被《中国纪检监察报》《中国环境报》等媒体宣传报道。

二是与民主监督贯通协同。以省政协开展专项民主监督为契机，主动把有关问题建议纳入监督，督促制定措施，跟进推进落实。深化运用“一台账、两清单、双责任、双问责”监督机制，梳理形成监督台账和问题清单，明确监督重点。紧盯“关键少数”，制定领导班子和“一把手”监督办法，以“关键少数”带动绝大多数。

三是与舆论监督贯通协同。建立重大舆情沟通机制，实时掌握新闻媒体、信访热线反映问题，抓早抓小，加强舆情分析研判，严查落实黄河重大国家战略部署中存在的问题，重点关注审批、督察、执法、资金等领域，科学精准追责问责。积极回应社会关切，利用舆论监督提升监督质效的同时，进一步增强了舆情引导的权威性、公信力、影响力。

多方联动做好监督文章
讲好新时代齐鲁大地“黄河故事”

山东省纪委监委驻省文化和旅游厅纪检监察组

山东省纪委监委驻省文化和旅游厅纪检监察组健全“室组地”联动监督、“组厅地”联合整改等机制，推动黄河重大国家战略工作任务落地落实。

驻省文旅厅纪检监察组到淄博市临淄区齐国故城小城西门遗址发掘现场开展调研（王若冰/摄）

一是"组厅"联动确定监督重点。驻厅纪检监察组每年形成黄河重大国家战略专项监督实施意见，推动厅党组制定黄河文化保护传承弘扬重点任务分工方案、山东省黄河文化保护传承弘扬规划实施机制，把年度任务细化分解，逐项明确措施"路线图"和完成"时间表"，跟进监督检查。建立"文旅厅责任领导—责任处室—责任人—纪检组监督人"四级推动体系，将"国之大者"落到"责之细处"。

二是"室组地"联动开展日常监督。与省纪委监委相关监督检查室、有关市县纪检监察机关，围绕大禹文化、齐文化、运河文化等重点文旅项目传承保护情况开展联合监督，针对发现的国家考古遗址公园建设进展缓慢等问题，主动约谈相关责任人，督促落实到位。

三是"组厅地"联合开展巡视整改。针对黄河重大国家战略专项巡视反馈问题，督促厅党组制定94条整改措施，实行"标红作战""红黄牌"管理，把责任压实到分管厅领导和处室。联合厅党组和地方文旅部门赴市县对行业领域整改情况进行督导，确保条条整改、件件落实。对巡视整改情况开展"回头看"，针对发现问题向厅党组发出工作提示，确保整改到位。

以“纪审联动”拓展监督广度 做好高质量发展“经济卫士”

山东省纪委监委驻省审计厅纪检监察组

山东省纪委监委驻省审计厅纪检监察组积极发挥桥梁纽带作用，在政治监督中突出贯通协同，通过完善制度机制、开展联动监督等措施，不断强化纪审、巡审等各类监督贯通协同，以强有力的监督助推黄河重大国家战略在山东落实落细。

驻省审计厅纪检监察组到济宁市审计局开展调研（常梦泽/摄）

一是推进纪审协同。推动省审计厅与省纪委监委机关联合出台《关于建立纪检监察监督与审计监督贯通协同机制的意见（试行）》，建立工作协同、成果共享机制，有力放大监督成效。比如，督促省审计厅将黄河滩区居民迁建政策措施落实情况审计中发现的182名行政事业单位公职人员违纪违规问题线索，及时移交省纪委监委机关，共追责问责300余人。

二是推进巡审联动。2022年，省审计厅组织17个地方党政经济责任审计项目与省委黄河流域生态保护和高质量发展专项巡视同步联动。驻厅纪检监察组组织力量深入淄博、泰安、东营、滨州4市及高青、齐河等县（市、区）14个审计现场，约谈现场负责人，督促各审计组充分发挥巡审同步联动优势，与巡视组深化信息共享，相互提供支持。

三是推进多方协作。2024年参与十二届省委第五轮巡视期间，发现并指出省审计厅党组跟进调整省委审计委成员单位工作协调机制不及时问题。省审计厅分别对14个成员单位的主要职责逐一进行明确，为各单位进一步发挥职能作用打好基础。积极推动省审计厅与省委巡视办、省公安厅、省检察院等联合印发协作配合工作机制，进一步凝聚监督合力。

凝聚监督力量
守护黄河安澜

山东黄河河务局纪检组

山东黄河河务局纪检组健全监督贯通、一体落实机制，以有力监督守护黄河安澜。

山东黄河河务局纪检组到东营盐窝镇东坝村盐碱地改良现场调研利用黄河泥沙改良盐碱地工作情况（张策/摄）

一是强化沟通会商。坚持党组与纪检组同题共答、同向发力，每年两次开展“两个责任”沟通会商，通报全面从严治党主体责任履行情况和监督中发现的问题，提出意见建议。督促党组对照黄河流域生态保护和高质量发展相关部署，明确构建“五大体系”、实施“七项攻坚”的总体方向和实施路径，列出监督清单、跟进监督检查。

二是强化左右衔接。围绕落实黄河重大国家战略重点目标任务，督促党组统筹建管、监督、财务、防御、审计等部门开展重大水利工程建设、安全生产、防汛备汛等专项检查，发挥职能部门管理职能和专业技术优势，加强信息沟通、线索移送和成果共享，实现专责监督和职能监督系统集成协同高效，提升监督质效。

三是强化上下联动。统筹全局纪检力量，综合运用下沉式调研、列席会议、现场检查、谈心谈话等方式开展日常监督，发挥近距离、全天候、常态化监督优势。落实驻部纪检监察组与山东省纪委监委协作配合意见，与地方纪委监委加强日常监督和审查调查协作配合，选派纪检干部参加省纪委监委调研监督。针对监督发现的问题，以监督提醒函等方式及时向党组进行通报，督促举一反三、抓好整改，共同护航黄河重大国家战略落地见效。

“关港地”常态化协同监督打通高质量发展堵点

青岛市纪委监委

青岛市纪委监委与青岛海关、山东港口集团、市推进黄河生态保护和高质量发展领导小组办公室签订备忘录，建立“关港地”常态化协同监督工作机制，共享信息、共商问题、共推工作，以强有力监督保障青岛建好黄河流域最便捷出海口、打造黄河流域高质量发展桥头堡。

青岛市纪委监委联合青岛海关、青岛市发展改革委到青岛前湾保税港区进行调研（韩磊/摄）

一是加强信息共享。围绕深化黄河流域“11+1”关际一体协同机制等“4+N”项合作事项，定期沟通交流，通报政策法规落实、重要工作推进、重点项目建设等进展情况，及时移交监管监督中发现的问题线索和疑难问题。

二是强化协同会商。聚焦重要事项和突出问题，按照“谁提议、谁牵头、谁组织”原则，组织专题会商，研究措施办法。比如，针对非药用“药食同源”商品只能作为药品通关时限长问题，会商研究制定《关于在中国（山东）自由贸易试验区青岛片区开展药食同源商品进口通关便利化改革的试行意见》，相关商品通关时限从之前的1个月压缩至当场通关验放。

三是深化联合治理。组织开展“以综合监督为起点、以案件查办为切入点、以系统治理为落脚点”的联合监督检查，既严肃查处腐败和作风问题，又着力解决部门职能交叉、体制机制不畅、政策空档等深层次问题。

通过“关港地”常态化协同监督，持续助力青岛市与沿黄省区的联动合作，保障区域开放型经济高质量发展。2022年至2024年前三季度，黄河流域九省区外贸进出口16.28万亿元，其中青岛外贸进出口2.4万亿元，占九省区外贸进出口的14.7%，黄河流域外贸龙头作用发挥明显。

释放监督贯通协调机制优势
齐心齐力齐护黄河安澜

淄博市纪委监委

淄博市纪委监委以纪检监察专责监督与其他各类监督贯通协调试点为载体，聚焦黄河重大国家战略专项监督，推动各类监督向此集中、协同发力，齐心齐力齐护黄河安澜。

高青县纪委监委工作人员到黄河刘春家管理段监督检查防汛抗旱防灾工作责任落实情况（张振东/摄）

一是协之有向，同题共答。制定年度黄河重大国家战略专项监督工作方案，细化区县、部门责任清单139项，督促各监督主体主动担责。创新巡视整改协同监督模式，引入财政、审计、国资等9家职能部门参与巡视整改报告“三方联审”、整改实地察访评估，对发现的15项整改不力问题向职能部门和属地党委“双反馈”，由职能部门和纪检监察机关“双督促”进行整改，既带动部门履职履责，又增强监督专业性、精准度。

二是协之有法，同向发力。坚持靶向式纠治，依托生态环境执法领域“小切口”整治，持续深化高青“水”、沂源“砂”、淄川“矿”、桓台“田”重点领域点题整治，开展多部门联合监督7次，发现行业领域相关问题41个，督促立行立改。针对监督发现问题，推动相关区县和生态环境、自然资源等部门建立发现和解决突出问题清单台账，督促整改问题37个、建章立制38项。

三是协之有效，同促共进。坚持“查改治”贯通发力，推动统筹施策、标本兼治。聚焦群众反映的农村规模化供水问题，选取全市保障难度最大的沂源县，组织开展护航“清水进村居”专项行动，纪委嵌入监督，推动建设农村供水县域统管机构和智慧化管理平台，实施管网延伸改造、建设联村单村工程等130余项，铺设供水主管网90公里，推动实现全县30万农村居民从“有水喝”到“喝好水”。

创新“链条化、清单化、机制化”工作模式 探索监督贯通“枣庄路径”

枣庄市纪委监委

枣庄市纪委监委创新实施“三化”工作模式，积极打造“上下联动、左右衔接、一体推进”的监督贯通新格局，探索以黄河重大国家战略为牵引的监督贯通“枣庄路径”。

枣庄市纪委监委会同市委办公室、市政府办公室督查部门围绕石榴产业发展开展监督（张宁/摄）

一是链条化推进。压实“责任链”，主要负责同志亲自部署，市纪委监委主动对接，协助各类主体厘清职责边界。构建“制度链”，以试点工作方案为总体遵循，分别建立与9类监督主体的协作配合机制，形成“1+9”制度体系，确保工作有章可循。搭建“平台链”，加强与“枣解决、枣满意”平台监督联动，利用信息化手段抓取关键数据，联动解决问题42个。

二是清单化管理。制定线索移交清单，共受理财政、审计、公安等部门移交问题线索248件，立案161件。制定问题共查清单，统筹监督资源，协同开展生态环保领域责任落实情况监督检查，发现并推动解决问题366个。制定成果互享清单，将纪检监察监督成果与其他部门共享，同时将行政、审计等监督结果作为党风廉政考核、政治生态研判的重要参考。

三是机制化融合。建立力量联合机制，充分发挥职能部门的专业优势和纪检监察机关的监督优势，建立察访人才库，联合开展各类监督检查。建立整治联动机制，加强与信访、审计等部门的协作配合，会同职能部门开展医院违规收费问题专项整治，退还违规收费1893万余元，惠及11万余人。建立信息联通机制，实行“督纪联动”，会同市委办公室、市政府办公室督查部门对贯彻落实习近平总书记视察枣庄重要指示精神情况开展监督，发现问题18个，提出意见16条。

用好“三责”工作法 保障盐碱地综合利用试点工作顺利推进

东营市纪委监委

东营是国家首批盐碱地等耕地后备资源综合利用试点市，试点项目分布在40个片区，总面积17.98万亩。东营市纪委监委充分发挥纪检监察机关专责监督在各类监督中的“搭梁建桥”作用，创新采用“三责”工作法，贯通各类监督主体，统筹协调、一体发力，有效保障盐碱地综合利用试点工作顺利推进。

东营市纪检监察机关联合审计部门开展盐碱地等耕地后备资源综合利用监督（李喆/摄）

一是“台账化”明责。市纪委监委立足监督职责定位，深化运用“一台账、两清单、双责任、双问责”监督机制，制定《在全市盐碱地等耕地后备资源综合利用试点工作中开展专项监督的方案》，将试点工作涉及的40个片区、75个项目纳入政治监督台账，为相关县区和职能部门制定“责任清单”，压紧压实各方责任，做到底数清、情况清、措施清、责任清。

二是“全链条”督责。严格落实“双专班”工作机制，健全会商研判机制，及时了解试点进展、协同解决困难问题。聚焦易发多发问题，监督专班开展常态化监督检查33次，发现问题58个，推动建立完善管理制度3项。建立监督跟踪整改台账，定期通报整改进展情况，以全链条监督推动问题整改见行见效。针对永安片区和黄河口片区项目进展缓慢问题，垦利区纪委监委主动约谈永安镇、黄河口镇相关负责人7人次，推动试点项目顺利推进。

三是“联动式”压责。与发展改革、自然资源、农业农村等部门建立问题反馈机制，会同职能部门深入一线，通过与项目负责人开展廉政谈话、设立监督举报电话等方式强化日常监督。加强纪审联动，联合市审计局召开“全市盐碱地综合利用试点项目联合监督暨跟踪审计进点会议”，推动“政治体检”和“经济体检”同题共答，跟踪审计涉及项目64个、资金17亿元。

攥指成拳　靶向发力
以有力监督推动南四湖流域治理
取得扎实成效

济宁市纪委监委

近年来，济宁市纪委监委立足职责定位，紧盯南四湖流域生态环境治理，贯通各类监督力量，扭住不放、持续发力、精准监督，确保治理工作取得实实在在成效。

济宁市纪委监委工作人员在济州港实地了解黄河下游生态保护和高质量发展责任落实情况（房体朔/摄）

一是贯通融合监督方式，让监督力量更加集成。统筹各类监督力量，建立“1+4+N”协作机制，形成以党内监督为主导、各类监督贯通协同的联动监督体系。将南四湖流域生态保护“三年行动计划”中的任务目标、重点项目纳入监督重点，开展一线监督。比如，监督推动市南四湖办开展河道清淤、水生物保护、湖西大堤植绿十大行动，完成南四湖生态林带建设83公里。

二是靶向纠治突出问题，让监督方向更加精准。聚焦南四湖环保督察反馈问题、省委专项巡视反馈问题整改落实情况，联合职能部门开展专项检查，发现整改措施不严不细、日常监管不到位等问题，对相关党组织和责任人员进行追责问责，并对典型问题公开通报。

三是督促建立长效机制，让监督链条更加完整。针对日常监督、巡视巡察、专项察访等各类监督发现的典型问题，通过制发纪检监察建议书等方式，推动新修订或完善制度机制112项。比如，监督推动市直部门和属地政府强化协作配合，实施“以船为家”渔民安居工程，统筹开展南四湖水域岸线环境综合治理工程，流域内生态环境持续改善，全球极危物种青头潜鸭在此“安家落户”。

擦亮“廉通一线”察访品牌 为黄河流域生态保护和高质量发展提供纪律保障

威海市纪委监委

“廉通一线”察访是威海市纪委监委立足监督专责，贯通各类监督，全天候、不间断开展的一项特色创新工作。黄河重大国家战略实施以来，威海市以“廉通一线”察访为抓手，同步摄制播放察访专题片，深入一线察问题、抓整改、促落实。

威海市纪委监委察访组人员向群众了解农村供水管道改造升级情况（毕晓熠/摄）

一是贯通监督力量。制定《“廉通一线”常态化察访工作指引》，组建察访人才库，成立作风监督专项小组，吸纳人大、政协、新闻媒体等监督力量参与，加强与发展改革、审计、12345热线等监督主体联动，实现“专责+专业”监督相结合，开展明察暗访10余轮次，发现问题271个，拍摄察访片5部。

二是贯通监督重点。以黄河重大国家战略专项监督为统领，坚持分领域、分主题，围绕营商环境、乡村振兴、群众身边不正之风等方面，滚动开展察访。比如，对近三年基层民生实事办理情况开展“回头看”，重点筛选157件实事，“带件下沉”察访，发现5方面29个问题，及时督促整改；与12345热线建立重点问题联合督办机制，选取60件不满意工单开展察访，推动整改问题52个。

三是贯通问题整改。建立“台账管理+挂账督办+跟踪问效”机制，将察访发现问题纳入党政督查，同步转区市和市直部门办理，“室组联动”跟进监督，推动主体责任、监管责任和监督责任一体发力，并将整改结果在下期察访片中予以通报，确保整改见底到位。比如，对察访发现的经济技术开发区某物流园违规抽取使用地下水问题，督促水利部门介入制止，并及时为园区商户通上自来水。

“三同三共”开展跨地区协同监督 铁纪守护“黄河清风”

聊城市纪委监委

聊城市和河南省濮阳市同为黄河沿线城市，两市交界线全长229.72公里，毗邻地区涉及4县、32乡镇。聊城市纪委监委积极探索与濮阳市建立跨地区跨部门协同监督机制，运用“三同三共”工作法，以强有力监督护航黄河重大国家战略落地落实，推动毗邻地区高质量发展。

山东省阳谷县纪委监委联合河南省台前县纪委监委一线走访了解生态环境执法情况（徐桐瑶/摄）

一是坚持高站位谋划，推进“同抓共管”。坚持调研先行，明确监督重点。先后到毗邻地区实地调研、座谈5次，共征集污染防治等方面问题12项。研究起草《关于建立跨地区协同监督机制的意见》。指导莘县、阳谷县纪委监委与河南省相关县纪委监委签订《毗邻地区协同监督合作协议》，召开联席会议4次，联络对接9次。莘县、河南范县两个毗邻乡镇分别建立协同监督联络点，实现“有场所、有阵地、有队伍、有机制”。

二是深化联动性监督，推进“同题共答”。聚焦重大项目开展接力监督。在国家管网高压输气管道工程中，会同河南省范县纪委监委督促该县4家单位对莘县相关燃气公司管道工程开工及时实施许可。聚焦生态环境开展联合监督。莘县、河南范县纪检监察机关联合开展防汛专项监督检查，现场督促整改违法行为1起。聚焦民生实事开展携手整治。在河南范县老城区自来水改造项目中，督促莘县配合河南范县进行水网管道延伸，惠及群众1.5万名。

三是强化深层次协作，推进“同频共振”。推动印发《聊城市推动黄河流域生态保护和高质量发展2024年省际合作事项清单》，确定9项省级合作事项。督促聊城8个市直部门、2个县级政府深化区域合作。截至2024年11月底，聊濮两市相关部门已建立合作机制20余项，有力推动鲁豫毗邻地区高质量发展。

坚持“统、促、联”三维一体发力 打造监督贯通协调新路径

滨州市纪委监委

滨州市纪委监委围绕提升黄河重大国家战略专项监督质效，积极探索监督贯通协调新路径，坚持“统、促、联”一体发力，着力构建“发现问题、严明纪法、整改纠偏、深化治理”全链条闭环机制，有力推动黄河重大国家战略落地落实。

滨州市纪委监委牵头召开深化监督贯通协调机制工作第三次联席会议暨护航优化营商环境专项行动部署会议（刘晴晴/摄）

一是强化“统”的功能，搭建监督贯通“立交桥”。成立领导小组，加强统筹协调，协助市委制定监督贯通协调机制建设实施意见及细则，把黄河重大国家战略落实作为重要内容，明确85项监督重点、57项信息共享事项、31项成果运用事项，建立“月调度、季联席、年总结”机制，召开联席会议7次，健全协作配合机制40余项，促进各类监督协同联动，推动任务落实。

二是发挥“促”的作用，当好监督贯通“助推器”。将监督贯通协调机制落实情况纳入党委（党组）履行全面从严治党责任述职评议和高质量发展绩效考核重要内容，健全通报反馈、约谈提醒、督查问责机制，压实主体责任、监督责任和监管责任。制发《贯通协调机制问题线索直通卡》和调阅监督贯通协调机制共享信息资料“三函一书”，系统用好监督信息和成果。

三是放大“联”的优势，画好监督贯通“同心圆”。制定黄河重大国家战略重点监督事项清单，找准各类监督同向发力点，实现优势互补。比如，联合市委督查、发改、环保、水务等部门对省委黄河流域生态保护和高质量发展专项巡视反馈问题整改情况开展“回头看”，推动制定整改措施81项。坚持监督、整改、治理一体贯通，综合运用各类监督成果，督促健全制度、堵塞漏洞、加强监管，释放贯通协调综合效能。

正风肃纪反腐

张瑞泉/摄

水发集团有限公司原党委书记、董事长，山东省环保发展集团有限公司原党委书记、董事长王振钦“靠企吃企”等问题

王振钦甘于被“围猎”，将公权力当作谋取私利的工具，利用职务便利非法占有公共财物，为他人在企业经营等方面谋取利益，本人或伙同他人非法收受巨额财物；同时还存在其他严重违纪违法及涉嫌犯罪问题。王振钦受到开除党籍、开除公职处分，其涉嫌犯罪问题移送检察机关依法审查起诉。

淄博市引黄供水管理局原副局长，市引黄供水有限公司原党委书记、董事长王绍臣利用职务便利非法经营同类营业，获取巨额利益等问题

2007年至2016年，王绍臣利用担任市引黄供水有限公司党委书记、董事长等职务便利，安排他人出资注册成立并实际控制三家公司，倒卖黄河水给其他用水企业，获取巨额非法利益；私下帮助相关企业从市引黄供水有限公司开设新的管线口、购水，并帮助承揽用水运营管理业务；擅自决定少报相关企业用水量，造成水资源费无法足额收取，致使国家利益遭受特别重大损失；同时还存在其他严重违纪违法及犯罪问题。王绍臣受到开除党籍、开除公职处分，被判处有期徒刑十一年，并处罚金1020万元。

莱州市发展和改革局原党组成员、市粮食和物资储备中心原主任张贤良“靠土地吃土地”损害群众利益等问题

2007年至2024年6月，张贤良利用担任莱州市国土资源局党委委员等职务便利，将国家的土地资源变成自己的“囊中物”，大搞权钱交易，利用自己在审批、规划、资源出让等诸多环节上的权力，大肆插手土地分割、用地指标配给、房地产开发、高标准农田建设等事项，先后为多个单位和个人违规提供帮助，非法收受财物223万余元；同时还存在其他严重违纪违法及涉嫌犯罪问题。张贤良受到开除党籍、开除公职处分，其涉嫌犯罪问题移送检察机关依法审查起诉。

蒙阴县水利局政策法规科原科长王明进利用职务便利，在砂石开采工程中“监守自盗”等问题

2016年12月至2021年1月，王明进在负责蒙阴县莫庄河莲汪崖（第二期）砂场日常监管期间，利用职务便利，在采砂项目办理、砂资源开采等方面为他人谋取利益，纵容相关公司长期偷运砂场砂资源，并帮助他人逃避偷砂处罚，直接或者伙同他人非法收受财物68万元；同时还存在其他严重违纪违法及犯罪问题。王明进受到开除公职处分，被判处有期徒刑两年，缓刑三年，并处罚金12万元。

东阿县政协原常委、县水利局原正科级干部孙丙柱利用职务便利，在引黄工程项目中谋取私利等问题

2014年至2021年，孙丙柱利用担任姚寨镇党委副书记、镇长，县水利局党组书记、局长等职务便利，在干部选拔任用、工程承揽等方面为他人提供帮助，违规肢解分包东阿县引黄灌区节水工程，将2020年、2021年项目分别划分为92个标段、49个标段，涉及投资金额共4.4亿元，通过向招投标公司打招呼等方式，帮助多家公司中标，非法收受财物568万元；同时还存在其他严重违纪违法及犯罪问题。孙丙柱受到开除党籍、开除公职处分，被判处有期徒刑十年两个月，并处罚金60万元。

山东省人大常委会原委员、法制委员会原主任委员崔洪刚利用职务便利，插手工程承揽大搞权钱交易等问题

崔洪刚既想当官又想发财，毫无纪法底线，公器私用，以权谋私，与不法商人勾肩搭背沆瀣一气，利用职权便利为他人在企业经营、工程承揽、职务调整等方面谋利，非法收受巨额财物；同时还存在其他严重违纪违法及犯罪问题。崔洪刚受到开除党籍、开除公职处分，被判处有期徒刑十四年六个月，并处罚金500万元。

潍坊市政府原党组成员、副市长刘玉利用职务便利，在工程项目领域为他人谋取利益等问题

2003年至2022年，刘玉利用担任东平县、高密市、潍坊市等地领导职务便利，为多家单位或个人在企业经营、项目洽谈合作等方面提供帮助，非法收受财物3377万余元；滥权妄为，违规决定将东平县财政资金出借给私营企业，致使国家财产遭受重大损失；同时还存在其他严重违纪违法及犯罪问题。刘玉受到开除党籍、开除公职处分，被判处有期徒刑十一年，并处罚金200万元。

东营市水务局原党组成员、正县级干部，市南水北调工程建设管理局原局长赵兰海利用职务便利，在南水北调工程项目中为他人谋利等问题

2011年4月至2022年2月，赵兰海利用职务便利，在城东防潮堤改造提升、麻湾灌区续建与节水改造等工程承揽、工程款拨付方面为他人谋取利益，非法收受财物73万元，严重破坏招标投标领域市场秩序；同时还存在其他严重违纪违法及犯罪问题。赵兰海受到开除党籍、开除公职处分，被判处有期徒刑三年，并处罚金20万元。

济南市长清区自然资源局原党组书记、局长王长利插手黄河滩区迁建项目收受贿赂等问题

2011年5月至2023年3月，王长利利用担任原济南市国土资源局长清分局万德国土资源所所长，长清区自然资源局党组书记、局长等职务便利，为相关人员在处理违章建筑、黄河滩区迁建拆旧复垦等工程项目承揽、工程立项审批、监管、验收、入库、项目款拨付、采矿权延续等方面谋取利益，收受消费卡、现金等共计价值924万余元；同时还存在其他严重违纪违法及犯罪问题。王长利受到开除党籍、开除公职处分，被判处有期徒刑十一年九个月，并处罚金70万元。

莒县水利局原一级主任科员刘兴起为他人承揽工程谋取利益等问题

2010年至2023年，刘兴起利用担任县水利局副局长、仕阳水库管理处主任等职务便利，在大石头河综合治理项目、袁公河综合治理项目等水利工程建设以及渔业捕捞销售中为他人提供帮助，非法收受财物52万元，破坏了工程建设领域正常经济秩序，严重损害营商环境；同时还存在其他严重违纪违法及犯罪问题。刘兴起受到开除党籍、开除公职处分，被判处有期徒刑三年两个月，并处罚金20万元。

山东省自然资源厅原一级巡视员宋守军滥用职权谋取私利等问题

2012年9月至2022年9月，宋守军利用担任山东省住房和城乡建设厅副厅长，原山东省国土资源厅副厅长等职务便利，为他人在加气站建设、采矿许可证办理、工程承揽等方面谋取利益，非法收受财物754万余元；违规通过行政复议方式，责令市级国土资源部门不经招拍挂程序，向其亲属实际控制的公司低价出让7392平方米国有土地使用权，造成国家损失1362万余元；同时还存在其他严重违纪违法及犯罪问题。宋守军受到开除党籍、开除公职处分，被判处有期徒刑十二年，并处罚金80万元。

邹平市城乡水务局原党组成员、市城乡水务发展服务中心原主任张平套取南水北调复垦费等问题

2013年10月至2016年12月，张平伪造南水北调临时用地复垦工程施工合同套取复垦措施费30万元，从邹平水利工程处套取10万元现金据为己有；2015年12月至2022年7月，张平在引黄灌溉、农村供水保障、孝妇河综合治理等工程的项目承揽、招标评审、款项拨付等事项上为他人谋取利益，非法收受财物112.9万元；同时还存在其他严重违纪违法及犯罪问题。张平受到开除党籍、开除公职处分，被判处有期徒刑四年三个月，并处罚金35万元。

泰安市泰山区省庄镇人大主席团原主席高加强套取耕地补偿款等问题

2018年9月至2022年9月，高加强任省庄镇党委委员等职务期间，利用其负责博阳路片区项目、蚕子峪村城中村改造项目征地拆迁工作的职务便利，以非法占有为目的，虚构拆迁补偿事实，采取伪造地上附属物补偿评估明细表等材料的方式，套取骗取拆迁补偿款61万元；同时还存在其他严重违纪违法及犯罪问题。高加强受到开除党籍、开除公职处分，被判处有期徒刑三年，并处罚金20万元。

德州市生态环境局大气环境科原科长张培勇向第三方服务机构收取大额回扣等问题

2014年3月至2022年6月，张培勇利用担任原市环境保护局污染防治科科长、市生态环境局大气环境科科长等职务便利，向管理服务对象索要财物，向第三方服务机构收取大额回扣共计152万余元；为特定关系人经营的公司承揽项目打招呼、站台撑腰，严重破坏市场公平性；同时还存在其他严重违纪违法及犯罪问题。张培勇受到开除党籍、开除公职处分，被判处有期徒刑三年十个月，并处罚金35万元。

枣庄市山亭区人力资源和社会保障局原工作人员陈玉荣骗取、截留养老保险金问题

2010年1月至2013年5月，陈玉荣在任原山亭区农保处出纳期间，利用职务便利，以虚报参保人员方式冒名领取4人养老保险金19万余元；在办理代扣收回养老保险金工作时，个人截留32万余元，严重侵害群众的切身利益。陈玉荣受到开除党籍、调整退休待遇处分，其涉嫌犯罪问题移送检察机关依法审查起诉。

济宁市矿山综合整治和督察整改落实不力问题

济宁市为完成2017年第一轮中央环保督察反馈问题整改任务，研究决定采取重新设置采矿权方式对2013年以来关闭的部分露天矿山和矿山复绿项目进行整治。由于缺乏科学严谨论证，职能部门审核把关不严，导致部分新设采矿权面积大幅增加。济宁市原国土资源部门对政策理解和把握不准确，对矿山修复治理工作监督检查、指导督促不到位；泗水县等4县市自然资源和规划部门对设置采矿权把关不严。时任济宁市国土资源局党委书记、局长，时任邹城市副市长，时任汶上县委常委、副县长，时任曲阜市副市长等人受到批评教育处理；泗水县副县长受到诫勉处理；另有10名乡科级及以下干部、7名其他人员分别受到党纪处分、诫勉或批评教育。

青岛市即墨区自然资源局原党组成员、副局长周明军落实党中央重大决策部署打折扣、搞变通等问题

2017年11月至2022年6月，周明军在担任原市国土资源和房屋管理局即墨分局副局长、即墨区自然资源局副局长期间，落实党中央关于“坚守18亿亩耕地红线”的决策部署不坚决、不彻底，罔顾上级耕地保护政策要求，片面追求增加耕地占补平衡指标，未按规定开展项目实施前后土地利用现状变化情况对比分析，收受企业巨额贿赂，在项目尚未完工的情况下违规组织提前验收，核查验收工作流于形式，对上级要求的新增耕地质量不达标问题整改工作简单应付，监管程序形同虚设，造成严重不良影响；同时还存在其他严重违纪违法及犯罪问题。周明军受到开除党籍、开除公职处分，被判处有期徒刑十年八个月，并处罚金60万元。

鄄城县旧城镇在黄河滩区迁建工作中履行职责不力问题

在黄河滩区迁建过程中，旧城镇未认真履行审核把关职责，致使该镇多名财政供养人员违规享受迁建补助待遇；在村台安置工程项目中，鄄城县乡村振兴投资有限公司向该镇政府支付管理费和拆迁补偿款列支不当，时任该镇党委书记对以上问题负主要领导责任，受到政务警告处分，其他有关人员分别受到相应处理。

荣成市崖西自然资源所在处置非法采矿工作中不作为问题

2021年10月至2022年4月，某石材公司在崖西自然资源所辖区内长期进行非法采矿，尤其在非煤矿山集中整治行动后，仍使用机械设施进行非法采矿活动。崖西自然资源所对辖区内矿山企业缺乏日常监督检查，未能发现长期违法采矿行为。时任该所所长对以上问题负直接责任，受到党内警告处分。

昌乐县朱刘街道侯家庄村在旱厕改造中假作为问题

2019年7月，根据上级安排部署，朱刘街道侯家庄村需对234处住房进行旱厕改造。在实施过程中，违规对13处无人居住的房屋、不在改造范围的驻村企业院落进行旱厕改造，造成不良影响。时任该村党支部书记、村委会主任受到党内严重警告处分。

促发展护民生

孙瑞/摄

护航优化营商环境
激活释放发展活力

山东省纪委监委党风政风监督室

2023年以来，山东省纪委监委持续开展护航优化营商环境专项行动，以纪检监察“硬约束”提升营商环境“软实力”。在全国工商联组织的万家民营企业评营商环境调查中，山东连续四年入选营商环境最好十大省份。

曲阜市纪委监委工作人员到政务服务大厅开展监督检查（张敏/摄）

省纪委监委紧盯落实习近平总书记关于优化营商环境重要论述和党中央决策部署，省委、省政府一揽子政策措施，围绕政务、市场、要素、人文、法治、服务“六大环境”，细化落实清单和监督清单。深化纪巡联动，将优化营商环境纳入省委巡视，发现补贴政策不合理、违规下达罚款任务等损害营商环境问题，督促及时整改。聚焦企业诉求，设置3000个企业、项目监测点，建立常态化沟通联系机制，收集意见建议218条，发现10类突出问题。开展靶向纠治，梳理全省111万条行政执法数据，开发运用分析模型，对行政执法领域存在的超期办案、突击办案等问题，向有关部门和市县纪委监委交办督办。对《问政山东》问询涉企奖补资金不落地等问题，第一时间督促解决，节目播出后第2天，企业技改奖补资金就拨付到位。

2023年以来，全省共处置损害营商环境问题线索6590件次，给予党纪政务处分5179人次，移送司法机关442人次，公开通报曝光202起损害营商环境典型案例。推动优化治理，督促有关职能部门出台《山东省深化“高效办成一件事”大力提升行政效能的若干措施》等制度文件，会同省工商联制定《政商交往负面清单》《清廉民企建设指导清单》，结合“清廉山东”建设，开展清廉民企建设，推动政企良性互动常态化，助力打造市场化、法治化、国际化一流营商环境。

推动化工园区扩区调区
服务项目加速落地

山东省纪委监委党风政风监督室

山东省纪委监委针对基层干部群众反映的我省部分化工园区扩区调区工作审批慢，造成新建化工项目无法落地实施等问题，督促有关职能部门全面整改，以强有力政治监督服务保障化工项目加速落地。

成武县纪委监委工作人员到县化工产业园调研园区规划情况（张广军/摄）

2024年9月，省纪委监委将该问题纳入监督重点，通过到相关省直部门开展座谈交流、查阅审批资料，实地走访部分化工园区、倾听企业诉求等方式，进一步找准问题症结，靶向开展监督。督促有关职能部门加快对符合要求化工园区的审批进度，15家化工园区在一周内全部完成省直部门联审，其中9家已完成扩区工作，累计扩大土地面积4.12万亩，为总投资1001亿元的92个项目尽快落地实施提供有效保障。开展针对性帮扶，指导申请扩区园区整改突出问题，优化园区布局，规范建设管理，补齐基础设施短板，为更多高端化工项目落地提供承载空间。

加大园区监管执法力度，严肃查处建设项目和企业违规违法问题。深入开展起底式检查评估，重点审查化工园区“一园一策”安全整治提升方案，加强全过程督促指导，统筹推进化工园区整治提升。注重标本兼治，省纪委监委推动修订印发《山东省化工园区扩区调区管理办法》，规范园区扩区调区条件，明确细化安全生产有关要求，为园区扩区调区提供科学指导和制度遵循。有的基层领导干部说：“省纪委监委专项监督及时推动解决了县里等了近一年的难题，真切感受到纪检监察服务中心大局的力度！”

深化专项整治 守护“齐鲁粮仓”

山东省纪委监委第二监督检查室

2022年以来，山东省纪委监委紧盯粮食购销领域腐败问题，持续深化专项整治，全省共受理问题线索1657件，立案958件1029人，采取留置措施103人，给予党纪政务处分976人，移送司法机关81人，追缴资金及挽回经济损失1.85亿元。

鱼台县纪委监委工作人员到清河镇粮库进行实地监督检查（刘鹏/摄）

省纪委监委牵头抓总，成立省发展改革委、省财政厅等9部门单位参加的专项整治工作协调小组，组建工作专班，建立定期会商、日常联络、问题线索移交反馈等工作机制，及时研究解决工作推进中的重要问题和重要事项。统筹纪检监察、派驻机构、巡视巡察力量“三管齐下”，对全省涉粮问题线索开展“回头看”“再起底”，梳理形成问题线索、案件查办两张清单，聚焦粮食购销关键环节14个步骤，排查廉洁风险点60条，整理27个靠粮吃粮典型问题。对全省16市开展3轮“全覆盖”监督检查，督促各级相关责任主体自查问题2947件，整改完成2945件。

坚持系统施治，持续巩固治理成效，各级纪检监察机关共制发纪检监察建议50份、督促解决问题80项。督促省粮食和物资储备局加快推进承储库点智慧粮库系统升级，全省承储省级储备粮的34个库区、424口仓房、300余处地方储备粮承储库区已基本实现信息化管理。修订《山东省粮食收购管理办法》《山东省地方储备粮管理办法》等省政府规章2项，对《山东省粮食安全保障条例》立法立项，建立健全涉粮领域职责规定、执法规范、内部管理等方面制度949项。

化解历史遗留问题
群众无过错即办证

山东省纪委监委第三监督检查室

2023年以来，山东省纪委监委聚焦群众“办证难”问题，开展全省房屋产权确权颁证历史遗留问题专项整治，纳入整治范围的5036个项目全部化解到位，惠及140万户群众，办理不动产权证书82万本，实现“应登尽

济南市高新区化解房屋产权确权颁证历史遗留问题，为群众上门办证（刘格燕/摄）

登”“愿办尽办”。中央主题教育领导小组办公室给予充分肯定，将其收录为整改整治典型案例。

省纪委监委牵头成立省协调机制工作小组，主要负责同志和省政府分管副省长任“双组长”，设立省纪委监委机关牵头的监督问责和省自然资源厅牵头的实施推进“双专班”，一体部署、双线作战，上下贯通、协力攻坚。专班各成员单位，立足各自职能职责，最大限度提供业务指导和政策支持，省自然资源厅、省法院等13个部门联合印发处置指导政策，对化解历史遗留问题涉及的土地、规划、建设等21类问题，逐一明确化解措施、办理主体和工作程序。

全省各级对照土地性质、时间界限、群众无过错、房屋安全四个关键，采取“技术+组织+人力”的方式开展“拉网式”“地毯式”摸底排查，建立项目台账。省纪委监委同步开展专项监督，通过工作提示、督促提醒、实地督导等方式全程参与、严格监督。各级纪检监察机关采取督导检查、发函提示、警示约谈、追责问责等措施，及时纠正偏差，推动全力保障群众办证。坚持以改促治，督促省自然资源厅等12个部门联合出台《关于健全土地房屋产权问题防范长效机制的意见》，实施事前、事中、事后无缝监管，常态化推进“交房即办证”“交地即办证”，从源头防范新的“办证难”问题发生。

加强村级党组织建设
全面夯实基层战斗堡垒

山东省纪委监委驻省委组织部纪检监察组

山东省纪委监委驻省委组织部纪检监察组聚焦村级党组织建设、村级党组织领办合作社等方面，强化监督检查，督促驻在单位开展专项行动，建立健全长效机制，切实推动乡村组织振兴。

驻省委组织部纪检监察组到菏泽市牡丹区围绕村级党组织建设开展调研（李绪/摄）

驻部纪检监察组会同驻在单位召开专题会议，围绕基层党建、人才引进、干部队伍建设、组织振兴等7项内容，明确责任领导、责任处室，制定22条具体举措，确保落实落地。紧盯成效进展，定期督导调度，推动部署实施村级党组织分类推进整体提升三年行动，全省“强基”村、“示范”村数量占比实现“一降一升”；实施村党组织“跨村联建”专项行动，探索党建引领的村庄融合发展机制，全省共成立联合党组织5000余个，覆盖2.5万个村左右；开展村改社区基层党建和治理难题集中攻坚，全省1198个攻坚对象全部完成攻坚任务。

聚焦村级人才队伍建设、产业壮大发展，深入县区开展“下沉式”调研监督，督促加强村党组织带头人队伍建设，每年组织2000名村党组织书记集中培训，近两年先后回引2.5万余名农村在外优秀人才返乡创业、回村任职，推动全省各级选派驻村干部2.84万余人；推行村党组织领办合作社，制发《关于推动村党组织领办合作社工作的指导意见》《山东省村党组织领办合作社规范指引（试行）》，全省共成立村党组织领办合作社1.9万家。

规范招标投标管理
维护公平竞争市场环境

山东省纪委监委驻省发展改革委纪检监察组

山东省纪委监委驻省发展改革委纪检监察组突出抓好“打、立、智、联、实”五字诀，监督推动驻在部门聚焦招标投标领域突出问题，狠抓“小切口”治理，排查项目13443个，发现问题3476个，完成整改2988

驻省发展改革委纪检监察组到省公共资源交易中心监督调研公共资源交易“云智”监管、多点分散评标工作（刘齐/摄）

个，减免各经营主体投标保证金103.5亿元，推动招标投标市场环境更加公平开放。

驻委纪检监察组会同省发展改革委，对近年来受理的招标投标领域信访举报进行复盘审核，结合大数据分析、实地督导情况，全面查找招标投标领域5方面20个问题和廉政风险，向公安机关等部门移送问题线索1005件，公安机关立案涉嫌经济犯罪案件59件189人，行政处罚66件，相关部门处理评标专家297名。聚焦提升云智监管系统预警分析能力，推动省发展改革委与省公安厅共享招标投标全环节60余类400余万条交易数据信息，涉及企业6.4万余家，实现招标投标行为穿透式监管。积极推进黄河流域公共资源交易协调化发展，承接多个黄河流域跨省市远程异地评标项目，促进黄河流域营商环境持续改善。

强化建章立制，督促驻在单位制定《关于在全省开展工程建设项目多点分散评标工作的意见》，建立招标代理机构不进评标室在线服务、多点分散评标、智能辅助评标、联动监管等机制，被省政府纳入2024—2025年“十大创新”行动计划。

统筹财政资金资源
助力唱好“黄河大合唱”

山东省纪委监委驻省财政厅纪检监察组

山东省纪委监委驻省财政厅纪检监察组聚焦生态保护修复、守护黄河长久安澜、加快绿色低碳发展等方面加强监督，推动黄河重大国家战略财政政策尽快落地见效，最大程度发挥财政资金使用效益。

驻省财政厅纪检监察组到利津县调研黄河湿地公园建设情况（姜文龙/摄）

驻厅纪检监察组制定专项监督方案，赴东营、德州、聊城等地调研，实地了解财政资金在当地落实落地情况。督促省财政厅在资金分配中将黄河流域生态保护作为重要因素，安排资金239亿元，支持开展生态文明建设行动。督促筹集资金9.8亿元，支持沿黄地区开展湿地保护修复、推进黄河口国家公园建设；筹集资金558亿元，支持实施小清河等中小河流治理、中小型水库除险加固、大中型灌区续建配套改造；筹集资金152亿元，下达税费补助或减免税费5.5亿元，支持完成黄河滩区迁建。定期召开黄河重大国家战略任务落实分析会，调度工作进展，压实工作责任，推动连续三年保持145亿元高强度科技资金投入规模，优化项目资金管理模式，集中财力支持省委省政府各项重大创新任务落实。

紧盯资金效果，创新实施财金联动提升行动，出台财金联动支持高质量发展29条意见，组建财金企业联盟。紧盯政策落实，制定《支持黄河流域生态保护和高质量发展若干财政政策》，提出6个方面38条财政政策，在全国率先实现县际流域横向补偿全覆盖，省级累计兑付补偿资金14亿元，为守护母亲河提供坚实有力支持。

深化生活垃圾治理
让城乡环境更宜居

山东省纪委监委驻省住房城乡建设厅纪检监察组

山东省纪委监委驻省住房城乡建设厅纪检监察组围绕全力打好住建领域污染防治攻坚战，聚焦城乡生活垃圾治理强化监督检查，督促驻在单位健全完善政策体系，提升收运处置能力，助力人民群众生活环境品质提升。

驻省住房城乡建设厅纪检监察组联合职能部门到济南市历下区龙洞街道调研生活垃圾分类回收情况（陈娟/摄）

驻厅纪检监察组加强与厅党组沟通会商，推动制定《山东省生活垃圾管理条例》，印发《山东省生活垃圾分类三年行动计划（2023—2025年）》，统筹推进城乡生活垃圾治理。定期跟进调度工作推进情况，推动职能处室每年开展暗访评估，统筹配备环卫车辆4.1万余台，建成生活垃圾转运站4000余座、城区可回收物回收网点5159个。针对生活垃圾焚烧飞灰违规处置问题，约谈相关处室负责同志，督促加大督导力度，建成飞灰填埋总库容约4000万吨，可满足20年以上处理需求。全省运行生活垃圾焚烧处理设施101座，日处理能力达8.87万吨，已满足处理需求；城乡生活垃圾无害化处理率、焚烧处理率分别提升至99%、95%，基本实现生活垃圾"零填埋"；各市基本建成生活垃圾分类收运处置体系，城市回收利用率达36.5%。

为推动生活垃圾治理常态长效，督促驻在单位强化组织领导，提请省政府建立全省城乡垃圾分类处理工作协调机制，分管省领导组织召开工作现场会进行全面部署；开展生活垃圾分类进校园等系列活动，着力打造"鲁力同心"生活垃圾分类志愿服务品牌；深化"齐鲁红色物业"建设，引导居民养成垃圾分类习惯，聚力保障城乡生活垃圾治理取得新成效。

建设“四好农村路”点亮乡村振兴梦

山东省纪委监委驻省交通运输厅纪检监察组

山东省纪委监委驻省交通运输厅纪检监察组认真贯彻落实习近平总书记提出的“建好、管好、护好、运营好”农村公路重要指示，加强对“四好农村路”建设情况的监督检查，督促驻在单位全力打造“四好农村路”高质量发展齐鲁样板，为推动乡村全面振兴提供有力保障。

省交通运输厅工作组现场指导梁山县方信路问题整改（符智/摄）

驻厅纪检监察组主动约谈驻在单位相关处室负责同志，督促建立台账、强化调度，及时通报进展情况，全省新改建农村公路7570公里、安保工程5018公里、危旧桥改造311座，均超额完成任务。针对农村公路资金奖补力度不够问题，推动驻在单位争取中央和省级奖补资金32亿元，向黄河滩区迁建县、乡村振兴重点帮扶县倾斜；争取省级财政专项资金5亿元，对规范设置护路公益岗位给予资金保障。定期调度省级交通运输政务服务监督事项办理台账，推动解决农村公路方面的问题20余个。对媒体曝光的梁山县方信路路况差等问题，督促立行立改。推动全面梳理在建或未开工的农村公路项目进展情况，对进展缓慢甚至停工项目进行排查，确保按照既定的时间节点推进。2024年11月，山东省"四好农村路"乡村振兴齐鲁样板交通强国建设试点高分通过验收。

强化廉洁风险防控，紧盯资金管理与使用、项目审批、招标投标等关键环节，督促驻在单位严格落实《山东省省级交通发展资金管理暂行办法》，做好"四好农村路"任务和资金分配工作，强化专项资金监管，提高资金使用效益，确保农村公路建设成为廉洁工程。

靶向发力破解用水难 保障群众喝上“放心水”

山东省纪委监委驻省水利厅纪检监察组

山东省纪委监委驻省水利厅纪检监察组紧盯《山东省农村供水水质提升专项行动实施方案（2023—2025年）》落实，聚焦农村供水保障工作开展监督检查，确保农村居民喝上“安全水”“放心水”“优质水”。

驻省水利厅纪检监察组联合职能部门到青岛市围绕农村供水保障工作开展实地监督检查（陈建/摄）

驻厅纪检监察组定期与省水利厅会商，推动制定《山东省农村供水条例》，印发《山东省农村供水高质量发展规划》《关于全面推进农村供水县域统管工作的实施方案》，提高农村供水保障能力和运行管理水平。联合省水利厅深入9市20县（市、区）105个村和水厂开展暗访，及时掌握农村供水保障工作情况，推动问题解决。采取“室组地”联合监督方式，深入县（市、区）了解农村居民的用水需求和村内供水情况，集中向地方水行政主管部门反馈并现场督办发现的问题。全省农村供水水质提升专项行动开展以来，累计新建改建骨干水厂71座，完成城市管网延伸、区域管网并联和老旧管网改造1.2万公里，建成千吨万人规模化工程500处。

加强对漠视群众利益、责任落实不到位、供水水质不达标、工程推动缓慢等方面的监督检查，推动全省农村供水保障水平显著提升。2023年以来，全省农村供水保障工作累计完成投资314.43亿元，连续两年居全国首位，1931个未通水村已解决1640个，农村自来水普及率、规模化供水率分别提升至99.6%、93.4%，水质达标率98.46%，全省3507万农村群众饮水条件得到明显改善。

规范农村集体“三资”管理 看好守牢群众“家底子”

山东省纪委监委驻省农业农村厅纪检监察组

山东省纪委监委驻省农业农村厅纪检监察组紧盯农村集体“三资”管理中的底数不清、监管不健全、风险隐患较大等问题，强化监督检查，切实守护群众“钱袋子”，以有效监督护航乡村振兴。

驻省农业农村厅纪检监察组到省农业农村厅集中整治工作专班调研农村集体“三资”专项整治工作（景昊/摄）

驻厅纪检监察组督促省农业农村厅聚焦农村集体“三资”管理中的资金管理、资产资源管理、合同管理、民主决策等方面存在的突出问题，开展专项整治，强化工作措施，抓好重点任务落实。全省全面注销乡镇代管资金大账户，收回违规资金2105万元，新纳入台账管理资产4140处、资源1.4万亩，整治不规范合同4.1万份，收回逾期未缴纳资产资源承包（租赁）费4.7亿元，到村集体资金分配到户，共发放28.05亿元。推动省“三资”监管平台实现与各地平台数据对接，实时汇聚农村集体财务数据，进行统计分析和趋势性指标风险提示，资产、资源、经济合同数据汇聚到省平台的村集体数分别占总数的98.2%、95.1%、94.3%；全省90%的县（市、区，功能区）的业务平台实现大额资金支出预警、合同到期提醒、网上公开等功能。

深化标本兼治，针对专项整治中发现的问题，督促省农业农村厅联合省纪委监委机关、省委组织部等8部门印发《关于进一步规范农村集体“三资”管理的通知》，对规范合同、财务管理、履行民主程序等8个方面提出具体措施要求。推动市县乡三级职能部门完善相关制度规定961件，推进农村集体“三资”管理制度规范化、流程程序化、管理精细化。

突出商务政策资金支持
讲好沿黄流域对外开放“新故事”

山东省纪委监委驻省商务厅纪检监察组

山东省纪委监委驻省商务厅纪检监察组紧盯黄河重大国家战略中的商务职责，聚焦省委省政府关于“外贸外资促稳提质”系列安排，以强力监督检查督促驻在单位集中商务领域政策、资金、项目等优势资源，提升沿黄9市高水平对外开放能力。

驻省商务厅纪检监察组到淄博市调研沿黄地区商务工作开展情况（雷阳/摄）

驻厅纪检监察组推动厅党组研究出台黄河重大国家战略在商务领域落地落实的“三年行动计划”，每年梳理重点工作，建立清单台账，逐项对账销号。针对沿黄9市对外开放水平相对落后问题，通过列席会议、主动约谈等方式，推动向沿黄9市各分配中央外经贸“加大吸引外资”资金55万元，支持高质量招商；支持沿黄地区困难群众就业，对全省外派劳务企业从沿黄9市招选并派出劳务人员的，给予每人最高1000元补助。列席监督第五届跨国公司领导人青岛峰会，督促开展山东与跨国公司合作恳谈会、鲁港绿色低碳及创新高质量发展会议，积极推介沿黄市县。

聚焦固本提效，推动省商务厅建立黄河流域商务工作定期调度通报、问题推进解决、厅领导包保帮扶、组织保障四项机制，提出加大资金政策支持力度、发展县域经济、招引新质生产力等28项支持举措，梳理沿黄9市商务领域问题32项。厅领导班子成员赴联络县（市、区）现场办公，切实为沿黄市县纾困解难。2024年1至11月，沿黄9市中8市进出口实现稳定增长，6市增幅高于全省平均水平；沿黄9市利用外资占比较去年同期提高12.6个百分点。

筑牢青山生态屏障
厚植泉城绿色底蕴

济南市纪委监委

济南市纪委监委针对案件查处中暴露出的山石资源领域非法采矿、破坏生态、修复不力、监管缺位等突出问题，在全市组织开展山石资源领域突出问题专项整治。

济南市纪委监委工作人员到莱芜区围绕山石资源领域重点项目开展监督检查（亓丽莉/摄）

市纪委监委会同市自然资源和规划局、市审计局、市公安局、市生态环境局等6个市直部门组成工作专班，从信访举报、12345热线等渠道梳理群众反映强烈的突出问题，针对性开展明察暗访、实地督导21次，推动纪审、纪行、行刑有效衔接，发现持证矿山企业越界开采、矿山生态修复治理违规开采砂石等问题27项，全部反馈并督促整改到位。会同市审计局建立224个项目审计台账，对其中63个山体修复项目开展抽查，发现并督促整改超设计范围开挖山体、土石料处置不合规等问题20个，涉及金额4.29亿元。督促市自然资源和规划局采取“人防+技防”的模式，对全市矿山开采情况进行影像检测，做到露头就打，累计立案查处矿产资源违规违法案件67宗，没收矿产品1.26万吨，收缴罚没款1.22亿元。

整治开展以来，全市共查处山石资源领域问题线索128件，立案93人，给予党纪政务处分90人，采取留置措施13人，移送检察机关9人，追缴非法所得1.8亿元。深化以案促改促治，向相关职能部门制发纪检监察建议11份，推动建章立制34项。有关注泉水保护的市民表示：“保护山石资源对涵养泉水生态有特殊的意义，保护山石资源、保护泉水生态，就是为我们泉城市民办实事儿！”

聚焦转供电“小切口”
做好惠企利民“大文章”

烟台市纪委监委

烟台市纪委监委在查处违纪违法案件中，延伸监督发现，部分转供电主体违反现行政策“乱加价”、经营管理不善“摊成本”、收缴费用环节“搞截留”等问题突出，群众反映强烈。

烟台市莱山区纪委监委工作人员到供电公司了解“转供电”情况（郎好好/摄）

针对监督检查发现的问题，市纪委监委在全市开展转供电违规加价问题专项整治，会同市发展改革、市场监管、供电等部门，采取“交叉互查”方式开展专项察访，累计摸排“转供电”主体2299个，发现存在违规加价问题的转供电主体820个，占比35.7%，涉及违规加价金额5500余万元。针对违规加价背后的责任、作风、腐败问题立案13件，监督推动行业监管部门行政立案240起，整改转供电主体675家。通过集中整改，工商业转供电秩序、物业收费管理、营商环境明显好转，涉及终端用户用电均恢复正常电价，降幅最高达61.3%，惠及企业群众23万余户，退回加价费用4365万余元。

坚持以监督促治理，市纪委监委向相关职能部门制发纪检监察建议，督促深化转供电行业治理，健全电价惠民助企机制。推动运用大数据手段，加强电价政策宣传解读，引导群众申领“转供电费码”，实现电价“红、黄、绿”三色自动预警。加快推进非直供电小区供配电设施改造，落实“一户一表”要求，推动由“转供”到“直供”转变，从源头解决转供电行业乱象。大家纷纷表示：“终于用上了‘平价电’‘放心电’，真是为我们办了一件大好事！”

系统治理山水林田湖草沙
协同守护沂蒙绿水青山

临沂市纪委监委

临沂市纪委监委连续三年开展山水林田湖草沙一体化保护和修复工程“小切口”治理，全面整治项目进展缓慢、建设管理混乱、监理履职不到位等突出问题，全力守护沂蒙绿水青山。

临沭县纪委监委工作人员到凌山头水库察看水域生态保护情况（崔璇/摄）

市纪委监委监督专班与自然资源部门工作专班建立定期会商研判、联合督导检查等机制，“双专班”沟通协调35次，移送问题线索10件，赴重点县现场督导12次，推动解决平邑县武台小微湿地施工现场清障慢等问题12个。督促自然资源部门以沂河“水安全、水生态”为导线，构建从源到汇的“一河、三区、八单元”生态保护与修复格局，制定《工程推进计划表》，由县区政府主要负责同志签字认领，责任到人、终身负责。市纪委监委跟进制定监督清单，通过开展约谈提醒、签订廉洁承诺书等方式，督促责任部门对工程项目全过程监管。聚焦审计发现问题，建立监督台账，推动完成整改217个。沂蒙山区域山水工程实现总投资55亿元，一盘棋谋划建设53个工程项目，生态修复总面积4090平方公里，区域生态环境得到系统改善。

紧盯责任、纪律、作风，严肃查处以权谋私、贪污受贿、侵占挪用、利益输送等违纪违法问题，以及贯彻落实做选择、打折扣、搞变通等履责不力问题44起59人，严肃查处蒙阴城投集团原副总经理孙某某搞权钱交易、利益输送等典型案件。深化以案促改促治，制发纪检监察建议18份，督促建立健全制度4项。

打好高标准农田“保卫战”
推动良田粮用保丰收

德州市纪委监委

德州市纪委监委紧扣打造黄淮海地区整市推进高标准农田建设样板目标，紧盯高标准农田质量不达标问题强化监督检查，共发现解决相关问题514个，查处风腐问题57件，立案26人，给予党纪政务处分22人。

武城县纪委监委工作人员到鲁权屯镇石庄村对高标准农田建设情况开展监督检查（李艺凯/摄）

聚焦监管责任落实，市纪委监委督促市农业农村局在全市开展自查自纠，通过县级自查、市级复查，发现机井雨天跳闸、泵站损坏等工程类问题3331个，逐项建立台账，持续跟进监督，已全部整改完成。市纪委监委采用“组+地+部门”联动方式，紧盯项目建设质量、工程验收、资金拨付、维修管护等廉洁风险突出环节，深入各县市区、职能部门、田间地头，实地开展监督检查。强化贯通协同，加强与信访、12345市民服务热线等部门信息互通，全市共解决高标准农田领域群众“急难愁盼”问题207个。在纪检监察机关的有力监督下，全市2024年62.4万亩增发国债高标准农田建设项目基本完成，10万余眼机井及灌溉设施在“三夏”抗旱保苗中发挥了重要作用，有力保障了“吨半粮”建设。

立足构建完善高标准农田建管用长效机制，市纪委监委针对监督中发现的管护责任落实不彻底等问题，通过制发纪检监察建议，督促市农业农村局健全完善“一企一会一管家”“井长制”“田管家”等高标准农田建管用制度8个。村民纷纷表示：“灌溉设备有人管，种地再也不用‘靠天吃饭’，丰收也有底气了！”

守好种粮农民“钱袋子”确保惠农资金真惠农

昌邑市纪委监委

昌邑市纪委监委针对查处的饮马镇初家庄子村未给不交纳小麦保险费的村民申报小麦补贴案件，深入剖析案件暴露出的种粮补贴“捆绑”收费、重复申领、虚报冒领等问题，在全市开展虚报冒领种粮补贴问题专项整治，共查处相关问题7起，批评教育和处理10人。

昌邑市纪委监委工作人员到柳疃镇青阜农业综合体走访了解种粮补贴发放情况（刘洋/摄）

市纪委监委建立“纪检监察+行业部门”联动监督机制，通过搜集资料“查”、进村入户“访”、田间地头“核”等方式，直插一线开展“下沉式”监督36次，发现解决问题38个。督促市农业农村局深入开展自查自纠，建立班子成员帮包监督工作机制，下乡检查16次，排查各类投诉1223个，整改种粮补贴问题392个；调整“一本通”系统死亡人员代领补贴224户，规范发放种粮补贴1.04亿元，受益粮农6.6万户。2024年，昌邑市粮食播种面积稳定在128万亩以上，总产量突破11亿斤。

深挖问题背后的制度机制漏洞，市纪委监委制发纪律检查建议，督促市农业农村局制定《昌邑市种粮补贴面积核定工作制度》，举办种粮补贴政策解读会议、“田间课堂”、市镇业务培训，以有力监督为乡村振兴和粮食安全保驾护航。有群众高兴地表示：“以后再申报粮食补贴的时候，就不用担心被要求交纳别的费用了，每年都能及时领取到粮食补贴了！”

整治矿产开采乱象 赋能矿山绿色发展

东平县纪委监委

东平县纪委监委不断深化黄河流域生态保护和高质量发展专项监督，严肃查处了斑鸠店镇黄庄村原党支部书记黄某等非法采矿案。审查调查过程中发现，个别人受利益驱使，非法采矿现象依然时有发生，对矿产资源有序开

东平县纪委监委工作人员现场了解矿山开采情况（董梅英/摄）

发利用、生态环境保护等造成了不良影响。针对此类问题，东平县纪委监委扎实跟进监督检查，铁纪护航绿水青山。

围绕矿山生态修复领域重点项目，县纪委监委与自然资源和规划等职能部门开展联合监督检查8次，发现各类问题68个，全部纳入监督台账，列出责任清单，跟进监督、对账销号。紧盯属地、职能部门责任落实，会同县委组织部，深入一线开展夜查10余次，实地查看矿山企业60余家，发现问题7个。加强与公检法机关沟通配合，建立健全定期会商、问题线索移交机制，同频同向发力，对发现的矿山领域问题线索快查快办，共查处该领域问题10件11人，给予开除党籍处分7人。

深化标本兼治，县纪委监委推动县自然资源和规划局制定《东平县矿山管理办法（试行）》，并约谈相关职能部门负责人，督促深入自查，补齐工作短板，赋能矿山绿色发展，姜沟废弃矿坑蝶变为黄河文化广场，狼窝山废弃矿山华丽转身成中草药种植基地。“原来路上满天粉尘，现在一片绿色，我们的生活环境越来越好了！”矿山周边群众激动地说。

整治沿海养殖环境
促进海洋渔业发展

日照经济技术开发区纪检监察工委

日照经济技术开发区纪检监察工委严肃查处了为沿海养殖区违法建设开“绿灯”的奎山街道党工委副书记田某某严重违纪违法案。针对案件暴露出的沿海养殖区管理粗放、违法建设蔓延失控、养殖尾水排放不合规等问题，

日照经济技术开发区纪检监察工委工作人员到沿海养殖区调研渔业养殖环境整治提升工作（刘维霞/摄）

区纪检监察工委在全区开展沿海养殖区违法建设问题专项整治，查处履职不力、监管不到位等问题15起，给予党纪政务处分11人。

区纪检监察工委组织区生态环境分局等5个部门开展联合监督检查，约谈执法检查等重点岗位人员34人次，发现并推动解决养殖废弃物处置不规范、违建垃圾随意堆放等问题69个。督促相关街道、区综合执法局等部门单位联合开展集中拆违行动，较短时间内完成了全部23处7000余平方米违建养殖渔业大棚拆除任务。推动区自然资源和规划分局、区经济发展局根据群众养殖需要，对相关沿海地区土地规划进行调整，调增设施农业用地面积1000亩，有力保障了沿海群众养殖用地需求。同时，加大对现代化、规模化养殖业的招引和培育力度，总投资金额3500万的2个三文鱼海水养殖项目落地投苗，实现年产三文鱼1000余吨，有力促进沿海养殖业高质量发展。

坚持查纠结合、以查促改，区纪检监察工委向相关街道和职能部门制发纪检监察建议6份，督促区海洋发展服务中心、区综合执法局联合印发《日照经济技术开发区海洋渔业养殖环境整治提升攻坚行动实施方案》，健全长效机制。“现在养殖环境可干净啦！养殖更规范，产量也提高啦！”北京路街道蔡家滩村村民高兴地说。

抓好黄河滩区迁建后续工作
让群众“搬”出新希望“迁”出新生活

东明县纪委监委

在开展黄河滩区迁建后续工作监督检查中，东明县纪委监委推动解决村台护坡需要加固、人居环境需要提升、交通设施需要完善、营商环境需要优化等问题，切实为搬迁群众解决后顾之忧，让群众“搬”出新希望、“迁”出新生活。

东明县纪委监委工作人员到沙窝镇调研安置社区后续发展情况（杨建勋/摄）

针对村台护坡亟需加固提升问题，东明县纪委监委向县滩区迁建指挥部办公室反馈收集的群众意见建议，现场检查村台护坡整治情况，约谈进度缓慢村台负责人，推动24个村全部按时完成护坡加固提升。针对村台社区内的垃圾、污水、村容村貌等人居环境问题，督促4个沿黄乡镇开展专项整治，提出整改建议、约谈乡镇负责人，村台社区内的人居环境得到有效改善。针对滩区道路年久失修、影响通行问题，推动县交通运输管理部门及相关乡镇配合加强滩区路网建设，完成2条、4.3公里滩区道路的改造提升工程，为滩区群众出行和农业生产带来了便利。在改善提升滩区硬件条件的基础上，聚焦优化滩区营商环境，紧盯涉及滩区内企业减税降费、政务服务“跨省通办”等环节开展明察暗访，推动公安、市场监管等部门进驻村台社区党群服务中心，提供“一站式”服务，确保各项惠民利企政策落地。比如，通过招商引资，打造长兴集乡14000亩虎杖种植基地，带动3000余名黄河滩区迁建群众就业，人均月增收3000元左右。“现在不用离家太远就能找到活儿干，下班后还不耽误给孩子做饭呢！”长兴集乡兴东社区的群众高兴地说。

王迎春/摄

3 制度机制篇

编者按 推进黄河重大国家战略是一项系统工程、战略工程、长期工程，必须坚持系统观念，形成常态长效的制度机制。三年来，全省各级各有关部门深入贯彻习近平总书记关于黄河流域生态保护和高质量发展的重要讲话重要指示精神，认真落实《黄河流域生态保护和高质量发展规划纲要》要求，将制度建设贯穿其中，高站位高标准制定出台了《山东省黄河保护条例》《关于加强山东省黄河流域生态保护和高质量发展专项监督的实施意见》等一系列制度机制，黄河流域生态保护和高质量发展制度体系更加系统完备。本篇分省级系统谋划和市级细化落实两个部分，收录了省市两级制定的部分代表性制度文件，为新时代齐鲁大地推进黄河流域大发展大保护提供坚实制度保障，汇聚起全省各级落实黄河重大国家战略的磅礴伟力。

省级系统谋划

黄建清/摄

山东省委印发《中共山东省委关于深入学习贯彻习近平总书记重要讲话精神扎实推动黄河流域生态保护和高质量发展的决定》

2021年11月28日，山东省委在济南举行新闻发布会，介绍省委十一届十四次全会精神，解读全会审议通过的《中共山东省委关于深入学习贯彻党的十九届六中全会精神的决定》和《中共山东省委关于深入学习贯彻习近平总书记重要讲话精神扎实推动黄河流域生态保护和高质量发展的决定》（以下简称《决定》）。

山东作为黄河入海口省份，如何发挥黄河流域重要龙头作用？在推进黄河战略方面力争上游？发布会上，山东省政府党组成员，省发展改革委党组书记、主任周连华介绍到，黄河流域生态保护和高质量发展是习近平总书记亲自谋划、亲自部署、亲自推动的重大国家战略，是事关中华民族伟大复兴的千秋大计。这次省委全会聚焦贯彻落实习近平总书记重要讲话精神，审议通过了推动黄河流域生态保护和高质量发展的重要《决定》。《决定》紧扣发挥山东半岛城市群龙头作用、努力在推动黄河流域生态保护和高质量发展上走在前的要求，作出全面部署，是山东省落实黄河重大国家战略的行动指南和纲领性文件。省发展改革委将坚决贯彻省委《决定》，扛牢责任、狠抓落实，正确处理好保护和发展、发展和安全、当前和长远、全局和局部的关系，推动习近平总书记重要讲话精神落地生根、开花结果。

立足山东作为黄河入海口省份的独特优势，强化功能定位，在落实黄河重大国家战略中充分发挥山东半岛城市群龙头作用。

一是全力打造生态保护样板区，创新生态环境保护模式，坚决守住生态保护红线，增强黄河三角洲湿地生态系统完整性和稳定性。二是全力打造黄河长久安澜示范带，把水资源作为最大刚性约束，聚焦"根治水患、防治干旱"，精打细算用好水资源，从严从细管好水资源，确保水安全有效保障、水资源高效利用、水生态明显改善。三是全力打造绿色低碳发展先行区，坚定不移走生态优先、绿色发展的现代化道路，坚决遏制"两高"项目盲目发展，构筑沿黄节能环保产业示范带，推动生产生活方式全面绿色转型。四是全力打造对外开放新高地，充分发挥黄河流域开放门户作用，搭建高能级开放合作平台和沿黄达海互联互通大通道，加快构建面向日韩、连接"一带一路"的陆海统筹开放格局。五是全力打造文化"两创"新标杆，健全完善黄河文化保护传承机制，推动中华优秀传统文化创造性转化、创新性发展。

奋力实现"地处黄河下游、工作力争上游"，推动黄河重大国家战略任务落地，在黄河流域生态保护和高质量发展上走在前。

一是聚焦加快构建抵御自然灾害防线，实施黄河防洪减灾工程，推进流域面积200平方公里以上重点河道防洪治理，构建安全可靠的水旱灾害防御体系。二是聚焦全方位贯彻"四水四定"原则，严格执行用水总量和强度双控，论证实施胶东调水工程干线、小清河与京杭运河连通等重大工程，加快建设现代水网。三是聚焦推动生态环境保护治理，高质量创建黄河口国家公园，实施黄河入海口湿地生态保护修复工程，推进东平湖、大汶河等重点区域生态修复，建设黄河下游绿色生态廊道。四是聚焦构建国土空间保护利用新格局，科学划定生态保护红线、永久基本农田、城镇开发边界，塑优"一群两心三圈"区域发展布局。五是聚焦在高质量发展上迈出坚实步伐，深入推进新旧动能转换，壮大"十强"现代优势产业集群，集中力量培育济南新旧动能转换起步区等新动力源，打造具有强大辐射带动力的现代化、国际化山东半岛城市群。

突出落地落实，细化抓手、强力推进，为做强龙头、力争上游提供坚实支撑保障。

一是强化规划方案引领，完善出台“十四五”黄河战略《实施方案》、山东半岛城市群发展规划及各专项规划，细化重大任务举措和重大工程项目，明确分工、压实责任，确保落地达效。二是强化重大政策撬动，制定完善水资源集约节约利用、生态补偿、国土空间保护等一批含金量高的政策措施。三是强化法规制度保障，制定黄河三角洲生态保护等地方性法规和政府规章，全面提高依法决策、依法治理水平。四是强化合作事项落地，创新黄河流域省际合作机制，聚焦鲁豫黄河流域横向生态保护补偿、陇电入鲁等7大领域、102个合作事项，逐项对接、深度合作，确保取得实效。五是强化重大项目支撑，紧扣生态保护修复、防灾减灾、基础设施互联互通等重点领域，谋划一批标志性重大工程，完善黄河战略实施重大项目库，落实“要素跟着项目走”，压茬实施、动态接续，以项目建设牵引黄河战略走深走实，为黄河流域生态保护和高质量发展探索路径、作出示范。

（中国山东网2021年11月28日）

山东省委、省政府印发《山东省黄河流域生态保护和高质量发展规划》

黄河滋养了山东大地，孕育了齐鲁文化。黄河流域生态保护和高质量发展上升为重大国家战略，为山东省实现高质量发展提供了前所未有的历史机遇。2022年2月15日，山东省委、省政府印发了《山东省黄河流域生态保护和高质量发展规划》（以下简称《规划》），到2030年，黄河流域生态保护和高质量发展取得重大进展；到2035年，基本建成黄河流域生态保护和高质量发展先行区；到本世纪中叶，山东黄河流域成为展现“造福人民的幸福河”的亮丽风景线。

《规划》的印发有利于探索形成大河三角洲保护新模式，提升黄河生态系统功能。《规划》提出，建设黄河下游绿色生态廊道，以黄河三角洲国家级自然保护区为主体，整合优化黄河三角洲国家地质公园、黄河口国家森林公园、黄河口生态国家级海洋特别保护区等自然保护地，高水平建设黄河口国家公园。加强对自然保护区生态系统、植被和珍稀濒危物种观测，建立自然保护区生态和资源监测预警体系，建设智慧黄河三角洲监测监管网络和科研信息服务平台。

同时，规划建设数字国家湿地公园和数字世界湿地博物馆，打造全球著名的湿地生态系统展示体验目的地。实施泰沂山区生态保护修复工程、大汶河—东平湖生态区保护修复工程、小清河生态区保护修复工程、南四湖生态保护修复治理工程、大运河生态保护修复治理工程。建设沿黄城市森林公园，高水平打造济南—德州—聊城、滨州—淄博—东营沿黄百里绿色长廊。

推进水资源节约集约利用，充分发挥南水北调一期工程效益，根据国家统一规划，稳步推进南水北调东线二期（干线）工程，实施南水北调东线二期山东省干线及配套工程，将东平湖打造成为山东省水资源的调配中枢。论证开展沂沭河洪水利用南线—日临双向调水工程等跨流域、跨区域调水工程前期工作。将节水作为约束性指标纳入当地党政领导班子和领导干部政绩考核范围，坚决抑制不合理用水需求。支持济南建设黄河流域节水典范城市。

全力保障黄河下游长治久安，构筑沿黄人民生命财产安全的稳固防线。建设黄河大数据中心，打造“智慧黄河”数字化平台，建立覆盖骨干河道干支流的立体化数据采集监测网络，加强与流域管理机构共建共享。加强黄河水沙综合利用，开展黄河泥沙资源化利用试点。

《规划》的印发有利于加快推进新旧动能转换和发挥山东半岛城市群龙头作用。《规划》提出，增强科教创新发展动力，支持职业院校与骨干企业牵头组建黄河流域产教联盟。支持山东大学等高校深化与西安交通大学、郑州大学、兰州大学等高校合作，建立黄河流域高校创新发展联盟和应用技术大学（学院）联盟。

构建特色优势现代产业体系，加快建设济南信息技术服务、青岛轨道交通装备、淄博新型功能材料、烟台先进结构材料、临沂生物医药等优势产业集群。高水平建设济南—青岛人工智能创新应用先导区和济南国家新一代人工智能创新发展试验区。《规划》提出，高水平建设济南新旧动能转换起步区，对标雄安新区，学习浦东新区，率先打造数字孪生城市，加快建设现代绿色智慧新区，打造全国新旧动能转换新引擎。

在服务构建新发展格局中塑强山东半岛城市群龙头，提升济南、青岛两个城市能级，统筹推动省会、胶东、鲁南三大经济圈优势互补、错位发展、一体推进，试点省级新区建设，打造三大经济圈融合发展战略支点。打造黄河流域大宗商品出海骨干通道，健全黄河流域海关协作机制，提高区域通关和检验检疫一体化水平。打造济南泉城路金街、青岛台东路步行街等一批国家级商圈。

推进贯通黄河流域重要城市的高速铁路大通道，建设济郑高铁山东段等高铁项目，谋划聊城至泰安至莱芜至京沪高铁辅助通道等干线高速铁路项目；建设京雄商高铁山东段等高速铁路项目，谋划滨州（东营）至淄博至莱芜至临沂等高速铁路项目。推进济南加密跨黄河桥隧通道。

支持菏泽、聊城等市与河南商丘、濮阳等市建设产业承接转移示范区，打造两省合作桥头堡，推动山东半岛城市群与中原城市群一体化发展。研究推进济南—郑州—西安数字同城化，建设黄河流域区域合作互联网共享服务平台。搭建与黄河“几”字弯都市圈对接平台，推动与兰州—西宁城市群、关中平原城市群优势互补、高效协同发展。

携手打造黄河流域科创大走廊。加强山东半岛国家自主创新示范区与郑洛新、西安等国家自主创新示范区的合作，打造黄河中下游协同创新共同体。支持联合开展黄河流域重大科技攻关，携手推动科技成果展示、交易与转化，推进技术转移服务一体发展，建设黄河流域科技成果交易转化平台。

《规划》的印发有利于打造黄河流域对外开放新高地和保护传承弘扬齐鲁文化。在打造改革开放先行区方面，加强与共建“一带一路”国家和地区合作，强化青岛、烟台海上合作战略支点作用，推进与21世纪海上丝绸之路沿线国家和地区港口城市间的互联互通，参与重要港口建设运营，加强海洋经济合作。深化与郑州、西安、兰州、成都等丝绸之路经济带重要节点城市合作，加快胶州、临沂“一带一路”综合试验区建设。

围绕搭建高能级开放合作平台，《规划》提出，高标准建设中国（山东）自由贸易试验区，加强与河南、陕西、四川自贸试验区合作，建设黄河流域对外开放重要门户。高质量建设中国—上海合作组织地方经贸合作示范区，打造上合组织国家面向亚太市场的出海口。扩大水产品进口和加工转口，将青岛口岸打造成黄河流域鲜活水产品进口中转基地。高品质创建中日韩地方经贸合作示范区，高水平建设中韩（威海）地方经济合作示范区、中韩（烟台）产业园、中日（青岛）地方发展合作示范区。高水平建设中外合作载体，加快培育壮大济青烟国际招商产业园。争取举办黄河流域对外开放合作国际高峰论坛和国际进口商品博览会。

在保护传承弘扬黄河文化方面，建设黄河国家文化公园，搭建黄河流域文化“两创”大平台。建立黄河文化资源数据库，打造开放共享的黄河文化资源公共数据平台。规划建设黄河文化博物馆和黄河文化保护传承中心，创建国家文物保护利用示范区。发挥黄河流域博物馆联盟作用，推动建设数字黄河博物馆平台。优化文化旅游布局，进一步整合曲阜“三孔”、泰山、大运河、齐长城等世界遗产资源，打造世界文化遗产旅游线路。发挥泉城文化景观等资源优势，实施济南古城品质提升、黄河流域乡村民宿培育等工程。恢复泺口古镇风貌，打造济南黄河百里风貌廊带。建立“黄河万里行”文化旅游联盟。申报举办黄河文化论坛，办好中国（曲阜）国际孔子文化节、黄河文化旅游节等节会，建设黄河文化国际交流合作中心。

山东省委、省政府印发《山东省建设绿色低碳高质量发展先行区三年行动计划（2023—2025年）》

2022年12月20日，山东省委、省政府以鲁发〔2022〕19号文件，印发了《山东省建设绿色低碳高质量发展先行区三年行动计划（2023—2025年）》（以下简称《行动计划》）。

《行动计划》是统领未来山东经济社会发展的纲领性文件，明确了先行区建设的指导思想和目标定位。即，牢牢把握以绿色低碳高质量发展先行区建设谱写中国式现代化“山东篇章”的总要求；纵深推进十大创新、十强产业、十大扩需求“三个十大”行动；聚焦深化动能转换、绿色低碳转型、工业化数字化深度融合、实施黄河流域生态保护和高质量发展战略“四个发展导向”；充分彰显“强、富、高、优、美”现代化强省建设“五个内涵特征”；努力实现打造全面创新先行区、协调发展引领区、生态保护样板区、对外开放新高地、共同富裕新范例、安全和谐示范区“六个发展目标”。到2025年，绿色低碳高质量发展先行区建设取得重要成果，高质量发展主要指标走在前列，综合实力大幅跃升，现代化经济体系加快构建，城乡人居环境和居民生活品质显著改善，形成一批可复制、可推广的经验。

在重点任务上，《行动计划》充分考虑山东发展基础和未来发展要求，对深化新旧动能转换推动绿色低碳高质量发展进行了全面部署，主要包括十个方面。

一是推动高水平科技自立自强，建设全国区域创新中心。加强基础和关键核心技术攻关，完善四级实验室体系，强化企业创新主体地位，加快建设“2+N”人才集聚雁阵格局。到2025年，万人高价值发明专利拥有量实现翻番，基础研究经费投入占研发经费投入比重提高到8%左右，成为在全国有影响力的人才集聚高地和科技创新策源地。

二是纵深推进动能转换，构建现代化产业体系。推动传统产业绿色化高端化发展，加快重化工业布局优化和结构调整，培育壮大新兴产业，大力发展数字经济，构建优质高效服务业体系，打造具有核心竞争力和引领力的世界级产业集群。到2025年，制造业增加值占GDP比重稳定在30%左右，高新技术产业产值占规模以上工业总产值比重达到50%左右。

三是坚持扩大内需战略基点，主动服务和融入新发展格局。把实施扩大内需战略同深化供给侧结构性改革有机结合，纵深推进“十大扩需求”行动，拓展消费新场景、新模式，社会消费品零售总额稳步增长，全力扩大有效投资，完善现代流通体系，加快建设交通强国山东示范区。

四是协同推进降碳减污扩绿增长，促进人与自然和谐共生。建设新型能源体系，加快建设现代水网，实施重点区域生态保护和修复工程，打好蓝天、碧水、净土保卫战，稳步推进能耗“双控”向碳排放总量和强度“双控”转变。到2025年，全省非化石能源消费占比提高到13%左右，设区的市空气质量优良天数比率达到72.5%。

五是发挥山东半岛城市群龙头作用，打造高质量发展增长极。实施济南“强省会”、青岛“强龙头”战略，推动省会、胶东、鲁南经济圈特色化一体化发展，实施新型城镇化建设行动，以城市群、都市圈为依托构建大中小城市协调发展格局，构筑高质量发展的空间动力系统。到2025年，全省常住人口城镇化率达到68%左右。

六是引领农业农村现代化，打造乡村振兴齐鲁样板。编制全面推进乡村振兴发展规划，构建更高质量农业稳产保供体系，推动农业高质高效全链条发展，深入实施乡村建设行动，促进农民农村全面发展。到2025年，粮食产能稳定在1100亿斤以上，全省农林牧渔业总产值达到1.3万亿元。

七是聚力用好“关键一招”，建设改革开放新高地。推进国资国企、要素配置、财税金融等重点领域改革走在前列，建设高标准市场体系，营商环境稳居全国第一方阵，扩大高水平对外开放，加快建设贸易强省。

八是推进文化自信自强，汇聚高质量发展精神力量。大力发展社会主义先进文化，弘扬革命文化，传承中华优秀传统文化，推进尼山世界儒学中心建设，打造“山东手造”区域公共品牌，推动文旅深度融合发展，提升“好客山东·好品山东”影响力、带动力。

九是扎实推进共同富裕，创造幸福美好新生活。聚焦人民群众急难愁盼问题，持续办好民生实事，促进居民就业和增收，建设高质量教育体系，提升卫生健康服务水平，促进人口长期均衡发展，提升基本公共服务均衡性和可及性，不断增强人民群众获得感幸福感安全感。

十是统筹发展和安全，建设更高水平平安山东。坚定不移贯彻总体国家安全观，坚决守牢粮食、能源、资源、金融、生态和产业链供应链安全等“一排底线”，统筹疫情防控和经济社会发展，为先行区建设塑造安全稳定和谐发展环境。

此外，《行动计划》从领导机制、工作机制、保障机制、督导考核机制等方面作了安排，凝聚先行区建设的强大合力。

山东省人大常委会公布《山东省黄河三角洲生态保护条例》

2023年5月30日，省十四届人大常委会第三次会议审议通过《山东省黄河三角洲生态保护条例》(以下简称《条例》)，于2023年8月1日起施行。《条例》是贯彻落实黄河流域生态保护和高质量发展国家战略的重要举措，对加强黄河三角洲生态保护，保障生态安全，推进水资源节约集约利用，促进人与自然和谐共生，推动高质量发展具有重要意义。

《条例》系统梳理当前山东省黄河三角洲生态保护中存在的问题，全面总结山东省黄河三角洲生态保护的实践经验，按照规划、保护、修复的逻辑顺序展开，共八章五十二条，主要内容包括：一是规定了生态保护规划相关内容。《条例》专设生态保护规划一章，主要规定了生态保护规划的编制、内容、约束力以及生态保护红线、环境质量底线、资源利用上线和生态环境准入清单等制度。二是明确了水资源保护与利用的措施。《条例》主要围绕保护三角洲水资源、维护生态系统功能、防止生态破坏和生态退化等，从水源涵养、水资源配置、饮用水保护、非常规水利用、水系连通、地下水管控以及用水总量和强度控制等不同环节，对水资源保护和利用作出了具体规定。三是加强了对生物多样性的保护。《条例》按照尊重自然、顺应自然、保护自然的理念，重点对黄河三角洲植被保护、公益林建设、陆生野生动物和水生生物保护、栖息地保护、外来物种防控等作出了详细规范。四是强化了生态修复和保障措施。《条例》主要围绕黄河三角洲综合治理、河口整治、黄河故道修复、土地复垦、自然保护地修复、植被修复、污染防治等方面，明确了修复措施和修复内容。同时，《条例》还从生态保护资金、生态补偿机制、生态损害赔偿、突发事件应急等方面，规定了生态保护修复的保障措施与机制。

山东省人大常委会公布《山东省黄河保护条例》

2024年3月27日，山东省第十四届人大常委会第八次会议审议通过了山东省首部关于黄河生态保护和高质量发展的综合性地方性法规——《山东省黄河保护条例》（以下简称《条例》），已于2024年7月1日起施行。

《条例》对适用范围作了规定：本条例所称黄河流域，是指本省行政区域内黄河干流、支流和湖泊的集水区域所涉及的菏泽市、济宁市、泰安市、聊城市、济南市、德州市、淄博市、滨州市、东营市的相关县级行政区域。

《条例》共11章90条。其中，在黄河保护法确定用水定额、取水许可审批等制度的基础上，结合山东省实际，有针对性地对水资源节约集约利用作了规定。要求黄河流域县级以上人民政府组织实施水资源刚性约束制度，统筹地表水、地下水和非常规水资源，优化水资源配置格局；对制定和调整本行政区域水量分配方案、黄河流域年度水量调度计划等作了规范；明确了黄河水量调度权限和应当采取处置措施的情形，同时对地表水和地下水控制、水权交易等作了规定；与黄河保护法做好衔接，对落实水资源消耗总量和强度控制制度、取水许可制度等作了规定。

落实推动黄河流域高质量发展目标任务，《条例》多措并举推动黄河流域高质量发展。明确黄河流域高质量发展应当完整、准确、全面贯彻新发展理念，因地制宜发展新质生产力；要求黄河流域县级以上人民政府合理确定城市规模、人口密度、空间结构，健全城乡融合发展体制机制；省人民政府结合黄河流域生态系统和资源环境承载能力，确定黄河流域产业结构和布局；加强滩区发展，优化滩区产业结构，建立健全黄河滩区村台治理和便民服务机制，提升村台宜居宜业水平；对科学规范指导高标准农田建设、建立健全高标准农田建设项目储备库制度等作了规定，同时对黄河流域农业灌溉用水作出安排。

保护好、传承好、弘扬好黄河文化，对延续历史文脉、建设社会主义文化强国具有重要意义。《条例》专设一章，健全完善黄河文化保护与传承制度。明确黄河文化保护传承弘扬坚持的原则；加强文化遗产保护，要求黄河流域县级以上人民政府文化和旅游主管部门应当会同有关部门对文物古迹等重要文化遗产进行整理、建档，并加强对文化遗产的保护；推动黄河文化产业发展，促进黄河文化产业与农业、水利、制造业、交通运输业、服务业等深度融合，培育黄河文化旅游精品线路，打造黄河文化旅游品牌。

《条例》高度重视防汛和工程安全，保障黄河安澜。对黄河流域防汛工作应当坚持的原则作了规定，明确黄河防汛工作实行各级人民政府行政首长负责制；规定黄河流域县级以上人民政府加强黄河防汛工作的统筹协调，要求其组织有关部门建立健全协调联动机制；规范黄河滩区治理，要求黄河流域县级以上人民政府按照规定实施黄河滩区综合提升治理工程，统筹推进黄河滩区居民迁建工作；加强蓄滞洪区的建设与管理，要求蓄滞洪区内土地利用、开发和各项建设应当符合蓄滞洪区建设与管理规划，满足防洪要求；对优化黄河流域水文站网布局，加强防洪工程运行管护、堤顶道路管理等作了规定。

山东省人大常委会公布《山东省湿地保护条例》

2024年7月25日，《山东省湿地保护条例》(以下简称《条例》)经省十四届人大常委会第十次会议审议通过，已于2024年12月1日起施行。《条例》作为山东省湿地保护领域具有统领性的重要配套地方性法规，对系统开展湿地保护、促进湿地合理利用、扎实推进湿地修复、推动湿地保护工作高质量发展，具有重要里程碑意义。

《条例》共七章五十五条，主要包括总则、湿地资源管理、湿地保护与利用、湿地修复、监督保障、法律责任及附则等内容。《条例》主要内容和制度创新如下。

《条例》按照“坚持一类事项原则上由一个部门统筹”的管理体制，建立由政府主导，林业主管部门负责，其他相关部门参与的湿地保护协调机制。细化落实了各级人民政府、有关部门和自然保护地管理机构的职责。规定县级以上人民政府应当加强湿地保护协调工作，县级以上人民政府林业主管部门负责本行政区域内湿地资源的监督管理，其他主管部门按照职责分工做好湿地保护相关工作。根据黄河保护法精神，规定黄河流域县级以上人民政府以及相关部门应当严格执行黄河保护有关法律、法规的规定，加强沿黄湿地保护与修复。明确将湿地保护纳入领导干部自然资源资产离任审计和本级人民政府综合绩效评价、林长制考核内容，建立约谈制度，有力推动责任落实落地。

《条例》按照生态文明制度建设的总体要求，突出湿地保护基础制度建设，明确了湿地资源调查评价、湿地保护规划、湿地监测及预警等重要制度，夯实了湿地保护基础。建立湿地资源调查评价制度和监测制度，对湿地生态状况进行评估，发布预警信息。规定县级以上人民政府应当落实湿地面积总量管控制度，并将管控目标纳入湿地保护目标责任制。细化分级管理和名录制度，规范省级重要湿地和一般湿地的名录发布及调整，重要湿地应当依法纳入生态保护红线。严格控制占用湿地，加强对建设项目占用湿地及临时占用湿地的管理，要求建设项目涉及省级重要湿地和一般湿地的，应当征求相关部门意见。

《条例》统筹河流、湖泊、海域等不同类型湿地保护需要，建立健全湿地保护管理体系，规范引导湿地合理利用，保障湿地生态功能和永续利用。对不具备建立国家公园、自然保护区或者自然公园条件的湿地，规定因地制宜建设湿地保护小区，并对编制建设方案、征求利益相关方意见、组织评估论证及批准等问题作出规定。突出山东特色，山东省作为沿黄唯一的沿海大省，滨海湿地、沿黄湿地资源丰富、功能重要。《条例》规定沿海各级政府应当加强对滨海湿地的保护，严格管控围填滨海湿地；强化黄河流域县级以上政府及部门职责，要求重点开展小流域水土流失和土壤盐碱化综合治理，做好河湖岸线保护修复；同时，针对柽柳对保护盐碱湿地的独特作用，规定林业主管部门应当开展柽柳林资源监测，加强保护宣传教育和巡查管护。明确湿地合理利用原则，对省级重要湿地和一般湿地利用制定分类指导意见，依法保障湿地所有者、使用者合法权益；对在湿地范围内开展利用活动提出明确要求，避免对湿地造成破坏；鼓励和支持大中小学生开展自然教育，推动形成人与自然和谐共生价值理念。

结合山东省实际，坚持问题导向，因地制宜推进湿地保护修复工作。规定湿地修复应当坚持自然恢复为主，自然恢复和人工修复相结合，提高湿地生态系统质量；按照“谁破坏、谁修复”的原则，明确湿地修复责任主体；

进一步加强对山东省特色湿地的修复，对滨海湿地、沿黄湿地及柽柳林资源的修复提出要求。

明确建立湿地保护监督检查机制，充分考虑湿地保护跨区域、跨流域等实际需要，结合山东省与毗邻地区建立合作发展、深化交流的做法，建立湿地保护跨区域协作机制，加强与毗邻地区在湿地保护方面的交流与合作，并建立区域内湿地保护协作和信息通报机制。规定县级以上人民政府应当建立健全生态保护补偿机制，省人民政府通过加大财政转移支付力度、地区间人民政府通过横向补偿等措施开展生态保护补偿。对擅自占用省级重要湿地的行为设定了责令限期拆除、修复或者采取其他补救措施、罚款等法律责任，切实让法规长牙齿、能咬合、有力量。衔接民法典、湿地保护法、民事诉讼法等有关法律法规，对生态环境损害赔偿和检察机关公益诉讼作出原则性规定。

山东省人民政府印发《山东半岛城市群发展规划（2021—2035年）》

2021年12月31日，山东省人民政府印发《山东半岛城市群发展规划（2021—2035年）》（以下简称《规划》）。

《规划》以“三个走在前”为主框架，共6篇22章，约4.5万字。

第一篇，发挥山东半岛城市群龙头作用，开创新时代社会主义现代化强省建设新局面。主要阐明时代背景、总体要求和发展格局，明确要把山东半岛城市群打造成为服务和融入新发展格局引领区、全国重要的经济增长极、黄河流域生态文明建设先行区、文化“两创”新标杆、改善民生共同富裕典范。

到2025年，山东半岛城市群建设取得新进展、展现新气象，创新自强实现新跨越，研发经费投入年均增长达到9.3%左右，形成一批具有全球影响力的产业集群、领航型企业和知名品牌。协调融合塑成新格局，常住人口城镇化率达到68%左右，城乡要素平等交换、高效流动的体制机制更加成熟。绿色低碳取得新突破，煤炭消费量控制在3.5亿吨左右，主要污染物排放总量大幅减少。改革开放增添新动力，各类优质要素加速向先进生产力集聚，参与全球竞争合作能力显著增强。共建共享迈上新台阶，城乡区域差距、城乡居民收入和生活水平差距持续缩小，国民素质和社会文明程度达到更高水平。安全发展筑牢新支撑，初步建成更富韧性、更为安全的半岛城市群。

到2035年，山东半岛城市群实现较高水平的社会主义现代化，经济实力、发展活力、综合竞争力显著增强，战略地位和龙头作用全面彰显，济南、青岛进入现代化国际大都市行列，新型城镇化发展模式更加成熟定型，共同富裕取得更为明显的实质性进展，跻身世界级城市群行列。

第二篇，在服务和融入新发展格局上走在前。聚焦供需高水平动态平衡，立足扩大内需战略基点，塑强投资消费“双引擎”动力系统，打造安全可靠的产业链供应链。聚焦打造对外开放新高地，坚持陆海统筹、东西互济，建设服务黄河流域、面向日韩东盟、联接“一带一路”的开放门户。聚焦推进以人为核心的新型城镇化，突出智慧化、绿色化、均衡化、双向化方向，大幅提升城镇集聚优质要素和高端产业能力。聚焦打造乡村振兴齐鲁样板，坚定扛牢粮食大省政治责任，打造全国粮、油、蔬菜优质供应基地，引领农业、农村、农民现代化。聚焦构建综合立体交通网，加快完善“四横五纵、沿黄达海”十大通道，为服务构建新发展格局提供强力支撑。

第三篇，在增强经济社会发展创新力上走在前。统筹推动各领域全方位创新，显著增强科技创新力，坚持“四个面向”，打造区域创新中心，培育创新型企业群，建设高端人才集聚地。显著增强产业创新力，推动新技术、新产业、新业态、新模式蓬勃发展，奋力抢占产业制高点，加快形成特色优势现代产业体系。显著增强体制机制创新力，建设高标准市场体系和高效率服务政府，打造一流营商环境。显著增强文化创新力，弘扬时代精神，讲好山东故事，彰显文化自信，推进文旅深度融合发展。显著增强社会治理创新力，更加注重依法办事，筑牢安全发展防线，建设积极向上、和谐有序的社会环境。

第四篇，在推动黄河流域生态保护和高质量发展上走在前。共同抓好大保护、协同推进大治理，让黄河成为造福人民的幸福河。紧扣打造水安全城市群典范，集约高效利用水资源，建设现代水网，加快构建抵御自然灾害防线。紧扣打造山水林田湖草沙生命共同体，高水平创建黄河口国家公园，统筹推进海洋生态保护，保障山地丘陵生态安全。紧扣共建蓝天碧水净土美丽家园，聚焦大气、水、土壤等重点领域，坚决打赢污染防治攻坚战。紧扣碳达峰碳中和要求，构建绿色能源体系、产业体系，显著增强碳汇能力。

第五篇，不断改善人民生活、促进共同富裕。突出公共服务优质共享，在更高水平上实现劳有所得、幼有所育、学有所教、病有所医、老有所养、住有所居、弱有所扶。突出提高居民收入水平，优化分配格局，缩小城乡收入差距，建设“橄榄型”社会，扎实推进共同富裕。

第六篇，规划实施保障。明确坚持党的全面领导，健全规划实施机制，形成推动半岛城市群发展的强大合力。

山东省人民政府印发《山东省沿黄生态廊道保护建设规划（2023—2030年）》

2023年10月9日，山东省人民政府印发《山东省沿黄生态廊道保护建设规划（2023—2030年）》（以下简称《规划》）。根据《规划》，山东省将打造集生态屏障、文化弘扬、休闲观光、生态农业于一体的复合型沿黄生态廊道。

《规划》明确，沿黄生态廊道保护建设规划范围为黄河干支流流经的县级行政区。核心区为黄河干流河道管理范围及向外延伸1000米覆盖的区域，12条一级支流河道管理范围，以及周边重要生态节点，面积约9825平方公里。联动区为沿黄9市其他县级行政区。规划期至2030年，分两个阶段推进实施，第一阶段为2023年至2025年，第二阶段为2026年至2030年。

立足黄河山东段自然地理特征，以黄河干流为骨架，以12条一级支流为脉络，以自然保护地、水利风景区等重要生态节点为支撑，《规划》提出构建“一干三段，多支多点”的空间格局。“一干”，即黄河干流生态主廊道。“三段”，即根据黄河山东段自然地理风貌、两岸发展基础，将黄河山东段划分为河田融合生态修复段、河城一体生态景观段、河海联动生态涵养段三大特色区段。“多支”，即12条支流生态次廊道。“多点”，即多处生态功能节点。

《规划》明确了沿黄生态廊道保护建设的目标：到2025年，集生态屏障、文化弘扬、休闲观光、生态农业多功能于一体的复合型沿黄生态廊道初步形成。到2030年，建成大江大河生态廊道保护建设新标杆、全国流域生态保护治理新样板、黄河流域城河互促共融新典范、山东省生态文化旅游发展新高地。

《规划》提出了贯通近岸绿带、扮靓沿线绿点、优化全域绿网、深化污染治理、打造美丽城乡和强化安全保障等六方面的重点任务。贯通近岸绿带，以沿黄生态主廊道为重点，推进河滩生态涵养带、河堤生态景观带、堤外生态防护带一体保护，填补绿化空白，提高绿化质量，打造沿黄近岸生态安全屏障。扮靓沿线绿点，以廊道串联自然保护地、水利风景区等重要生态节点，提升生态系统稳定性和服务功能，打造生态功能突出的生态靓点。优化全域绿网，依托河流水系、交通干线、县乡道路，串联农田林网、城乡绿地、防护林带，构建覆盖全域的绿色网络。深化污染治理，深入推进黄河流域农业、工业、城镇生活和尾矿库污染“3+1”综合治理，持续改善流域生态环境质量。打造美丽城乡，立足生态优势，培育特色生态空间，整合沿黄文旅资源，统筹廊道建设与城乡发展，提高城乡建设品质，差异化打造富有黄河特色、宜居宜业宜游的优美城镇、和美乡村。强化安全保障，加强黄河河道、岸线、堤防、河口管控，推进“二级悬河”治理，实施防洪减灾工程，提升水旱灾害综合防治能力，优化水资源配置，推进水资源节约集约利用，构筑沿黄生态廊道安全屏障。

沿黄生态廊道保护建设是一项系统性工程，《规划》提出完善推进机制，坚持“省负总责、市县落实”工作原则，在省推进黄河流域生态保护和高质量发展领导小组领导下，强化省市县三级联动，凝聚形成工作推进合力，统筹国土治理、生态环保、科技创新、水利、交通、基本建设、文化等相关领域资金，加大对沿黄生态廊道保护建设重大工程、重大项目、重大平台支持力度，强化法治保障和督导落实，确保沿黄生态廊道保护建设取得明显成效。

山东省纪委办公厅印发《关于加强山东省黄河流域生态保护和高质量发展专项监督的实施意见》

2021年12月19日，山东省纪委办公厅印发《关于加强山东省黄河流域生态保护和高质量发展专项监督的实施意见》（以下简称《意见》），并发出通知，要求有关纪检监察机构结合实际认真贯彻执行。

《意见》以习近平新时代中国特色社会主义思想为指导，坚定践行习近平生态文明思想，锚定“走在前列、全面开创”“三个走在前”总遵循、总定位、总航标，强调专项监督工作要坚持政治引领、人民至上、突出重点、系统集成、因时因势、依纪依法，确保到2030年黄河流域生态保护和高质量发展取得重大进展，到2035年基本建成黄河流域生态保护和高质量发展先行区，到本世纪中叶黄河治理体系和治理能力实现现代化。

《意见》明确六项监督重点：一是聚焦构建抵御自然灾害防线加强监督，推动加强黄河防洪减灾工程建设、提高灾害防范处置能力、健全城市防洪排涝体系。二是聚焦水资源集约节约利用加强监督，推动强化水资源约束、切实管住黄河“水池子”、优化水资源配置格局。三是聚焦生态环境保护治理加强监督，推动加强黄河三角洲保护修复、提升沿黄区域生态保护水平、强化重点行业污染源管控治理、提升城乡生活污染治理水平。四是聚焦加快构建国土空间保护利用新格局加强监督，推动统筹黄河流域国土空间保护利用格局、优化“一群两心三圈”区域发展布局、推进以人为核心的新型城镇化。五是聚焦在高质量发展上迈出坚实步伐加强监督，推动激发科技创新发展动力、推动产业绿色化高端化发展、扩大高水平对外开放。六是聚焦打造乡村振兴齐鲁样板和保护传承黄河文化加强监督，推动打造乡村振兴齐鲁样板、保护传承弘扬黄河文化。

《意见》提出五方面监督要求：一是压紧压实责任，立足“监督的再监督”，推动将党的领导贯穿全过程、各环节。督促全面落实“中央统筹、省负总责、市县落实”工作机制。二是做实日常监督，实行“一台账、两清单、双责任、双问责”监督机制，设立监督举报专区，发挥派驻监督、巡视巡察监督不同优势，充分运用信息化和大数据技术，针对黄河重大国家战略特点推动监督落地。三是严肃执纪问责，透过业务看政治，聚焦责任纠正落实决策部署不力问题，聚焦纪律紧盯重点领域违纪违法问题，聚焦作风督促落实“严真细实快”工作作风。四是深化专项治理，将推动黄河流域生态保护和高质量发展，与提高人民生活品质促进共同富裕结合起来，持续深化巩固拓展脱贫攻坚成果同乡村振兴有效衔接专项监督。五是强化系统施治，运用典型案例加强警示教育，深入发现、深度治理个案背后的系统风险问题，认真落实“三个区分开来”。

《意见》强调，省纪委监委成立黄河流域生态保护和高质量发展专项监督办公室，配备专门力量，各市要参照省纪委监委做法成立相关机构。加强与省领导小组办公室，各级党委、政府办公厅（室）和有关部门的沟通联系，信息互通、成果共享、力量统筹，避免加重基层负担。加强不同层级、部门、种类监督协调联动，发挥职能部门作用，不断提升监督能力和水平。

山东省委办公厅、省政府办公厅印发《关于加快国家省级水网先导区建设全面提升现代水网综合效益的意见》

2023年6月4日，山东省委办公厅、省政府办公厅印发实施《关于加快国家省级水网先导区建设全面提升现代水网综合效益的意见》（以下简称《意见》），围绕“保障水安全、保护水生态、发展水经济、改善水民生”，以更高站位、更宽视野、更大格局对先导区建设作出进一步安排部署，提出的多项举措在山东治水史上具有开创性意义。

《意见》明确，加快国家省级水网先导区建设，要积极践行“节水优先、空间均衡、系统治理、两手发力”治水思路，深入落实黄河流域生态保护和高质量发展战略，实施“水网+”行动，构筑水安全保障网、水民生服务网、水生态保护网，建设水美乡村示范带、内河航运示范带、文旅融合示范带、绿色发展示范带，推动形成“三网四带”总体格局，提升现代水网综合效益，为不断开创新时代社会主义现代化强省建设新局面贡献力量。《意见》提出，到2025年，省级水网覆盖范围达到88%以上，国家省级水网先导区建设任务基本完成。水安全保障更加坚实，重点防洪保护区、重要河段达到规划防洪标准，5级及以上河湖堤防达标率达到77%以上；水民生服务能力全面增强，万元GDP用水量比2020年下降16%，城乡供水一体化率达到90%；水生态环境质量持续改善，国控地表水考核断面优良水体比例争取达到70%，城市和县城建成区黑臭水体全部清零；水网融合拓展领域日益宽泛，四个示范带建设取得积极成效，水经济发展水平显著提高，绿色发展新业态逐步形成。

围绕构筑“三网四带”总体格局，《意见》明确了七个方面具体任务：

在聚力“水网+防洪安全”、筑牢水安全保障网方面：统筹保障防洪安全和雨洪资源利用，以流域为单元，统筹上下游、左右岸、干支流，加快建设一批控制性枢纽工程和河道治理工程，全面优化防洪减灾工程布局，构建完善由水库、河道及堤防、蓄滞洪区组成的现代化防洪工程体系，筑牢安全度汛的坚固堤坝。

在聚力“水网+民生改善”、织密水民生服务网方面：积极推动现代水网建设与乡村振兴相融合，统筹实施一批引调水工程和大中型灌区改造工程，夯实粮食保障基础；以提高农村供水保障水平、改善农业生产能力和维护农村河湖水系健康为重点，全面提升水利基本公共服务普惠性和均等化水平。

在聚力“水网+生态环保”、构筑水生态保护网方面：以提升生态系统质量和稳定性为核心，坚持系统治理、综合治理、源头治理，统筹抓好水污染整治、生态流量保障、地下水超采区治理等，推动河湖生态复苏、人水和谐共生。

在聚力“水网+乡村振兴”、建设水美乡村示范带方面：着力改善提升农村群众生产生活条件，以全区域、整流域为目标，加快建设一批“河畅、水清、岸绿、景美、人和”的美丽幸福河湖，加快推进水系连通及水美乡村建设，打造一批宜居宜业宜游的水美乡村。

在聚力“水网+交通运输”、建设内河航运示范带方面：协同推进水网与内河航运融合发展，全力打造高效对接长三角地区的京杭运河“黄金水道”和联接省会、贯通鲁中、河海联运的小清河陆海新通道，实施京杭运河济宁至东平湖段航道升级改造，在保障防洪安全的前提下兼顾航运用水需要，实现成本节约与水资源综合利用。

在聚力“水网+文化旅游”、建设文旅融合示范带方面：充分挖掘水文化潜力，加强水利遗产保护与利用，谋划建设一批遗产保护标志性工程；以黄河、大运河、小清河等为重点，统筹河、湖、库、渠、塘等水利风景资源，打造一批水利风景区集群;推出一批高品质文化旅游目的地和精品线路，因地制宜打造水利旅游景区景点，培育壮大涉水文旅市场，实现以水兴旅、以旅彰水。

在聚力“水网+产业发展”、建设绿色发展示范带方面：将水网建设与产业发展有机结合，一体谋划、协同推进水利机械装备制造、抽水蓄能、饮用水产业、生态渔业等产业发展，积极发展绿色水经济，充分挖潜盘活涉水产业市场。

《意见》在发展理念、发展路径、内容措施等方面，都有明显的创新和突破，具有很强的针对性和可操作性，对于更好地推动国家省级水网先导区建设，加强水网与其他领域深度融合，充分发挥水资源要素的保障作用和综合效益，具有重要意义。下一步，山东将深入贯彻《国家水网建设规划纲要》，根据《意见》明确的路线图、时间表，加快推进先导区建设，着力推动“水网+”融合发展，充分发挥水网综合效益。

山东省委宣传部等三部门联合印发《关于打造黄河文化保护传承弘扬新高地行动计划（2022—2025年）》

2022年8月28日，山东省委宣传部、省发展改革委、省文化和旅游厅印发《关于打造黄河文化保护传承弘扬新高地行动计划（2022—2025年）》（以下简称《行动计划》），明确黄河文化保护传承弘扬的各项重点任务。

《行动计划》要求，深入学习贯彻习近平总书记关于保护传承弘扬黄河文化的重要论述，贯彻落实习近平总书记对山东工作重要指示要求，坚持中华优秀传统文化创造性转化、创新性发展，发挥文化资源优势，加强活化传承利用，在阐释黄河文化、展示黄河文明、讲好黄河故事上走在前、开新局。到2025年，全省黄河文化保护传承弘扬体系更加完善，山东在黄河文化研究上具有重要地位，在文化传承弘扬上彰显魅力影响，在黄河国家文化公园建设上示范引领，在黄河文化旅游上成为知名目的地，打造形成黄河流域文化保护传承弘扬的“山东高地”，为黄河流域生态保护和高质量发展提供强大文化支撑。

《行动计划》提出，要打造黄河文化研究阐释高地，深入挖掘黄河文化时代价值，建强黄河文化研究平台，开展习近平总书记关于黄河流域生态保护和高质量发展重要讲话精神、关于保护传承弘扬黄河文化重要论述专题研究，每年推出一批重点研究成果。要打造黄河文化保护利用高地，实施鲁西黄河堌堆、黄河三角洲盐业遗址、章丘焦家遗址、定陶汉墓等保护展示工程，推动黄河故道夏津古桑园等重要农业文化遗产和铁门关遗址等黄河水利水工遗产保护利用，提升沿黄博物馆建设水平，实现科技化保护、数字化呈现、大众化展示。要打造黄河民俗文化展示高地，加强沿黄民俗村落建设，深入实施沿黄古城古镇古街区古村落保护利用工程，活化历史记忆和文化传承，传承发展沿黄传统工艺，加强传统工艺类非物质文化遗产挖掘整理和保护传承，丰富沿黄民俗文化活动，举办黄河文化非遗展演、戏曲展播、农民文艺汇演等活动，让民俗文化“活”起来。要打造黄河文旅融合发展高地，建设沿黄文化体验旅游廊道。高标准实施沿黄重点文旅项目，打造千里自驾文化旅游精品走廊，实施黄河文化旅游支持计划，建立沿黄文化旅游重点项目库，开展区域联动文化旅游，举办黄河国际文化旅游节、黄河国际马拉松节等。要打造黄河文化数字化发展高地，加强沿黄网络基础设施建设，实施智慧景区改造工程，加强沿黄历史文化、红色文化、民俗文化、生态文化等资源的数字化转化，加强济南国际创新设计产业园、国际文化大数据（泰山）产业城等重点项目建设，培育一批新型文化业态、文化企业。要打造黄河文化文艺创作高地，提高黄河主题文艺创作组织化程度，策划创作一批报告文学、长篇小说、电影、电视剧、舞台剧等重点作品，组织开展黄河题材小剧小戏小品剧本创作和“群众演群众看”活动，推动优秀文艺作品数字化呈现、多渠道传播、多平台展示、多终端推送。要打造黄河文化传播交流高地，深入宣传山东打造黄河流域生态保护和高质量发展高地的生动实践，深入挖掘宣传黄河文化的时代风采，开展“沿着黄河遇见海”等主题采访活动，策划推出电视节目《黄河文化大会》，推动黄河题材的图书、电影、电视剧、纪录片等海外传播。要打造黄河文化人才集聚高地，把黄河文化人才列入宣传文化人才总体规划，制定完善人才引育配套政策，重点培养和引进一批急需紧缺人才、中青年骨干，培养造就一批群众身边的文化文艺队伍。

《行动计划》强调，要加强组织领导，建立沿黄各市、省直有关部门、黄河河务部门协商会商机制，强化资源整合、部门联动、区域协作，共同研究推进黄河文化保护传承工作。要强化政策保障，加强对黄河文化研究重点课题的社科规划支持，加大对沿黄交通基础建设、文化遗产保护、公共文化服务、文化旅游发展等重点项目的财政扶持，鼓励引导社会力量参与。要加强督促落实，对重点项目实行清单管理，对账销号，确保取得系列性、标志性成果。

山东省推进黄河流域生态保护和高质量发展领导小组办公室印发《山东省“十四五”推动黄河流域生态保护和高质量发展实施方案》

2021年12月17日，山东省推进黄河流域生态保护和高质量发展领导小组办公室印发《山东省“十四五”推动黄河流域生态保护和高质量发展实施方案》(以下简称《实施方案》)，明确“十四五”时期山东省推动黄河流域生态保护和高质量发展各项重点任务。

《实施方案》要求，坚持以习近平新时代中国特色社会主义思想为指导，深入贯彻落实党的十九大和十九届二中、三中、四中、五中、六中全会精神，科学把握新发展阶段，完整、准确、全面贯彻新发展理念，主动服务和融入新发展格局，以推动高质量发展为主题，以深化供给侧结构性改革为主线，以改革创新为根本动力，以满足人民日益增长的美好生活需要为根本目的，深入践行习近平生态文明思想，紧紧围绕“走在前列、全面开创”“三个走在前”总遵循、总定位、总航标，坚持“六个一”发展思路和“六个更加注重”策略方法，充分发挥山东半岛城市群龙头作用，努力在推动黄河流域生态保护和高质量发展上走在前，为开创新时代社会主义现代化强省建设新局面提供强大支撑。

《实施方案》指出，山东省推进黄河流域生态保护和高质量发展要把握生态优先、绿色发展，以水为纲、量水而行，动能转换、龙头引领，统筹推进、重点突破这四项原则。发展目标为到2025年，生态环境质量明显改善，水资源利用效率明显提高，防洪减灾能力明显增强，黄河文化影响力明显扩大，高质量发展水平明显提升。

《实施方案》提出，要加快构建抵御自然灾害防线，全力保障黄河下游长久安澜，加强黄河防洪减灾工程建设，提高灾害防范处置能力，健全城市防洪排涝体系。要全方位贯彻“四水四定”原则，坚定不移走集约节约发展之路，强化水资源约束，切实管住黄河“水池子”，优化水资源配置格局，推进深度节水控水。要大力推动生态环境保护治理，打造黄河下游绿色生态廊道，加强黄河三角洲保护修复，提升沿黄区域生态保护水平，强化重点行业污染源管控治理，提升城乡生活污染治理水平。要加快构建国土空间保护利用新格局，推动形成功能清晰、优势互补的区域经济布局，统筹黄河流域国土空间保护利用格局，优化“一群两心三圈”区域发展布局，推进以人为核心的新型城镇化。要在高质量发展上迈出坚实步伐，充分发挥山东半岛城市群龙头作用，激发科技创新发展动力，推动产业绿色化高端化发展，加快推进数字赋能，打造乡村振兴齐鲁样板，建设沿黄达海大通道大枢纽大网络，保护传承弘扬黄河文化，扩大高水平对外开放，拓宽跨省区合作领域。

《实施方案》强调，要切实加强组织领导，凝聚形成强大推进合力。不折不扣贯彻落实党中央决策部署，将党的领导贯穿到重大规划实施、重大问题研究、重大项目建设等全过程、各环节。大力弘扬“严、真、细、实、快”工作作风，强化政治监督，建立健全目标责任制，完善定期调度、跟踪督导、分析评估和绩效考核制度。

山东省委全面依法治省委员会办公室印发《关于加强黄河流域生态保护和高质量发展法治保障的若干措施》

为充分发挥法治的引领、规范、保障作用，服务推动黄河流域生态保护和高质量发展，在广泛深入调研的基础上，2023年5月16日，山东省委依法治省办印发了《关于加强黄河流域生态保护和高质量发展法治保障的若干措施》(以下简称《若干措施》)。

《若干措施》从立法、执法、司法、守法普法、组织保障等5个方面提出了加强黄河流域生态保护和高质量发展法治保障的16条措施，并逐一明确了责任部门和落实时限。第一部分是“强化制度供给，加快推进具有山东特色的黄河流域地方立法工作”，提出加快推进黄河保护立法进程，统筹沿黄9市“黄河水资源节约集约利用”主题协同立法，加强黄河保护及污染防治、农业农村现代化、城乡融合发展、黄河口国家公园等方面的立法研究。第二部分是“严格依法办事，严厉打击黄河流域违法犯罪活动”，提出持续保持打击违法犯罪高压态势，深入开展“昆仑”系列行动，建立联合执法工作机制，集中力量办理涉黄河重大案件，着力整治环境和资源领域突出问题。第三部分是“践行恢复性司法理念，不断强化环境资源司法保护”，提出探索对黄河流域发生的跨市域、跨县区环境资源类案件进行集中管辖、指定管辖，实行刑事、民事、行政案件“三合一”审判，常态化开展侦查监督和审判监督，落实生态环境损害赔偿磋商机制，推进适用刑事制裁、民事赔偿、生态补偿等多元化责任承担方式。第四部分是“优化公共法律服务，持续提升基层治理法治化水平”，提出指导沿黄市制定公共法律服务事项清单，完善公共法律服务中心功能，搭建法律服务便民平台，鼓励律师、公证、司法鉴定、仲裁等力量向黄河流域延伸覆盖，完善“一站式”矛盾纠纷调解中心建设，开展“沿着黄河去普法”活动，打造黄河法治文化品牌，深化法治创建工作。第五部分是“加强组织领导，确保工作落实到位”，提出建立由各级党委法治建设议事协调机构办事机构负责统筹、有关部门参与的工作协调制度，研究提出强化黄河流域基层审判、检察、执法机构建设的措施，加大法治督察力度，推动各项任务措施落地落实。

《若干措施》主要有3个突出特点。一是全面贯彻上级精神。以党的二十大精神为指引，深入学习贯彻习近平法治思想，认真贯彻《黄河保护法》，锚定高质量发展目标，坚持生态保护优先原则，确保中央关于法治建设、关于黄河流域生态保护和高质量发展的决策部署一体推动落实。二是体现山东特色。认真落实《山东省黄河流域生态保护和高质量发展规划》，注重提炼总结山东省黄河法治保障工作经验，将行之有效的做法予以固化，同时立足山东省黄河流域特点，创新性提出出台《山东省黄河三角洲生态保护条例》、建设综合性生态环境司法修复基地、建立黄河流域生态环境保护调解组织等工作举措。三是坚持问题导向。针对专题调研中发现的法治保障难点和制约障碍，比如执法标准尺度不统一、环境资源类案件鉴定难等问题，深入分析论证并广泛征求意见，提出研究制定环境资源保护执法与司法联动工作意见、建立黄河流域环境损害司法鉴定协作发展联盟等措施。

山东省国家文化公园建设工作领导小组印发《黄河国家文化公园(山东段)建设保护规划》

2023年8月25日，山东省国家文化公园建设工作领导小组印发《黄河国家文化公园(山东段)建设保护规划》(以下简称《规划》)。根据《规划》，山东省将构建“一廊一带四区多点”的黄河国家文化公园(山东段)建设格局。

《规划》范围包括黄河沿线的菏泽、济宁、泰安、聊城、济南、德州、滨州、淄博、东营9市，以黄河干流流经的25县(市、区)为核心区。规划期至2025年，展望至2035年。

《规划》包括规划背景、总体思路、分类建设重点功能区、推进实施重点任务、建立健全体制机制、加强规划实施保障等6部分内容及黄河国家文化公园(山东段)建设负面清单。

《规划》立足齐鲁地域文化特征、黄河文化遗产分布特点，坚持轴带贯通、区域协同、高地支撑，提出构建“一廊一带四区多点”的黄河国家文化公园(山东段)建设格局，分类建设管控保护、主题展示、文旅融合、传统利用等4类重点功能区；提出全面推进强化文化遗产保护传承、深化黄河文化研究发掘、提升环境配套服务设施、促进黄河文化旅游融合、加强数字黄河智慧展现等5大重点任务。

《规划》强调，要坚持保护优先，强化传承，保护文物和文化遗产真实性、完整性，严格落实保护第一、加强管理、挖掘价值、有效利用、让文物活起来的新时代文物工作方针；坚持文化引领，彰显特色，深入挖掘黄河文化丰富内涵和历史意义，全面阐释黄河文化时代价值；坚持总体设计，统筹规划，统筹考虑资源禀赋、人文历史、区位特点、公众需求，发挥自然人文资源综合效应；坚持积极稳妥，改革创新，强化全球视野、中国高度、山东特色，既着眼长远又立足当前，既尽力而为又量力而行；坚持因地制宜，分类指导，充分考虑地域广泛性和文化多样性、资源差异性，最大限度调动各方面积极性，实现共建共享共赢。

《规划》的印发实施，有利于更好保护传承弘扬黄河文化，延续历史文脉，增强文化自信；有利于夯实山东文化软实力，凝聚社会主义现代化建设的强大精神力量；有利于促进文化旅游融合发展，带动黄河沿线地区高质量发展。下一步，将系统推动《规划》落实，强化调度评估，加快建设重点功能区，统筹推进重大工程实施，保护传承弘扬黄河文化，切实讲好山东黄河故事。

山东省人民政府办公厅印发《济南新旧动能转换起步区发展规划（2021—2035年）》

2022年8月16日，山东省人民政府办公厅印发《济南新旧动能转换起步区发展规划（2021—2035年）》（以下简称《规划》）。根据《规划》，起步区在建设中将坚持未来眼光、国际标准、黄河特色，按照五年成形、十年成势、十五年成城的“三步走”发展目标，建设着眼未来发展的希望之城、绿色智慧宜居的幸福之城，打造新时代现代化田园城市。

《规划》明确了起步区范围，起步区西起济南德州界，东至小清河—白云湖湿地，南起黄河—济青高速，北至徒骇河，包括太平、孙耿、桑梓店、大桥、崔寨、遥墙、临港、高官寨8个街道及唐王街道中西部区域、泺口街道黄河以北区域，总面积798平方公里。

起步区战略定位为黄河流域生态保护和高质量发展的新示范、山东新旧动能转换综合试验区的新引擎、高水平开放合作的新平台、绿色智慧宜居的新城区。综合考虑起步区功能定位、发展目标和现状条件，坚持生态优先、均衡发展、宜居宜业，优化功能分区，形成“一纵一横两核五组团”的空间布局。一纵，即泉城特色风貌轴，“山泉湖河城”融为一体，构建城市大轴线空间。一横，即黄河生态风貌带，打造联系黄河两岸的生态文化纽带。两核，即城市科创区、临空经济区两个核心功能区。五组团，即大桥、崔寨、桑梓店、孙耿太平、临空五大城市组团。

产业是基础。起步区聚焦新技术、发展新智造、打造新场景、催生新模式，构建以新一代信息技术、高端装备、新能源新材料等战略性新兴产业和先进制造业为主体，高端服务业为支撑的现代产业体系。

坚持把创新作为培育新动能的核心动力。《规划》提出，构建“基础研究+技术攻关+成果产业化+科技金融+人才支撑”创新生态链。加快推进科技成果在起步区加速转化，争取在起步区布局建设一批国家（省）重点实验室、大科学装置。推进中科院空天动力研究中心、燃气涡轮动力研究中心、人工智能共性技术支撑服务平台等平台载体建设。

探索实行科技攻关“揭榜制”、首席专家“组阁制”，以“赛马”机制激发创新活力。建立科技成果“沿途下蛋”高效转换机制，构建“楼上”科研人员开展原始创新活动、“楼下”创业人员对原始创新进行工程技术开发和中试转化的“楼上楼下”创新创业综合体。

发展离不开人才。《规划》支持起步区落地科研院所、企业建设博士后科研工作站，统筹落实博士（后）生活补助。以股权投资、退休返聘、工作站点、项目合作等方式，实现人才“为我所有”向“为我所用”转变。

以人为本，打造绿色智慧宜居新城区。《规划》提出，起步区将建设绿色低碳新城、数字智慧新城、品质宜居新城、安全韧性新城，努力实现“城市，让生活更美好”。优化起步区中小学、幼儿园布局，加快建设山东省实验中学鹊华校区，规划建设国际学校。推动优质医疗资源在起步区落地，推进山东大学第二医院北院区、整合型专科医疗中心项目建设。

按照“以水营城、以文营城”理念，起步区将加强城市景观风貌整体设计，彰显齐鲁风范，打造黄河文化新地标。积极引导省属优质文化、体育等公共服务资源向起步区布局，大力推进省方志馆、省青少年宫等项目规划建设，高于国家一级馆标准规划建设图书馆等公共文化设施。

根据发展目标，到2025年起步区建设取得明显进展，动能新、产业兴、生态美、居民富的现代化新城区框架基本形成。到2030年，起步区核心优势基本塑成，城市综合功能基本完善，在高质量发展方面率先成势。到2035年，基本建成经济活跃、创新驱动、绿色低碳、魅力宜居、共治共享的绿色智慧宜居的幸福之城，率先基本实现社会主义现代化，塑成全国生态保护和高质量发展的样板典范。

山东省人民政府办公厅

《支持黄河流域生态保护和高质量发展若干财政政策》

为深入落实《中共山东省委关于深入学习贯彻习近平总书记重要讲话精神扎实推动黄河流域生态保护和高质量发展的决定》（鲁发〔2021〕20号）和《山东省黄河流域生态保护和高质量发展规划》（鲁发〔2021〕6号），充分发挥财政职能作用，更加系统集成、精准有效支持山东省在推动黄河流域生态保护和高质量发展上走在前，现制定如下财政政策。

一、建立健全生态保护和补偿机制

（一）实施生态文明建设财政奖补机制。2022—2025年，设立主要污染物排放调节资金，实施节能减排奖惩机制，聚焦大气、水、自然保护区、海洋等重点领域实施生态补偿，激励引导各市落实生态环保主体责任。

（二）开展黄河流域（豫鲁段）横向生态补偿。2022—2025年，综合考虑黄河水质和山东、河南两省实际，以黄河干流刘庄国控断面水质考核情况为主，开展黄河流域（豫鲁段）省际横向生态补偿。

（三）落实完善省内流域横向生态补偿机制。2022—2025年，督促指导全省跨县界流域断面落实完善横向生态补偿协议，省级财政对考核断面多、兑现补偿资金任务重的县（市、区），在分配生态环保资金时给予倾斜支持。

（四）支持黄河流域湿地生态保护修复。2022—2025年，统筹安排黄河流域生态保护资金，支持黄河流域生态保护修复，推动黄河口国家公园和黄河三角洲国家级自然保护区建设，提升生物多样性，着力增强黄河生态功能。

（五）开展国土绿化试点示范。支持开展大规模国土绿化行动，推动完成济宁尼山区域和潍坊沂山区域国土绿化试点示范项目建设。积极争取更多国土绿化项目纳入中央财政支持范围，推动国土绿化系统治理，提升林业碳汇能力。

（六）落实完善森林生态补偿机制。2022—2023年，以各市森林蓄积量、造林面积、生态公益林面积等因素为基础，开展森林生态补偿，补偿资金统筹用于造林绿化、森林抚育和森林资源管护等支出，调动各地植树造林积极性，扩大森林面积，提高森林质量。

（七）加大矿山生态保护修复。重点支持沿黄25县开展历史遗留废弃矿山环境治理“清零”行动。2025年前，治理任务较重的县历史遗留废弃矿山治理完成70%以上；2030年前，全面实现“清零”。推选生态区位重要、生态问题突出的历史遗留废弃矿山项目，争取纳入中央财政支持历史遗留废弃矿山生态修复示范工程范围，提升矿山生态环境质量。

（八）开展山水林田湖草沙一体化保护和修复。统筹中央和省级资金，支持高质量推进沂蒙山区域山水林田湖草沙一体化保护和修复工程建设，打造生态保护修复系统治理“沂蒙样板”。

（九）完善重点生态功能区转移支付。合理确定调整省级重点生态功能区转移支付范围，建立健全涵盖国家级重点生态县、黄河三角洲等国家级自然保护地以及跨区域重要河流、南水北调东线等重要水源保护地的转移支付体系，支持相关地区加强生态保护和民生改善。建立重点生态功能区生态环境质量绩效评价机制，根据环境质量评价结果实行奖惩，引导各地加大生态环境保护力度。

（十）实施生态文明强县财政激励政策。2022—2024年，每年根据各县（市、区）上年度生态环境质量改善、高质量发展、人居环境改善和生态文明建设等指标完成情况实施综合评价，按排名确定10个生态文明强县，每县给予1000万元的资金奖励。

二、建立健全污染防治投入机制

（十一）支持农村生活污水治理。2022—2025年，强化资金统筹，在不新增政府隐性债务的前提下，综合运用财政资金、政府债券、金融机构贷款等方式，支持整县制完成农村生活污水治理，推动黄河干流及大汶河流域率先完成农村生活污水治理任务。

（十二）提升重点流域水质监测能力。强化资金保障，支持落实山东省主要河流和湖库水质自动监测站建设实施方案，创新水质自动监测站建设运营模式，实现省内河流跨县界断面自动监测全覆盖。

（十三）推进雨污合流管网改造。2022—2024年，省级财政对整县制推进雨污合流管网改造“清零”建立分梯次“以奖代补”机制，支持加快实现雨污合流“清零”。

（十四）推进农村地区清洁取暖改造。统筹中央和省级资金，对农村地区清洁取暖改造和运行给予补助，支持推进通道城市应改尽改，非通道城市进一步扩大覆盖范围。

（十五）支持非道路移动机械报废更新。支持开展非道路移动机械“以新换旧”试点，通过以新换旧、拆解报废、更换发动机等方式推进高排放老旧非道路移动机械报废更新。

三、建立健全集约节约用水和重点水利工程投入机制

（十六）深入推进水资源税改革试点。加快实施水资源税远程在线监控管理改革，建立健全调控合理、规范公平、征管高效的水资源税制度，更好发挥税收杠杆作用，提高用水效率，规范用水秩序，促进全省水资源集约节约利用。

（十七）加大节水激励力度。对国家公布的节水型社会建设达标县（市、

区），每个区域给予最高100万元的资金补助。鼓励各地对创建成功或复查通过的国家级节水城市或其他公布命名的省级以上节水载体，给予适当的资金补助。

（十八）支持高标准农田建设。自2022年起，将全省高标准农田建设财政补助标准从亩均1500元提高至1950元，并加大对10亿斤以上产粮大县高标准农田建设支持力度，提升粮食综合产能。

（十九）支持现代水网建设。2022—2025年，统筹运用水利资金、专项债券等，支持引调水和重点水源、重点调蓄工程建设，实施中小河流治理、病险水库水闸除险加固等工程，提升水旱灾害防御能力，强化河湖生态系统保护治理，着力构建数字化、网络化、智能化融合发展的智慧水利体系。

四、建立健全高质量发展支持机制

（二十）大力支持科技创新。聚焦黄河生态环境保护、绿色节能、盐碱地综合利用、耐盐碱植物育种等重点领域，集中支持关键核心技术攻关。不断加大科技资金投入，推动高能级重大创新平台建设，加快科技企业梯次培育和创新能力提升，强化对黄河流域生态保护和高质量发展的科技支撑。实施科技创新强县财政激励政策，2022—2024年，每年择优遴选10个科技创新强县，每县给予1000万元的资金奖励。

（二十一）落实高耗能产业结构调整综合奖补政策。省级统筹工业转型发展等专项资金，根据焦化、化肥等行业退出（转移）产能规模，对涉及的市、县（市、区）给予综合奖补，引导企业加快产能置换出清。

（二十二）支持农业高质量发展。2022—2024年，综合实施现代农业强县、农业绿色发展先行县、农产品加工业高质量发展先行县、畜牧业高质量发展先行县财政激励政策，对评价认定的现代农业强县每县给予1亿元资金奖励，对评价认定的3类先行县每县给予500万元资金奖励，支持黄河流域农业高质量发展。

（二十三）支持综合立体交通网建设。省级统筹交通发展、专项债券等资金，推广政府和社会资本合作模式，对加密高速铁路网等重点项目建设给予补助。支持打造现代机场群，落实济南机场二期改扩建等重大项目建设资本金补助，推动设立总规模500亿元的机场建设投资基金。支持改造升级公路网，推进国省道、农村公路建设及维护。支持发展水运网，实施京杭运河航道改造和船闸建设项目，推动形成“干支通达、沟通南北”的高等级内河航道。

（二十四）严格实施涉企资金“绿色门槛”制度。按照与绿色发展的相关性，实施差别化财政支持政策，对节能、排污指标优于国家和地方标准，符合绿色发展和新旧动能转换要求等情况的企业和项目，优先列入财政资金支持范围；对节能、排污指标达不到国家和地方标准，或者不符合绿色发展要求等情况的企业和项目，不得纳入财政资金支持范围，引导市场主体加快绿色低碳发展。

（二十五）完善资源枯竭城市转移支付制度。依据资源枯竭城市常住人口、面积、生态环保支出，以及财政困难独立工矿区、采煤沉陷区的面积、人口等因素，对相关地区给予转移支付补助，支持资源枯竭城市、独立工矿区和采煤沉陷区等老工业区经济转型发展。

（二十六）实施财政困难县激励性转移支付制度。2022—2024年，每年对财政困难县上年度县级财源质量优化、基层运转政策落实、财政管理绩效、债务风险防控、财税改革创新、自我保障能力提升等六个方面进行考评，对综合评价得分前10名和单项评价得分前30%的财政困难县，给予分档奖励。

（二十七）实施工业强县财政激励政策。2022—2024年，从综合实力、发展潜力、创新活力、绿色动力等四方面，对县域工业经济发展情况实施综合评价，每年择优确定10个工业强县，每县给予1亿元资金奖励，并在专项债券、引导基金、金融等方面给予政策支持。

（二十八）实施对外开放强县财政激励政策。2022—2024年，每年根据各县（市、区）上年度综合实力、开放潜力、开放活力、载体建设等指标实际完成情况实施综合评价，按照排名确定10个对外开放强县，每县给予1000万元的资金奖励。

（二十九）实施现代流通强县财政激励政策。2022—2024年，每年根据各县（市、区）上年度综合实力、流通网络、流通主体、创新发展等指标实际完成情况实施综合评价，按照排名确定10个现代流通强县，每县给予1000万元的资金奖励。

（三十）实施高质量发展奖励政策。2022—2023年省级财政安排资金，对“四新”及“十强”产业主体税收增长较快的市和省财政直管县，分档给予奖励；对重点产业中经济效益增长、吸纳就业不减、绿色和可持续发展成效突出的前10名企业，分别给予200万元基础性奖励和最高2000万元激励性奖励。

五、建立健全黄河文化投入机制

（三十一）支持黄河国家文化公园建设。统筹安排文化旅游领域相关资金，加强黄河沿线重点文物和非物质文化遗产保护传承，支持打造黄河文化旅游带，高水平建设国家文化公园，推动文化文明交流互鉴，讲好新时代“黄河故事”。

（三十二）实施文旅康养强县财政激励政策。2022—2024年，每年根据各县（市、区）上年度文旅康养综合承载力、核心吸引力、经济影响力、环境竞争力、创新发展力等指标实际完成情况实施综合评价，按排名确定10个文旅康养强县，每县给予1000万元的资金奖励，同时统筹财金联动、项目支持等政策，优先向文旅康养强县倾斜。

六、建立健全资金引导保障机制

（三十三）加大财政资金倾斜力度。强化财政支撑保障作用，聚焦黄河流域生态保护和高质量发展重点领域，优化财政支出结构，统筹整合国土治理、生态环保、科技创新、水利、交通、基本建设、文化等相关领域资金，充分运用地方政府债券，集中财力加大对黄河流域生态保护和高质量发展重大平台、重大工程、重大项目的支持力度。

（三十四）支持设立黄河流域生态保护和高质量发展基金。省级与相关市政府联合出资，设立黄河流域生态保护和高质量发展基金，并积极参与组建国家黄河基金，发挥财政资金的杠杆效应，引导金融和社会资本支持山东省黄河流域生态保护和高质量发展优质项目。

（三十五）支持设立土壤污染防治基金。省级财政出资发起、与社会资本共同出资设立土壤污染防治基金，引导社会资本重点投向农用地土壤污染防治、土壤污染责任人或者土地使用权人无法认定的土壤污染风险管控和修复等项目，支持全省土壤污染防治工作。

（三十六）支持供应链金融发展。2022—2023年，对符合条件的为中小微企业确权融资、利用商业汇票代替应付账款、签发供应链票据的核心企业，给予奖励，促进中小微企业应收账款融资。鼓励核心企业围绕供应链建立信息平台或借助现有第三方信息平台，与上海票据交易所供应链票据平台对接，对直接接入上海票据交易所的平台，省级财政最高给予500万元一次性奖励。

（三十七）开展三大粮食作物完全成本保险。2022年起，小麦、玉米、水稻三大粮食作物完全成本保险政策覆盖全省所有产粮大县，打破原有全省统一费率格局，按照农业生产风险区域实行差别费率，提高农业保险保障水平，完善市场化的农业生产风险分散机制。

（三十八）发展政府性融资担保。加快全省政府性融资担保体系建设，坚持政府性融资担保机构准公共定位，以服务小微企业和“三农”主体为主要经营目标，坚持保本微利运营，重点支持单户担保额1000万元及以下的小微企业和“三农”主体，尽快实现支小支农业务占比达到80%以上，引导担保机构逐步将平均担保费率降至1%以下。

山东省人民政府办公厅

《支持沿黄25县（市、区）推动黄河流域生态保护和高质量发展若干政策措施》

黄河干流山东段流经的25县（市、区）（以下简称沿黄地区）是山东省推动黄河流域生态保护和高质量发展的核心区。为认真贯彻落实习近平总书记关于黄河流域生态保护和高质量发展的系列重要讲话精神和重要指示批示要求，集中优势资源，推动黄河重大国家战略率先突破、作出示范，提出如下政策措施。

一、构建抵御自然灾害防线，打造黄河长久安澜样板带

（一）推进黄河干流治理。开展黄河“二级悬河”治理，实施黄河下游“十四五”防洪工程，加快辛店集等28处控导工程续建，推进老君堂等30处控导工程、桑庄等32处险工改建加固，完成河口北大堤加高帮宽44公里、堤顶硬化72公里。搭建防汛信息化平台，加强对极端天气、灾情水情监测预警。强化黄河河道管理范围内非防洪工程建设项目监管，维持河道排洪能力。

（二）提高水旱灾害防御能力。加快现代水网建设，推进重大引调水和重点水源、重点调蓄工程建设，实行病险水库水闸常态化除险加固机制。推进位山闸等22个引黄涵闸改建，开展200—3000平方公里中小河流治理。

对跨县域骨干河道、沿黄地区管理范围内存在防洪隐患的重要河道治理工程进行财政补助。论证实施东平湖老湖区分区运用及居民外迁工程。

（三）健全城市防洪排涝体系。推进城市建成区排水设施建设，加强城区易涝积水区治理，支持沿黄地区系统全域推进海绵城市建设，有效应对城市内涝防治标准范围内的降雨。加强区域应急救援中心和省级专业应急救援队伍管理调度，提高应急救援能力。

二、推动深度节水控水，提升水资源集约节约利用水平

（四）加强水资源监管。健全黄河干支流取用水监测计量管理制度，加强各类取水口监督管理，从严整治违规取用黄河水行为。建立流域水资源承载力管控体系，对水资源超载地区销号前原则按水源停止新增取水许可。建立黄河河道外生态补水省市县三级联合调度机制、重要河湖生态流量监测预警机制、各类人造水面景观排查整治长效机制，严禁向“伪生态”补水项目供水。

（五）提高农业节水成效。分区确定农业灌溉用水定额，灌溉用水向小麦、玉米等主粮倾斜。推行农业灌溉计量水价和超定额累进加价制度，建立农业用水精准补贴和节水奖励机制。推进位山等大中型灌区续建配套和现代化改造工程，完善微循环灌排体系。

（六）完善工业节水机制。适时修订工业用水定额，严格高耗水行业用水定额管理，支持企业加大用水计量和节水改造力度，督促超用水定额单位采取节水措施，限期达标。提高工业用水超定额水价，倒逼高耗水产业有序退出。

（七）提升城乡节水水平。支持沿黄地区创建节水型城市和节水型社会达标县（市、区），对国家公布的节水型社会建设达标县（市、区），省级财政给予每个区域不超过100万元的资金补助。省级财政对沿黄地区农村规模化供水、城乡供水一体化建设给予补助。

三、加强生态环境保护治理，构筑黄河下游绿色生态廊道

（八）推动重点生态功能区建设。推进沿黄生态廊道规划建设和黄河三角洲湿地生态系统保护修复，开展黄河滩区国土综合整治与生态保护修复。省级财政统筹资金重点支持黄河三角洲生态保护修复、黄河口国家公园建设等重点工程。加大对东平县等南水北调东线重要水源保护地转移支付力度。对沿黄县级行政区域年度新造林，经省级复核造林上图成果后，省级财政给予资金补偿。

（九）创新生态环境治理模式。开展黄河泥沙淤填堤河、改良土地和采煤沉陷区治理试点，黄河流域生态产品价值实现和黄三角农高区农业废弃物资源化利用试点。推进黄河流域入河排污口溯源整治，到2023年年底前沿黄地区完成入河排污口整治工作。到2024年完成沿黄地区省级81个自然保护地、35条（个）河流湖泊、421个探明储量的矿产资源自然资源确权登记。

（十）推进农村人居环境整治。将沿黄地区列入农村生活污水优先治理区域，到2023年基本完成郓城等11个县（市、区）行政村生活污水治理，以及沿黄地区已排查并纳入省级清单的农村黑臭水体治理。对使用政策性金融机构专项贷款整县制完成农村生活污水和黑臭水体治理的县（市、区），按照贷款额分档，省级财政于次年给予最高500万元一次性奖补。支持农村改厕后续管护，2023—2025年，省级财政根据沿黄地区农村改厕后续管护覆盖率，按照农村户厕每户每年30元、农村公厕每座每年6000元的标准予以奖补。

（十一）推进城镇污染综合治理。统筹安排中央和省预算内资金，重点支持城镇污水垃圾、危险废弃物处置、重点流域水环境治理、大气环境治理、清洁取暖工程建设等。对新获命名的生态工业园区，每个给予最高300万元奖补。按照国家部署推进“十四五”沿黄重点地区工业项目入园，严控高污染、高耗水、高耗能项目。对沿黄地区2024年及以前能够实现整县（市、区）制建成区雨污合流管网清零的县（市、区）进行奖补。对符合

条件的新增国家级、省级绿色工厂项目，在落实相关财政激励政策时给予重点支持。

（十二）推进生态环保产业发展。优先支持生态环保产业集群、环保龙头骨干企业、生态工业园区项目以及生态环境导向的开发（EOD）模式试点纳入环保金融项目库。对生产《首台（套）技术装备及关键核心零部件推广应用指导目录》内节能环保装备产品的企业，在符合有关保险补偿政策要求前提下，投保重大技术装备首台（套）质量险、责任险、综合险，省级财政按不高于3%的费率上限及实际投保年度保费80%的比例进行保费补贴，单户企业年度最高500万元。

四、优化区域发展布局，构建国土空间保护利用新格局

（十三）强化国土空间保护利用。全面评估沿黄地区资源环境承载能力和国土空间开发适宜性，编制山东省黄河流域国土空间专项规划。在用地指标方面实行“增存挂钩”和“土地要素跟着项目走”机制。

（十四）提升耕地保护水平。以永久基本农田和粮食生产功能区、重要农产品生产保护区为重点，建立完善高标准农田管护措施体系。支持沿黄产粮大县整县推进高标准农田建设和提质改造。支持黄河三角洲实施盐碱地等耕地后备资源综合利用工程，对符合入库条件的新增耕地，及时形成占补平衡指标。对上一年度耕地保护工作成效突出的县（市、区），按排名先后给予差别化新增建设用地指标和资金奖励。

（十五）推动以人为核心的新型城镇化。特色小镇认定和以县城为重要载体的城镇化建设省级试点向沿黄地区倾斜，到2025年新增3个以上特色小镇。推进济南市济阳区等13个县（市、区）省级新型智慧城市试点。

五、推进绿色低碳转型，打造高质量发展重要实验区

（十六）加强重大产业研发攻关。围绕节能环保、高端化工、新能源新材料等绿色低碳高质量发展领域，推动省级重大科技创新工程项目向沿黄地

区倾斜，组织实施新旧动能转换重大产业攻关。在“十强”产业、“雁阵形”集群及领军企业培育建设和省级重点项目遴选等方面，加大对沿黄地区支持力度。

（十七）加快科技创新平台建设。对沿黄地区新升级为国家重点实验室、国家技术创新中心、产业创新中心、制造业创新中心、临床医学研究中心，国家没有配套资金要求的，省级科技创新发展资金给予每个平台1000万元经费支持。对于生态环境领域优秀的省级重点实验室、技术创新中心等创新平台，以竞争性项目方式给予重点支持。2022—2025年，从省级科技创新发展资金中安排资金，支持黄三角国家农高区创新平台建设。

（十八）推动农业高质量发展。对开展粮棉油绿色高质高效创建的沿黄地区和发展大豆、玉米带状复合种植的主体，省财政统筹给予资金补助。支持建设国家级农业绿色发展先行区、省级农业绿色发展先行县、农业产业强镇，培育肉牛、小麦等优势特色产业集群。

（十九）推动“两高”行业规范发展。对符合全省产业布局和新旧动能转换“三个坚决”要求的“两高”行业企业，实施技术产品升级、环保节能改造、安全水平改造等不新增产能、不增加能耗煤耗的技术改造项目，不受“两高”项目减量替代准入政策限制。对沿黄地区促进产业基础高级化、产业链现代化的重大“两高”项目，能耗替代市级筹措确实存在困难的，由项目所在市做出承诺并编制提出“十四五”规划期内分步筹措方案，可申请通过“过桥”方式由省级收储能耗指标予以保障，项目所在市严格按照承诺到期返还“过桥”保障指标。

（二十）提升对外开放水平。推动梁山、鄄城、博兴等6家国家外贸转型升级基地数字化、品牌化转型。支持具备条件的县（市、区）联动发展，建设上合示范区、山东自贸试验区联动创新区，持续推进全省开发区东西合作共建。布局建设“内陆港”，推广“陆海联动、海铁直运”物流模式，实现内陆港货物直通出海。支持开展多式联运“一单制”试点，提升海关“智慧查验”水平。

（二十一）推进能源结构有序调整。开发建设海上风电、海上光伏、鲁北盐碱滩涂地风光储输一体化和鲁西南采煤沉陷区“光伏+”基地，推动整县分布式光伏规模化开发示范。开展新型储能规模化应用，对于配套建设或租赁共享新型储能设施的项目，符合条件的优先并网消纳。

六、保护传承弘扬黄河文化，建设黄河文化旅游带

（二十二）推动黄河国家文化公园建设。制定实施黄河国家文化公园（山东段）建设保护规划，高标准建设沿黄文化体验廊道。制定黄河国家风景道（山东）建设指南，培育黄河国家风景道（山东）典型段。建立文化遗产数字化资源库。推进鲁西黄河堌堆等保护展示工程。支持制作播发黄河题材视听节目，在节目评优、奖励时优先考虑。

（二十三）做强乡村旅游。加快推进沿黄古城古镇古街区古村落保护利用工程，培育一批以民俗为特色的“黄河风情村”。支持建设旅游民宿集聚区。利用经批准开山填海整治的土地和改造的废弃土地发展乡村旅游项目的，从使用的月份起，免征城镇土地使用税10年。对个人出租住房经营乡村旅游的，免征城镇土地使用税，按相关规定享受房产税优惠。

七、聚焦补齐短板弱项，提高公共服务供给能力

（二十四）推动交通设施互联互通。加快推进济郑高铁、东阿至阳谷高速公路等沿黄工程，实现聊城市、菏泽市与河南省相邻市分别至少有1条高速铁路和1条高速公路连接。优化完善过黄桥隧布局，打通雄商高铁、京沪高铁辅助通道、聊泰公铁桥、沾化至临淄高速公路等过黄关键节点。推进农村交通基础设施改造，在安排农村公路资金时，对沿黄财政困难县给予倾斜。

（二十五）深入实施乡村振兴战略。支持沿黄地区建设农村产业融合发展示范园、现代农业产业园等特色产业园区。聚焦高标准农田建设、现代种业提升、畜禽粪污资源化利用、农村人居环境整治等领域，在中央预算内投

资、地方政府专项债券争取以及乡村振兴重大项目库等政策上给予倾斜支持。完善黄河滩区道路、水利、电力等基础设施，优化迁建社区教育、文化、卫生等配套服务，因地制宜发展特色种养、加工制造、生态旅游、商贸流通等产业，打造“黄河滩”区域品牌。

（二十六）提升民生保障水平。支持入选国家“双高计划”的高职、省优质高职和高水平中职学校结对帮扶沿黄地区薄弱职业院校。开展黄河文化研学活动，在省级基地和省级优秀课程方面给予倾斜。向达到公共体育场馆免费低收费开放标准的公共体育场馆发放补助资金。统筹推进沿黄地区体育公园建设。实施“情暖夕阳”慈善助老项目，资助沿黄地区低保家庭失能老年人入住养老机构或为其购买居家养老服务。

八、强化组织实施

（二十七）加强财政支持。统筹整合国土治理、生态环保、科技创新、水利、交通、基本建设、文化等相关领域资金，加大对重大平台、重大工程、重大项目支持力度。在分配新增专项债券时，根据重点项目资金需求、债务风险水平、财力状况等因素，对沿黄地区给予倾斜支持。完善县级基本财力保障机制转移支付办法，对可用财力无法满足基本支出的县（市、区）给予财力补助。统筹省级工业转型发展专项资金，对符合条件的重大技术改造项目给予贷款贴息、担保费补助或股权投资支持。设立省黄河流域生态保护和高质量发展基金，引导金融和社会资本支持沿黄地区优质项目。

（二十八）强化金融支持。支持符合条件的生态环境、清洁能源、节能环保等绿色产业企业，通过上市挂牌、发行债券、私募基金等方式融资发展。鼓励金融机构加大水利设施建设、生态环境保护、污水垃圾处理等重点项目信贷投放力度。开展生态保护修复产品产权试点，生态保护修复项目形成的资产，符合法律规定的可依法用于抵押贷款。对小微、涉农、科创、文旅、环保、制造业等领域更多市场主体开展金融辅导，将相关重点园区、创新创业共同体和重点乡镇（街道）纳入金融管家试点范围。

（二十九）强化用地保障。对集中连片开展生态修复达到一定规模和预期目标的生态保护修复主体，允许依法依规取得一定份额的自然资源资产使用权，从事旅游、康养、体育、设施农业等产业开发。将生态环境保护修复与生态产品经营开发权益挂钩，对开展荒山荒地、废弃矿山、黑臭水体、采煤沉陷区、工业遗址等综合整治的社会主体，在保障生态效益和依法依规的前提下，允许利用不超过3%的治理面积，从事生态农业、生态旅游等相关产业开发。

（三十）健全推进机制。发挥省推进黄河流域生态保护和高质量发展领导小组办公室统筹协调作用，建立支持沿黄地区推动黄河流域生态保护和高质量发展工作协调机制，研究解决跨区域、跨领域重大问题。开展沿黄9市黄河水资源保护与节约集约利用主题协同立法，加快推进黄河口国家公园立法，推动制定山东省黄河三角洲生态保护地方法规。深入推进“生态警务”工作，持续开展“昆仑”专项行动，严厉打击涉黄河流域污染环境、非法采矿等违法犯罪。发挥省级国有资本引领作用，鼓励大型骨干企业以市场化方式参与落实黄河重大国家战略。

山东省人民政府办公厅、河南省人民政府办公厅

《鲁豫毗邻地区合作发展实施方案》

为深入贯彻落实习近平总书记“共同抓好大保护、协同推进大治理”指示要求，纵深推进黄河流域生态保护和高质量发展重大国家战略，深化鲁豫毗邻地区交流合作，经鲁豫两省共同商定，制定本实施方案。

一、总体要求

（一）指导思想。

以习近平新时代中国特色社会主义思想为指导，全面贯彻党的二十大精神，准确把握重在保护、要在治理战略要求，以保护修复生态环境为基础，以保障黄河长治久安为底线，以推动高质量发展为主题，聚焦生态保护、防洪减灾、基础设施、产业发展、文化旅游、公共服务等重点领域，强化政策统筹、机制创新、协同治理，打造省际毗邻地区合作发展样板，为深化黄河流域省际合作探索路径、作出示范。

（二）主要原则。

生态优先，绿色发展。践行绿水青山就是金山银山理念，加强山水林田湖草沙一体化治理，筑牢生态基底，厚植生态优势，发展生态经济，探索生态文明建设与经济社会发展相得益彰的新路径。

改革创新，先行先试。牢固树立“一盘棋”意识，打破行政壁垒，创新合作机制，推动要素跨区域自由流动，提高政策的统一性、规则的一致性、

执行的协同性，探索“流域+省际”区域合作新模式。

优势互补，彰显特色。发挥各地比较优势，深化新旧动能转换，搭建产业合作平台，促进区域创新链、产业链、资源链、价值链深度融合，打造一批合作园区、优势产业基地、高端产业集群。

市场主导，政府引导。充分发挥市场在资源配置中的决定性作用，更好发挥政府作用，协同打造一流营商环境，充分调动市场主体参与区域合作积极性，在更大范围、更宽领域、更深层次实现共商共建共享共赢。

（三）实施范围。

包括山东省聊城市、菏泽市全域以及梁山县、东平县，河南省开封市、商丘市、濮阳市全域以及长垣市，面积4.54万平方公里。黄河干支流流经的东明县、菏泽市牡丹区、鄄城县、郓城县、梁山县、东平县、阳谷县、莘县，兰考县、长垣市、濮阳县、范县、台前县，以及黄河故道沿线曹县、单县、虞城县、商丘市梁园区、民权县为核心区，面积2.16万平方公里。

（四）任务目标。

到2025年，重点领域合作事项取得明显突破，一批生态保护、防洪减灾、基础设施、产业发展、文化旅游等合作项目建成运行，生态环境质量明显改善，防洪减灾体系基本建成，水资源保障能力进一步提升，黄河河南段干流出境断面水质在完成国家考核目标的基础上力争达到Ⅱ类水平，区域产业链供应链加快融合，形成一批可复制可推广的区域合作制度创新经验。

到2030年，合作关系更加紧密，合作领域更加宽广，合作机制更加完善，服务黄河重大国家战略的联动示范效应明显提升，打造成为省际毗邻地区合作发展新样板。

二、合力保障黄河长久安澜

1.实施黄河下游防洪工程。实施黄河下游“十四五”防洪工程，加快辛店集、蔡集等控导工程续建，推进老君堂等控导工程和邢庙等险工改建加固，维持中水河槽稳定，提升主槽排洪输沙功能，有效控制游荡性河段河势。统筹推进金堤河、大汶河等防洪治理。研究开展黄河泥沙淤填堤河、改良土地、综合利用等治理试点。

2.实施蓄滞洪区治理提升工程。加强东平湖蓄滞洪区安全建设，推动老湖区分区运用，统筹解决东平湖防洪运用和群众安全问题，推动金山坝以西居民稳妥有序外迁。研究优化分洪、退水方式和运用管理总体布局，推进北金堤滞洪区优化调整，实行分区合理利用，提升整体防洪能力。

3.实施城乡防洪排涝治理工程。优化河湖水系布局，推进水利基础设施建设，打通防洪排涝和水资源调配“最后一公里”。加强洙赵新河、东鱼河、天然文岩渠、黄河故道等中小河流清淤治理。因地制宜开展城市水系连通，加强城区易涝积水区治理，留足城市河湖生态和防洪排涝空间。

三、共建生态保护治理示范带

4.实施沿黄防护林建设工程。加强沿黄防护林提质增效，以国家级、省级公益林为重点，组织开展低质低效林、退化防护林改造提升，协同打造河、坝、路、林、草、沙有机融合的生态廊道。

5.实施滩区综合提升治理工程。依法合理利用滩区土地资源，因地制宜发展生态农业特色产业，推进东明县、鄄城县、郓城县、长垣市、范县、台前县协同开展滩区综合整治试点，实施滩区国土空间差别化用途管制，推进滩区耕地合理利用，严厉打击非法开矿采石、挖砂取土等破坏生态行为。

6.实施重点河湖湿地修复工程。提升东平湖环境治理与生态修复力度，建设东平湖湖泊治理试点，保障东平湖生态水位、水量。实施金堤河、黄河故道生态修复工程，支持濮阳县、台前县、范县、莘县、阳谷县协同打造金堤河生态廊道，支持商丘市梁园区、虞城县、民权县、曹县、单县协同打造黄河故道生态廊道，阳谷县、台前县推进跨省湿地保护。推进大汶河、天然文岩渠、黄河故道等河道生态修复。

四、协同推进水资源集约节约利用

7.实施农业节水增效行动。推进山东位山、彭楼、闫潭，河南渠村、大功、三义寨等大中型灌区续建配套和现代化改造，加强灌区用水量测设施配套建设，创建一批节水型灌区。加强小麦、玉米节水抗旱品种选育，推广测墒灌溉、水肥一体化、保水剂应用等节水措施。

8.实施工业节水减排行动。严格规划环评审查、节能审查、取水许可审批和项目环评准入。支持企业加大用水计量和节水技术改造力度，开展重点用水企业水效领跑者引领行动，推广应用高效冷却、无水清洗、循环用水、废水资源化利用等节水工艺和技术，创建一批节水型企业。

9.实施城乡生活节水行动。深入开展公共领域节水，推进机关、学校、医院等单位开展对标达标建设。完善农村集中供水和节水配套设施建设，推广普及农村生活节水器具。支持创建节水型城市和节水型社会达标县(区)。

10.实施供水保障提升行动。推进新谢寨闸、国那里闸、南小堤闸、于庄闸等引黄涵闸改建工程。发挥彭楼跨省引黄灌区工程效益，探索建立跨省输水机制。

五、加强基础设施互联互通

11.打造区域综合交通网。加快推进日兰高铁河南段、京雄商高铁鲁豫段建设，开展濮阳至菏泽、菏泽至徐州、菏泽至新乡等高铁线路规划研究。加快建设济宁至商丘、济南至阳谷、辉县至鄄城、永城至单县等高速公路，加速推进鄄城至兰考等高速公路前期工作，尽快启动高唐至台前、临清至濮阳等高速公路前期方案研究工作。加快改建G106京广线、G327连固线、G240保台线等鲁豫省际干线公路。开展濮阳至菏泽大宗商品铁路专用线研究。

12.提升跨河通道能力。推进京雄商高铁黄河特大桥、濮阳至湖北阳新高速黄河特大桥、G240范县黄河大桥、S304白堽黄河大桥、G327东明黄河公路大桥、G106东明黄河公路大桥等建设，加快G342台前黄河大桥桥位论证并适时启动前期工作。

13.协同完善区域输气管道。优化区域油气设施布局，推进日照—濮阳天然气输气管道、龙口LNG外输管道建设，发挥中原储气库群储气调峰作用，加强天然气互补互用错峰协调。

六、强化产业协调联动

14.深化科技协同创新。争创鲁豫国家区域科技创新中心，共同打造具有全国影响力的区域创新中心。加强山东半岛、郑洛新国家自主创新示范区协同联动，打造黄河中下游协同创新共同体。发挥黄河科技创新联盟作用，共同打造具有全国影响力的科技交流活动品牌。

15.打造优势产业集群。鼓励菏泽、聊城、濮阳等市化工、新材料等产业联动发展，打造高端化工产业集群。推动兰考、曹县等县现代家居产业联动发展，共建木制品加工产业链。支持菏泽鲁西新区与长垣市在高端医疗器械及卫材领域开展合作，协同打造生物医药产业集群。深化蔬菜种植、农产品精深加工等领域合作。

16.共建现代产业园区。推动菏泽、聊城与商丘、濮阳共建产业合作园区。支持东明县、濮阳县探索开展“双向飞地”“共管园区”建设模式，推动毗邻市、县产业园区间、平台载体间的对接合作。探索“反向飞地”“反向孵化器”等产业发展新模式，承接先进地区产业转移。

17.推进区域协同育人。支持菏泽学院与河南大学濮阳工学院深化职业教育合作，共建产教融合实训基地。采取合作、托管、集团办学等措施，建设一批优秀中等职业学校和优质专业。探索开展职普融通试点。推动教研一体化发展，促进中小学幼儿园教师专业发展。

七、共同打造乡村振兴样板

18.提升粮食安全保障能力。支持郓城、兰考、东明等产粮大县整县推进高标准农田建设和提质改造。加大对东平等制种大县支持力度，提升制种产业链供应链现代化水平。开展粮食安全区域战略合作，协同推进农田水利设施建设，创建一批吨粮县、吨粮镇。

19.建设沿黄绿色农业示范带。发展牡丹、蔬菜、肉牛、奶牛等特色产业和预制菜产业。支持有条件的涉农县申报国家级农业绿色发展先行区、省级农业绿色发展先行县。加强绿色食品、有机农产品认证管理，培育一批黄河特色农产品品牌。

20.推进美丽乡村建设。以紧邻黄河干流及主要支流的乡镇政府驻地和中心村等为重点，深入开展村庄清洁和绿化行动，建设清洁宜居美丽乡村。加快建设衔接乡村振兴集中推进区、乡村振兴示范片区。支持毗邻乡镇共建生态宜居和美乡村样板区。

21.推进以县城为重要载体的城镇化。支持兰考等创建省级城乡融合发展试验区，推进定陶、郓城、鄄城省级城乡融合试验区和郓城、兰考等国家新型城镇化示范县城建设，开展县城城镇化建设试点、小城镇创新提升试点。支持濮阳县建设国家农村能源革命试点县。

八、携手保护传承弘扬黄河文化

22.加大黄河文化保护力度。加强黄河堌堆、西水坡“中华第一龙”等文物保护展示，推动黄河国家文化公园建设。建立非物质文化遗产保护协同机制，挖掘东明粮画、清丰柳子戏等资源，培育提升东阿阿胶、手织鲁锦、清丰麦秆剪贴、华龙区员氏古沉木雕、通草浮雕等手造产品，推动兰考民族乐器与曹县汉服的有机融合。加强刘邓大军渡河等红色文化遗址遗迹保护利用。

23.打造文化旅游发展共同体。完善上堤、进滩和沿河控导连线道路，统筹旅游产品开发、线路设计和旅游设施建设，打造统一的旅游标识系统和品牌。提升阳谷景阳冈、水泊梁山、兰考黄河湾、台前将军渡等景区服务功能，探索发行旅游一卡通，共同打造精品线路。整合黄河、金堤河优质旅游资源，联合建设鲁豫黄河文化旅游协作区。

九、共享高品质公共服务

24.强化基本公共服务衔接。实行公共服务清单化管理，实现个人服务和企业生产经营高频事项无差别受理、同标准办理、结果互认。探索共建人力资源市场，支持企业间开展劳务外包、加盟合作、员工共享等用工模式。推动毗邻城市间开通城际公交快线或推行客运班线公交化改造。探索建立部分基本公共服务项目财政支出跨区域结转机制。

25.共享医疗康养资源。共享全民健康信息资源，强化远程诊治合作，按可达性统筹120服务范围，组建跨区域医疗联合体。推进养老服务政策通关、养老服务标准互认，搭建养老产业资源对接、项目合作、人才交流服务平台。

十、创新区域合作体制机制

26.构建规划政策协同机制。强化国土空间、基础设施、生态环境、市场监管、公共服务等重点领域规划衔接，开展发展目标、项目布局、政策协同、产业发展等常态化对接，探索建立协同编制、联合报批、共同实施的规划管理制度。探索建立区域一体化标准化工作机制，推进地区间标准互认。

27.建立资源要素自由流动机制。加强人才资质互认共享，推行专业技术人员继续教育证书等互认互准制度。建立跨区域公共资源交易合作机制，推进信息、场所、专家等资源共享。探索联合申报中央预算内投资项目。

28.完善生态协同机制。深入开展黄河流域（豫鲁段）横向生态补偿。合力推动生态产品价值实现。协调推进“三线一单”更新调整应用。探索跨界监测监控数据信息共享。强化环境资源公益诉讼协作，建立生态环境重大案件信息共享、案情通报、案件线索移送制度。开展生态环境联合执法，合力打击生态环境违法犯罪行为。

十一、组织实施

29.加强统筹协调。建立鲁豫毗邻地区合作发展联席会议制度，两省政府分管负责同志负责召集，办公室设在两省发展改革委。鼓励省际毗邻县（市、区）建立常态化沟通联络机制，共同制定配套政策，研究细化合作事项，探索跨区域高质量发展新路径。

30.营造良好氛围。强化智库合作交流，加强对鲁豫毗邻地区合作发展情况的跟踪分析，及时总结宣传合作发展的典型经验做法，形成社会各界参与支持合作发展的强大合力。

山东省高级人民法院印发《山东省高级人民法院关于服务保障黄河流域生态保护和高质量发展的实施意见》

为深入学习贯彻党的十九届六中全会精神，全面贯彻落实习近平总书记在深入推动黄河流域生态保护和高质量发展座谈会上的重要讲话精神和视察山东重要指示要求，全面落实习近平总书记生态文明思想，充分发挥人民法院审判职能作用，根据最高人民法院、省委的部署安排，2021年11月22日，山东省高级人民法院制定《山东省高级人民法院关于服务保障黄河流域生态保护和高质量发展的实施意见》（以下简称《意见》）。

《意见》正文分为五个部分，共18条。

第一部分为服务保障黄河流域生态保护。《意见》第1条强调了坚持全面落实预防优先、注重修复原则。牢固树立绿水青山就是金山银山理念，遵循山水林田湖草沙综合治理，统筹运用刑事、民事、行政法律责任，促进流域生态环境保护修复和自然资源合理开发利用，努力让黄河成为造福人民的幸福河。第2—3条针对黄河三角洲特殊重要的生态价值，就加强黄河三角洲生态保护制定了具体措施，规定采用植树造林、补种复绿、增殖放流、劳务代偿等形式履行修复义务，维护黄河三角洲湿地生态系统平衡，推动黄河三角洲可持续发展。同时，依法审理涉湿地案件，积极推动黄河三角洲退耕还湿、退养还湿、退油还湿专项行动，为创建黄河口国家公园建设提供司法保护。第4—6条，强调了要发挥刑事审判的震慑和教育功能、民事审判救济和赔偿功能与公益诉讼裁判的评价和指引功能、行政审判预防和监督功能。

第二部分为服务保障黄河长治久安。《意见》第7—9条，包括保障黄河水资源安全、保障黄河水工程安全、依法服务保障黄河滩区移民搬迁三个方面。全方位贯彻“四水四定”原则，推动与水利、生态环境等部门签订水资源保护协作协议，建立信息共享、线索移送、协作调查取证、联动办案等协作机制，为推动黄河流域绿色用水、水资源节约集约利用提供“行政+司法”双重保障。规范河道行政许可事项，支持黄河河务部门依法治理乱采、乱建、乱搭行为，维护河道管理秩序，确保黄河沿岸人民群众生命财产安全。对因黄河滩区移民搬迁引发的纠纷，设立案件绿色通道，确保移民搬迁工作稳步推进。

第三部分是服务保障黄河流域高质量发展。《意见》第10—12条，主要是坚持新发展理念，强化涉民生、金融、破产、知识产权、涉外等各项审判执行工作，努力营造法治化营商环境，推动助力新旧动能转换、加强科技创新成果司法保护和服务保障海洋经济提质增效。规定了妥善审理涉新技术、新业态、新模式案件，有效服务沿黄地区产业结构转型升级。努力打造知识产权司法保护示范地，加强对“卡脖子”核心技术专利的知识产权保护。强化陆海统筹思维，探索海事审判“三合一”机制建设，形成保护海洋经济的司法合力，促进黄河流域高质量发展和“一带一路”“上合示范区”建设的有机衔接。

第四部分是服务保障黄河文化传承弘扬。《意见》第13—15条，规定了妥善审理涉及黄河文化旅游、旅游资源开发、自然遗迹等民事案件，强调了严厉打击破坏、盗窃、非法交易等文物犯罪活动等，展现了人民法院统筹推进黄河流域经济社会平衡发展和文化保护传承弘扬，为推动黄河文化价值弘扬延续提供法治护航、加强历史文化遗迹保护和自然遗迹保护提供司法保障的责任担当。

第五部分是健全完善流域司法机制。《意见》第16—18条，紧紧围绕黄河流域生态保护和高质量发展需要，就黄河流域生态保护和高质量发展司法服务保障的重点制度机制建设，提出了明确的路径。分别从审判机构、集中管辖、重点区域环境资源审判全覆盖机制、诉源治理、多元解纷、公众参与、加强宣传等方面提出了构建流域司法服务保障机制，体现了人民法院依法全面、系统、整体推进黄河流域生态保护和高质量发展服务保障工作的特点，推动形成黄河流域生态保护和高质量发展的强大合力。

山东省人民检察院印发《山东省检察机关关于服务保障黄河流域生态保护和高质量发展的意见》

为充分发挥检察职能，助力山东省在推动黄河流域生态保护和高质量发展上走在前，在总结实践经验的基础上，山东省人民检察院于2021年11月23日制定出台了《山东省检察机关关于服务保障黄河流域生态保护和高质量发展的意见》(以下简称《意见》)。

《意见》正文共19条，分为“提高政治站位，切实增强服务保障黄河流域生态保护和高质量发展的使命担当”“突出工作重点，为黄河流域生态保护和高质量发展提供有力司法保障”“完善制度机制，全面提升服务保障黄河流域生态保护和高质量发展水平”“强化责任落实，确保服务保障黄河流域生态保护和高质量发展取得实效”等四部分内容。其中：

《意见》第1、第2条突出强调了黄河流域生态保护和高质量发展的重要意义，要求全省检察机关切实提高思想认识，不断增强服务保障黄河流域生态保护和高质量发展的责任担当。明确提出了充分发挥检察职能，找准工作切入点和着力点，着力解决黄河流域生态保护和高质量发展迫切需要、人民群众反映强烈的突出问题，让黄河成为造福人民的幸福河的目标任务。

《意见》第3至第12条针对山东省黄河流域生态保护和高质量发展重点任务和存在的突出问题，结合检察实际，明确了“推动黄河下游绿色生态廊道建设、助力实施生态环境损害系统治理、协同推进水资源节约集约利用、全力保障黄河下游长治久安、大力支持科教创新发展、助推构建特色优势现代产业体系、平等保护企业合法权益、聚力保障改善民生、服务打造乡村振兴齐鲁样板、保护传承弘扬黄河文化”等十项服务保障黄河流域生态保护和高质量发展的重点工作。全省检察机关围绕上述重点工作，切实加大办案力度，用实实在在的办案成效服务保障黄河流域生态保护和高质量发展。

《意见》第13至第15条从机制建设层面对全面提升服务保障黄河流域生态保护和高质量发展水平作了规定，明确全省检察机关应健全沟通协作配合机制，主动向党委、人大汇报，争取有力领导监督。加强与法院、公安、生态环境、自然资源、河务、水利等司法、行政机关在信息共享、线索移送、案件会商等方面的沟通协调。探索跨区域生态环境司法保护协作机制，完善多元化生态修复机制，最大限度促进受损生态环境修复。

《意见》第16至第19条对全省检察机关强化责任落实作了要求，明确各级检察机关应加强组织领导，强化内部统筹，提升队伍素能，注重总结宣传，确保服务保障黄河流域生态保护和高质量发展取得实效。

山东省教育厅印发《山东省教育厅关于积极服务和融入黄河流域生态保护和高质量发展的实施意见》

2023年1月6日，省教育厅印发《山东省教育厅关于积极服务和融入黄河流域生态保护和高质量发展的实施意见》（以下简称《实施意见》）。

《实施意见》以习近平新时代中国特色社会主义思想为指导，全面贯彻党的二十大精神，立足新发展阶段，完整、准确、全面贯彻新发展理念，构建新发展格局，准确把握重在保护、要在治理的战略要求，牢牢把握“走在前、开新局”目标定位，紧紧围绕新时代社会主义现代化强省建设，全面落实立德树人根本任务，以办好人民满意的教育为出发点，以高质量发展为主线，以为黄河重大国家战略提供科技、智力和人才支持为着眼点，着力优化教育结构，构建高质量教育体系，加快推进教育现代化，在“让黄河成为造福人民的幸福河”的伟大事业中贡献教育力量。

《实施意见》提出八项任务（工程）、30条具体工作措施。

（一）实施基础教育提升工程。一是持续筑牢办学基础。二是深入开展环保教育。三是推进乡村教育振兴先行区试点建设。四是实施教育强校扩优行动。

（二）实施职教高地建设工程。一是打造职教高地“升级版”。二是提升人才培养匹配度。三是提高职业教育办学能力。四是打造黄河流域产教共同体。五是优化职业教育办学结构。

（三）实施高水平大学建设工程。一是实施高水平大学建设计划。二是实施一流学科建设“811”项目。三是推动普通本科高校向应用型转型发展。四是打造黄河流域科教创新共同体。

（四）实施研究生教育协同育人工程。一是实施省级科教产教研究生联合培养专项计划。二是创新工程硕博士培养模式。三是建设山东省科教融合协同育人联合体。

（五）实施高水平高校科技创新提升工程。一是实施高校高能级科研创新平台建设行动。二是实施高校工程技术科研创新平台提质行动。三是实施黄河流域协同创新行动。四是实施高校青年创新团队发展计划。

（六）实施人才高地建设工程。一是加大高校泰山学者支持力度。二是实施高校领军人才筑峰计划。

（七）实施黄河文化传承创新发展工程。一是推动黄河文化宣传教育。二是讲好黄河故事。三推动黄河文化走出去。四是加强沿黄流域教师培养培训力度。五是开展黄河文化研究。

（八）实施高校服务和融入黄河战略特色工程。一是广泛宣传发动。二是建立特色项目库。三是形成“头雁效应”。

山东省公安厅印发《关于全省公安机关建立“生态警长”机制全面实施“生态警务”的工作意见》

2021年11月29日，山东省公安厅下发《关于全省公安机关建立“生态警长”机制全面实施“生态警务”的工作意见》（以下简称《意见》），切实服务保障黄河流域生态保护和高质量发展。

《意见》强调，全省公安机关要深入践行“靠前一步、主动作为”警务理念，建立“生态警长”机制，全面实施“生态警务”。意见明确，按照“因地制宜、因事设立”原则设立四级“生态警长”，由省、市、县级公安机关和派出所四级“一把手”担任本辖区“生态警长”，建立相关工作制度，履行公安机关生态环境保护职责。各级“生态警长”积极会同有关部门，领导、组织、落实、监督本辖区公安机关开展“山水林田湖草沙”等生态资源的保护治理、打击违法犯罪、维护治安秩序等工作。加强部门间联动共治，主动防范化解影响黄河流域生态安全和高质量发展的各类风险隐患。

《意见》要求，要严厉打击生态环保领域黑恶犯罪，紧盯生态环保领域容易滋生黑恶势力的重点行业、重点部位，常态化开展扫黑除恶斗争，依法严厉打击自然资源领域以及其他重点领域黑恶犯罪。深化“昆仑”专项行动，严厉打击污染水体环境、制售劣质化肥等违法犯罪，严厉打击非法排放、倾倒、处置化工废液等违法犯罪。紧盯黄河流域非法开矿采石、挖砂、取土等破坏生态行为，开展全链条打击治理。紧盯黄河三角洲等黄河流域58处自然保护地，重点打击危害珍贵、濒危野生动物、非法猎捕收购运输陆生野生动物等破坏野生动物特别是野生鸟类资源犯罪，全面保护黄河流域的生物多样性。

《意见》明确，为精准预警预测和高质量研判打击，着力建设黄河入海口大数据智慧防范管控平台，整合信息资源，研发平安指数、犯罪预测指数、盗猎专题等管控模型。深化违法犯罪大数据研究中心生态保护专题应用，建立涉野生动植物犯罪数据库，深度研判，构筑黄河流域生态保护公安大数据防护网。

山东省自然资源厅印发《山东省黄河流域国土空间规划（2021—2035年）》

2023年12月28日，省自然资源厅印发《山东省黄河流域国土空间规划（2021—2035年）》（以下简称《规划》）。《规划》主要包括规划基础、目标和总体格局、重点任务、实施保障等四部分内容，为当前和今后一定时期内山东省沿黄地区开展国土空间保护、开发、利用和修复活动提供了重要依据。范围涵盖黄河流经的菏泽、聊城、济宁、泰安、济南、德州、滨州、淄博、东营等9个设区市行政辖区。

根据《规划》，到2035年，山东省构建形成“一圈两带五区”国土空间保护开发总体格局。“一圈”即济南都市圈，强化核心带动作用，打造黄河流域绿色低碳高质量发展引领区。“两带”即黄河、大运河，突出在流域生态安全格局中的重要作用，筑牢区域生态安全屏障。“五区”即鲁北、鲁西北、鲁西南、汶泗、淄潍（西部）五大农田集中区，持续增强粮食和重要农产品供给保障能力，全面提升农业农村现代化水平。

《规划》将耕地和永久基本农田、生态保护红线、城镇开发边界三大指标作为沿黄区域国土空间保护开发的刚性约束。到2035年，耕地保有量不低于5621.43万亩，永久基本农田保护面积不低于4952.25万亩，生态保护红线总面积不低于8245.00平方千米，城镇开发边界面积控制在8464.35平方千米。

围绕长久安澜、绿色发展、高质量开发、文化高地、区域协同等五方面,《规划》提出严格河道、滩区、滞泄洪区空间管控,完善现代水网布局,筑牢黄河长久安澜底线;严格生态保护红线管控,建设黄河下游绿色生态廊道,实施重点区域生态修复和综合整治,筑牢绿色发展生态本底;引导要素加快集聚,高水平打造济南都市圈,共建沿黄现代产业带,推动绿色低碳高质量发展;以现代黄河干流为纽带,构建黄河流域文化遗产保护体系,打造多元开放的文化高地;共同抓好大保护,协同推进大治理,强化流域协同联动,推动区域协同发展。

山东省生态环境厅等十二部门联合印发《山东省黄河生态保护治理攻坚战行动计划》

为贯彻国家《黄河生态保护治理攻坚战行动方案》（以下简称《行动方案》），对照山东省落实黄河国家重大战略、持续深入打好污染防治攻坚战的相关部署要求，2023年1月19日，省生态环境厅会同省发展改革委等部门联合印发了《山东省黄河生态保护治理攻坚战行动计划》（以下简称《行动计划》）。

《行动计划》在全面贯彻落实国家《行动方案》基础上，结合山东省实际，进一步细化明确山东省黄河生态保护治理攻坚的范围、指标和任务。

一是在攻坚范围上覆盖全省。《行动方案》涉及山东省的攻坚范围是“一干（黄河干流）、一支（大汶河支流）、一湖（东平湖）”。在《行动方案》基础上，《行动计划》进一步拓展攻坚范围，以黄河干流、主要支流（大汶河）及重要湖库（东平湖）等国家攻坚区域为核心，以济南、淄博、东营、济宁、泰安、德州、聊城、滨州、菏泽等黄河沿线9市辖区范围为重点，覆盖全省16市。

二是在攻坚指标上突出重点。《行动计划》在明确到2025年全省各项生态环境约束性指标全面达到“十四五”规划要求基础上，按照国家《行动方案》要求，重点针对沿黄9市明确了地表水达到或优于Ⅲ类水体比例、地表水劣Ⅴ类水体、饮用水水源水质、城市建成区黑臭水体、森林覆盖率、水土保持率、造林绿化、沙化土地综合治理8项约束性攻坚指标，同时结合山东省实际，增加了细颗粒物（PM2.5）浓度、空气质量优良天数比率、重度及以上污染天数比率3项大气攻坚指标。

三是在攻坚任务上逐一落实。对《行动方案》中明确的攻坚任务，除不涉及山东省的以外，其余逐条落实，一一制定具体攻坚措施。同时，考虑到山东省是京津冀大气污染传输通道区域和黄河流域唯一河海交汇区，我们坚持问题导向，聚焦PM2.5、总氮等突出问题，增加“系统推进空气质量全面改善行动”1项攻坚行动和“河口海湾污染防治”1项攻坚任务。

《行动计划》共分为三大部分。

第一部分为总体要求。明确了山东省黄河生态保护治理攻坚行动的指导思想、主要目标和攻坚范围。

第二部分为主要任务。在逐一落实《行动方案》中实施河湖生态保护治理、减污降碳协同增效、城镇环境治理设施补短板、农业农村环境治理、生态保护修复等5大攻坚行动的基础上，结合山东省实际，增加系统推进空气质量全面改善行动，细化攻坚任务，共制定6大攻坚行动，24项攻坚任务，79条具体攻坚措施，并明确分工，压实责任，确保落实。

第三部分为保障措施。从加强组织领导、完善政策支撑、严格监督管理等3方面明确具体要求，形成攻坚行动保障体系，切实推进各项攻坚任务落地见效。

山东省水利厅等三部门联合印发《山东省黄河流域生态保护和高质量发展水利专项规划》

2021年12月24日，山东省水利厅、山东省发展改革委、山东黄河河务局三部门联合印发《山东省黄河流域生态保护和高质量发展水利专项规划》（以下简称《规划》）。

《规划》分析了沿黄9市水利发展现状和面临的形势，明确了指导思想和发展目标。提出到2030年，水资源利用水平显著提升，防洪减灾能力显著增强，水生态环境显著改善，水利治理体系更加完善、治理能力显著提升。全省用水总量控制在300亿立方米左右，沿黄9市当地地表水开发利用率不高于52.5%，农田灌溉水利用系数达到0.641，水土保持率达到86%。

按照系统治理、突出重点的原则，统筹协调干支流、上下游、左右岸，谋划了4大重点任务。一是推进水资源集约节约安全利用。坚持节水优先、以水而定、量水而行，建立水资源刚性约束制度，全面实施深度节水控水行动。以引黄供水区为重点，补齐供水工程短板，优化水资源配置，构建“一轴两线多库”为骨架的水资源配置利用格局，实现当地水、黄河水、长江水多水源优化调配利用，全面提升供水保障能力。二是保障黄河下游长治久安。坚持根治水患、防治干旱，以黄河干流防洪治理、黄河三角洲防潮工程建设、东平湖蓄滞洪区综合治理、沿黄区域重点河道治理等为重点，构建全面完整、安全可靠的水旱灾害防御体系，形成“一带两区多线”防洪减灾保护格局，保障黄河下游地区的防洪除涝安全。三是促进水生态系统健康稳定。坚持生态优先、绿色发展，以黄河三角洲、东平湖、南四湖水生态保护修复、沿黄风沙区治理、泰沂山区水土保持治理、地下水超采治理、沿黄河流水生态治理为重点，推进沿黄地区“一洲两湖三区多线”水生态保护修复，打造黄河下游山青、水净、林茂、地绿、人水和谐的水生态环境。四是推进水利治理体系和治理能力现代化。把水利管理体制机制改革作为提升水利监管水平、推进水利治理体系和治理能力现代化的着力点，加强水利管理体制机制创新，破解制约水利改革发展的体制机制障碍，加快推进数字水利建设，提升水利治理水平和能力。

按照“确有需要、生态安全、可以持续”的原则，规划期（2021—2030年）实施项目714项，匡算投资3186亿元。

为确保《规划》落地实施，提出了加强党的领导、完善推进机制、强化要素支撑、加强宣传引导等保障措施。《规划》的实施必将进一步推进水资源的集约节约利用，保障黄河下游的长治久安，促进水生态系统健康稳定，推进水利治理体系和治理能力现代化，实现让黄河成为造福人民的幸福河。

山东省商务厅印发《关于推动黄河流域生态保护和高质量发展的专项实施意见》

为推动黄河重大国家战略在商务领域落地落实，2022年12月29日，山东省商务厅印发《关于推动黄河流域生态保护和高质量发展的专项实施意见》（以下简称《意见》），围绕融入黄河流域开放合作大格局，加快服务建设全国统一大市场，打造东西双向互济、陆海内外联动的“新通道”等6个方面提出23项支持举措，坚定扛牢“走在前、挑大梁”的责任担当，努力在黄河流域高质量发展中走在前。

《意见》提出加强沿黄地区经贸合作，引领黄河流域外贸创新发展。围绕推动进出口固稳提质、外贸新业态新模式、服务贸易出口、《落实〈区域全面经济伙伴关系协定〉先期行动计划》、强化国际贸易摩擦应对服务5个方面发力。一是“一企一策”推动瞪羚、专精特新及制造业单项冠军等出口潜力企业开拓国际市场，“一市一策”指导沿黄9市扩大出口，对企业投保予以资金支持。办好日本、韩国、RCEP区域3个进口博览会，配套举办黄河主题经贸活动。二是实施山东省跨境电商跃升发展三年行动计划（2023—2025年），聚焦黄河流域9市特色产业带，开展“产业集群+跨境电商”行动。持续举办黄河流域跨境电商博览会，搭建黄河流域跨境电商企业交流合作平台，推动沿黄9市高水平建设国家级跨境电商综试区。三是全面深化服务贸易创新发展试点建设，支持9市建设省级特色服务出口基地，支持济南、淄博、泰安、聊城、德州、滨州和东营打造环省会数字贸易聚集发展区。四是加快实施RCEP“6小时”通关等贸易便利化措施，提升RCEP山东企业服务中心、“RCEP鲁贸通”平台功能，深化威海—仁川“四港联动”，扩大经仁川国际机场通达全球的跨境电商3C带电类商品出口规模。五是加强沿黄9市应对国际贸易摩擦工作站建设，稳步开展贸易调整援助试点。

《意见》明确开展高质量招商引资，推动黄河流域产业协同发展。一是创新招商引资方式，引导支持沿黄9市围绕主导产业链条绘制招商图谱，鼓励国有企业境外融资并购，带动国际资本投向沿黄9市优势产业和重点项目。二是引进“标志性”外资项目，选取沿黄9市产业方向好、带动能力强、建设条件优的外资项目纳入省重大外资项目评价机制项目库。三是举办高水平经贸活动，举办跨国公司领导人青岛峰会、儒商大会等重大经贸活动，搭建黄河流域招商合作平台。持续举办“山东与世界500强连线”活动，用好“选择山东”云平台，突出沿黄9市举办专场推介活动。

《意见》要求搭建高能级开放平台，打造黄河流域制度创新高地，重点推动自贸试验区、开发区、上合示范区等平台建设。一是深化自贸试验区联动创新，着力打造黄河流域生态保护和高质量发展引领区，健全黄河流域自贸试验区联盟机制，强化制度创新协同推进和创新成果复制推广。加快建设自贸试验区联动创新区，选择沿黄9市园区开展联动合作。二是推动先进开发区与沿黄9市开发区开展东西合作共建，在产业合作、人员交流、联合招商等方面深化务实合作。支持沿黄9市中符合条件市申建综合保税区、保税物流中心。三是高标准建设上合示范区，加强与沿黄省份交流合作，建设上合组织地方经贸综合服务平台，用好“上合快线”“日韩陆海快线”等特色线路。

《意见》提出提升对外投资合作水平，持续优化产业全球布局。一是深度融入共建“一带一路”，支持沿黄9市有实力的企业建设境外特色经贸合作区，加快合作区与海外仓、跨境电商等外贸新业态融合发展。推动沿黄省份境外经贸合作区深化合作，发挥各自优势高质量共建合作区。二是鼓励外派劳务东西协作，引导、鼓励山东省对外劳务合作企业与甘肃、山西、陕西、内蒙古等沿黄省份，开展外派劳务合作交流，推荐优秀外派劳务企业和优质海外就业项目，助力沿黄9市乡村振兴。三是强化境外安全风险防范，加强境外安全风险防控培训，完善走出去公共信息服务平台、风险保障平台服务功能，提升境外风险防控预警能力。

《意见》指出推动消费扩容提质，持续释放经济增长内需潜力。重点在城市消费、农村消费、服务消费和电子商务方面加大工作力度。一是扩大城市消费，发挥济南等大型消费城市辐射带动作用，加强中小型消费城市梯队建设，布局城乡融合新型消费网络节点，深入推进城市社区一刻钟便民生活圈和城市智慧商圈试点建设。二是激活农村消费，开展县域商业建设行动，支持沿黄9市建设改造一批乡镇商贸中心和县级物流配送中心，布局连锁化品牌化便利店，完善县乡村三级物流体系建设。三是发展壮大服务消费，支持济南、滨州等沿黄城市大力发展会展业。办好中华老字号（山东）博览会、老字号年货节等活动，鼓励沿黄9市建设老字号集聚区。四是加快发展电子商务，打造10家有影响力的电商供应链基地、电商直播基地、电商产业带，支持沿黄9市深入挖掘培育优势产业和“瞪羚”产业，深化与重点电商平台合作，打造“沿黄好品”。加大电商培训力度，举办沿黄9市电商培训专题活动。

《意见》强调要完善推进机制、凝聚工作合力。将落实黄河重大国家战略纳入年度工作要点，统筹指导、协调推进各项任务落地落实。强化督导落实，建立健全目标责任制，实行台账式管理，确保各项任务责任明确，如期实施完成。及时总结、宣传、推广先进经验和典型做法，努力营造良好氛围。

山东省文化和旅游厅印发《山东省黄河流域非物质文化遗产保护传承弘扬专项规划》

2021年12月22日，为全面落实习近平总书记关于黄河流域生态保护和高质量发展的重要讲话精神，加强山东省黄河流域非物质文化遗产（以下简称“黄河非遗”）保护，山东省文化和旅游厅印发《山东省黄河流域非物质文化遗产保护传承弘扬专项规划》（以下简称《规划》）。

《规划》要求，全面落实黄河流域生态保护和高质量发展的重要讲话精神，锚定“走在前列、全面开创”“三个走在前”总遵循、总定位、总航标，贯彻“保护为主、抢救第一、合理利用、传承发展”工作方针，充分发掘整理、合理利用、弘扬推广山东丰富的黄河非遗资源，强化黄河流域非遗系统性保护，切实提升山东黄河流域非遗保护传承水平，推动黄河非遗融入乡村振兴战略和新旧动能转换重大工程，推动齐鲁优秀传统文化创造性转化和创新性发展，为保护传承弘扬黄河文化作出积极贡献。

《规划》提出三项基本原则。一是坚持以人民为中心的工作导向，坚持一切为了人民，一切依靠人民，充分尊重人民群众的主体地位和创造性表达权利。推动黄河流域非遗融入人民群众生产生活，让人民参与保护传承，让保护成果为人民共享，不断增强人民群众的文化参与感、获得感和认同感。二是坚持系统保护观念，系统谋划黄河流域非遗保护各项政策措施，做好衔接配合；统筹协调与经济发展、城乡建设、社会治理、民生改善等的关系，加强省内市县和跨省区合作交流，支持山东省黄河非遗研究机构、专家学者与沿黄省区有关机构、人员合作交流。三是统筹协调，稳步推进。统筹省内各市黄河非遗资源、研究成果、重大工程、重点项目，稳步推进。

《规划》提出，到2025年，山东省将基本建立黄河非遗保护传承弘扬体系，黄河非遗资源得到较完整发掘整理、归档和合理化保存，黄河非遗项目得到较好保护，国家级、省级代表性传承人得到有效记录，黄河文化生态保护实验区建设稳步推进，一批黄河非遗重大工程、重点项目形成规模，顺利推进；到2035年，具有山东特色的黄河流域非遗保护传承弘扬体系得到巩固提升，建成一批特色鲜明的黄河文化生态保护区，涌现一批在全国有影响的黄河非遗重大项目、重点工程，黄河非遗保护传承弘扬工作持续走在全国前列。

山东省审计厅印发《关于加强山东省黄河流域生态保护和高质量发展审计监督的实施意见》

2022年6月7日，山东省政府新闻办举行新闻发布会，山东省审计厅副厅长张晓峰介绍了《关于加强山东省黄河流域生态保护和高质量发展审计监督的实施意见》(以下简称《实施意见》)有关情况。

据介绍，《实施意见》共分指导思想、工作原则、监督重点、保障措施四部分，既与省委、省政府《山东省黄河流域生态保护和高质量发展规划》相衔接，确保主攻方向不偏、重点事项不漏；又与当前及今后一个时期全省审计重点工作相统筹，确保各级审计机关有的放矢、协同推进。主要内容可以概括为三方面：

把准正确方向，把牢根本遵循。《实施意见》提出五项工作原则：坚持政治引领，加强党对审计工作的领导，心怀“国之大者”；坚持人民立场，坚决查处各种损害群众利益问题，促进公平正义；坚持突出重点，对重点区域、重点任务、重点领域、重点项目、重点资金进行审计，提升审计质量和效益；坚持依法依规，客观审慎作出审计评价和结论，激励担当作为、干事创业；坚持系统观念，处理好查问题和促整改、治已病和防未病、治当下和管长远的关系，持续关注以往审计、巡视巡察或专项督察报告中反映的涉及黄河重大国家战略的问题整改情况，推动综合治理、系统治理、源头治理。

突出审计重点，做到精准发力。《实施意见》从五大方面提出审计监督重点内容：聚焦构建抵御自然灾害防线，重点围绕加强黄河防洪减灾工程建设、提高灾害防范处置能力、健全城市防洪排涝体系等方面加强审计监督。聚焦水资源集约节约利用，重点围绕强化水资源约束、切实管住黄河“水池子”、优化水资源配置格局、推进深度节水控水等方面加强审计监督。聚焦生态环境保护治理，重点围绕加强黄河三角洲保护修复、强化重点行业污染源管控治理、提升城乡生活污染治理水平等方面加强审计监督。聚焦加快构建国土空间保护利用新格局，重点围绕统筹黄河流域国土空间保护利用格局、优化区域发展布局、推进以人为核心的新型城镇化等方面加强审计监督。聚焦高质量发展，重点围绕激发科技创新发展动力、推动产业绿色化高端化发展、加快推进数字赋能增效、打造乡村振兴齐鲁样板、建设沿黄达海大通道大枢纽大网络、扩大高水平对外开放等方面加强审计监督。

严格组织实施，推动任务落地。为确保各项目标任务落实见效，《实施意见》从四个方面作出部署：加强组织领导，强化统筹谋划和系统推进，要求全省审计机关因时因势确定审计重点，有计划有节奏开展审计监督。注重分析研判，加大对普遍性、苗头性、倾向性问题的综合分析力度，建立以问题清单为基础的审计预判预警机制，加强审计结果分类运用，有效发挥审计震慑、警示作用。坚持科技强审，深化“总体分析、发现疑点、分散核查、系统研究”数字化审计方式，提高运用现代信息化手段预警风险、核查问题、宏观分析的能力。强化协调配合，统筹各类审计项目，强化省市县“三级联动”，加强审计监督与纪检监察、组织人事、巡视巡察等监督的贯通协作，增强监督合力，消除监督盲区，提升监督成效。

市级细化落实

缪宏伟/摄

济南市委、市政府印发《济南市黄河流域生态保护和高质量发展规划》

2021年10月20日，济南市委、市政府印发《济南市黄河流域生态保护和高质量发展规划》（以下简称《发展规划》）。其中提出，到2030年，济南基本形成节约资源、保护环境的空间格局、产业结构、生产方式、生活方式，打造成为黄河流域生态保护示范标杆和高质量发展核心增长极；到2035年，“东强西兴南美北起中优”城市发展格局全面塑成，初步建成“大强美富通”现代化国际大都市；到本世纪中叶，率先基本实现社会主义现代化，建成城河共荣、生态环境优美宜人、新动能驱动高质量发展、发展成果人人共享的现代化国际大都市。

《发展规划》提出，济南将构建“南山北水多廊多点”的生态空间格局，打造南部山区生态涵养区、北部黄河生态风貌带、串联“南山北水”和城市生态系统的滨水生态廊道、全域分布的生态节点；构建高质量发展布局，以黄河为纽带，高标准规划建设沿黄大通道，加密跨黄通道，连接左右岸、贯通上下游，串联重点发展板块，加快构建“东强西兴南美北起中优”城市发展新格局，推动城市能级提升、合理布局，实现黄河由天然屏障向发展枢轴转变。

具体来说，济南将高标准打造栖龙湾国家水土保持示范基地，打造鹊华烟雨、齐烟九点等沿线风光展示区，实施大明湖—云锦湖—小清河—华山湖河湖水系连通工程，改扩建趵突泉、五龙潭、中山公园，整治提升千佛山北广场。

济南将建设黄河流域节水典范城市，加快卧虎山水库至锦绣川水库、玉清湖水库至鹊华水厂等连通调水项目建设；实施泉水景观提升工程，全面推进市民泉水直饮工程，加快“济南泉·城文化景观”申遗，筹建泉水博物馆。

济南将加快创建综合性国家科学中心，集中突破基础软件、生物医药等领域一批“卡脖子”短板技术，支持开展量子科学、脑科学、合成生物学等重大原创性研究；高标准建设齐鲁科创大走廊、中科院济南科创城、国际医学科学中心等重大创新载体，建设合肥国家实验室济南基地，加快建设泉城实验室、微生态生物医学实验室、粒子科学与应用技术实验室等山东省实验室。

济南将以新旧动能转换为抓手，加快发展现代产业体系，到2025年，大数据与新一代信息技术、智能制造与高端装备产业规模均达到7000亿级，精品钢与先进材料、生物医药与大健康产业均达到3000亿级。

济南将辐射带动淄博、泰安、聊城、德州、滨州、东营6市，着力打造黄河流域生态保护和高质量发展引领区、全国区域一体化发展示范区、全国数字经济高地、世界级产业基地、国际医养中心和国际知名文化旅游目的地，打造“泰安—济南—德州”南北向发展枢轴和“淄博—济南—聊城”东西向发展枢轴，推动济南新旧动能转换起步区、淄博周村、德州齐河、滨州邹平四地建设省会经济圈绿色一体化发展示范区，推动济南章丘—滨州邹平—淄博周村、济南商河—德州乐陵和临邑—滨州惠民等探索跨市域毗邻县（市、区）一体化发展路径；推进济南与青岛交通设施、户口迁移、就业社保、教育文化、医疗卫生、住房保障等共建共享，携手唱好推动新时代现代化强省建设“双城记”。同时，推动与郑州、西安等沿黄城市间开展多层次、多形式的沟通合作，引领带动山东半岛城市群与中原城市群、关中城市群等在基础设施、产业发展、对外开放、生态保护、科学技术、文化交流等方面全面对接、协同发展。

济南将规划建设黄河国家文化公园、大辛庄考古遗址公园，提升城子崖国家考古遗址公园、东平陵故城汉代遗址公园建设展示水平，高标准规划建设齐长城国家文化公园；规划建设“黄河V谷”，加快推进泺口古镇规划建设，打造黄河文化旅游长廊，建设黄河流域文旅新高地和世界级文旅目的地；全球布局“济南海外文旅交流驿站”，开展与世界各地“大江大河”文化的交流互鉴。

济南将建设“一带一路”重要节点城市，打造黄河流域对外开放门户；创建中欧班列枢纽城市，提升济南区域枢纽机场功能，争取开放第五航权，基本形成以覆盖欧美日韩和东盟为主的国际航线网络。

济南新旧动能转换起步区将搭建高能级重大创新平台载体，积极引进国内外知名高端科研院所布局分支机构，组建一批“四不像”新型研发机构，试点开展大科学装置预研任务，打造重大原始创新和自主创新的重要策源地;实施“未来产业引领”计划，前瞻布局类脑智能、未来网络、生命科学、4D制造、新一代再生能源等具有重大引领带动作用的未来产业，加速构建先发优势。

青岛市人民政府办公厅印发《青岛西海岸新区高质量发展行动方案（2022—2024年）》

为推动青岛西海岸新区落实承担国家战略使命，科学把握新发展阶段，坚定不移贯彻新发展理念，主动服务和融入新发展格局，当好青岛高质量发展的龙头，奋力打造青岛新时代社会主义现代化建设示范引领区，2022年5月13日，青岛市人民政府办公厅印发《青岛西海岸新区高质量发展行动方案（2022—2024年）》（以下简称《行动方案》）。

《行动方案》包括行动目标、主要任务、保障措施三大板块，共九个部分。

（一）行动目标板块。围绕“牢记使命担当，开创高质量发展新局面”，提出新区三年发展的四个“争创一流”目标。经济实力争创一流，在增强经济社会发展创新力上走在前，2022—2024年生产总值年均增长8%以上，到2024年，制造业、海洋经济、“四新”经济增加值占生产总值比重达到30%、40%、40%；改革开放争创一流，在服务和融入新发展格局上走在前，到2024年，进出口总额达到3200亿元左右，实际利用外资达到17亿美元左右；美好生活争创一流，城乡居民收入增长和经济增长保持基本同步，大民生格局深化构建，公园城市和生态建设取得显著成效；城市治理争创一流，高质量高标准推动新区建设，数字化转型更有成效，现代经济、社会、城市治理体系加快构建，到2024年，常住人口城镇化率达到84%左右。

（二）主要任务板块。从创新驱动、产业升级、开放引领、深化改革、生态建设、城市治理、民生发展等7个方面，对新区三年重大任务和举措进行系统部署。

一是提升关键领域创新能力，建设海洋科技自主创新领航区。建设古镇口海洋科学城，加快关键技术研发和产业化，培育壮大多元创新主体，推进创新创业载体建设，引进培育创新人才，完善创新生态体系。到2024年，高新技术企业超过1400家，人才总量达到90万。

二是突出实体经济高质量发展，建设新旧动能转换引领区。培育集成电路及新型显示、生物医药、航空航天三大新兴产业，建设四大产业集群，提升航运物流、大宗商品交易、专业服务、影视文化、会展、医养健康等六大服务业，培育新业态新模式，建设唐岛湾总部经济集聚区、董家口经济区、中德生态园。到2024年，智能家电产业集群产值超过1000亿元，高端化工及新材料产业集群产值超过1500亿元，海洋装备、新能源汽车产业集群产值分别超过300亿元、450亿元。

三是加快高水平制度型开放，建设国内国际双循环的重要战略链接。推进中国（山东）自由贸易试验区青岛片区先行先试，建设东北亚国际航运枢纽、中日（青岛）地方发展合作示范区、国家进口贸易促进创新示范区、青岛生产服务型（港口型）国家物流枢纽和国家骨干冷链物流基地、深远海开发战略综合保障基地，集聚国际组织（机构）和国际展会（赛事），建设海内外重要投资平台，推进服务业扩大开放。到2024年，集装箱直达航线增至200条以上，货物贸易进口规模超过1900亿元。

四是加强改革系统集成，建设体制机制创新试验田。推进国际一流营商环境改革创新先行先试，探索完善产权保护制度，开展市场准入和监管体制机制改革试点，推进数字政府改革建设、信用监管改革，实施公平竞争审查和公正监管制度，深化用地用海管理制度改革、教育体制改革，创新城乡融合发展体制机制，探索共同富裕的有效路径。到2024年，居民人均可支配收入达到6万元。

五是践行绿色低碳发展，建设陆海统筹的国家生态文明示范区。探索公园城市建设路径，创建国家美丽海湾，稳步推进碳达峰碳中和，加强生态修复治理和生物多样性保护，深化生态文明体制机制改革。

六是提高城市治理现代化水平，建设现代化国际大都市新城区。加强规划统领与约束，推进产城融合发展，打造时代特色城市风貌，推进重大交通基础设施，强化能源资源安全保障，建设智慧城区、韧性城区，创新完善城市治理体系。

七是创新公共服务均衡优质供给，构建共建共享共同富裕的民生发展格局。集聚适配经济社会发展的人力资源，创新产教融合职业教育人才培养模式，探索以促进健康为导向的创新型医保制度，创新优质卫生资源供给机制，构建高水平养老服务体系，探索房地产市场平稳健康发展长效机制。

（三）保障措施板块。包括强化组织领导、强化政策保障、强化督导激励3项机制，确保新区高质量发展目标如期实现。

淄博市纪委办公室印发《关于全面推进黄河流域生态保护和高质量发展专项监督的实施意见》

2021年12月28日，淄博市纪委办公室印发《关于全面推进黄河流域生态保护和高质量发展专项监督的实施意见》（以下简称《实施意见》），明确淄博市各级纪检监察机关推进黄河流域生态保护和高质量发展专项监督的总体目标、监督重点、监督制度和保障措施。

《实施意见》要求，坚持以习近平新时代中国特色社会主义思想为指导，全面落实中央关于黄河流域生态保护和高质量发展的决策部署，以建成造福人民的幸福河为目标，以推动高质量发展为主题，以深化供给侧结构性改革为主线，以改革创新为根本动力，深化落实“全域整体推进、沿河重点突破”的工作思路，充分发挥纪检监察机关监督保障执行、促进完善发展作用，坚持政治引领、人民至上、突出重点、系统集成、因时因势、依纪依法原则，突出政治监督，强化执纪问责，督促各级各部门扛稳扛牢黄河流域生态保护和高质量发展政治责任，正确处理好保护和发展、发展和安全、当前和长远、全局和局部的关系，全力打造生态保护样板区、黄河长久安澜示范带、绿色低碳发展先行区、对外开放新高地、文化“两创”新标杆，着力构筑安全和谐、生态优美、经济发达、文化繁荣、群众幸福的高质量发展增长极，努力在推动黄河流域生态保护和高质量发展上走在前，为淄博转型跨越发展注入新的力量。

《实施意见》指出，推进黄河流域生态保护和高质量发展国家战略是一项系统工程、战略工程、长期工程，必须坚持系统观念，坚决落实“一台账、两清单、双责任、双问责”机制，强化常态长效支撑，重点健全完善联动协作、台账管理、监督检查、线索核查、治理提升等五项制度。

《实施意见》提出，要牢牢把握纪检监察机关职能定位，聚焦贯彻落实习近平总书记关于黄河流域生态保护和高质量发展重要讲话精神和指示要求，紧紧围绕构建抵御自然灾害防线、贯彻“四水四定”推进资源集约发展、推动生态环境保护治理、构建国土空间保护利用新格局、在高质量发展上迈出坚实步伐、打造乡村振兴淄博特色板块和保护传承弘扬黄河文化等六个方面强化监督，保障黄河重大国家战略落地落实。

《实施意见》强调，要加强组织领导，成立黄河流域生态保护和高质量发展专项监督工作领导小组，统筹推进专项监督各项工作。要加强统筹推进，市纪委监委党风政风监督室、各监督检查室和各区县纪委监委上下联动、一体推进，全面做好专项监督工作。要加强督查督办，建立督查督办台账，常态化调度专项监督任务进展情况，构建形成“清单管理—监督检查—案件查处—督查督办”落实机制，以更大力度推动专项监督工作取得实效。

东营市黄河三角洲生态保护与修复条例

（2021年10月21日东营市第八届人民代表大会常务委员会第38次会议通过　2021年12月3日山东省第十三届人民代表大会常务委员会第三十二次会议批准　根据2024年4月29日东营市第九届人民代表大会常务委员会第十六次会议通过并经2024年5月30日山东省第十四届人民代表大会常务委员会第九次会议批准的《东营市人民代表大会常务委员会关于修改〈东营市黄河三角洲生态保护与修复条例〉的决定》修正）

第一章　总　则

第一条　为了贯彻落实黄河流域生态保护和高质量发展重大国家战略，加强黄河三角洲生态保护与修复，促进生态系统健康，提高生物多样性，根据《中华人民共和国黄河保护法》《中华人民共和国湿地保护法》《山东省黄河三角洲生态保护条例》等有关法律、法规，结合本市实际，制定本条例。

第二条　在本市黄河三角洲内开展生态保护与修复工作以及从事相关生产生活、开发建设及监督管理等活动，应当遵守本条例。其他法律、法规对本条例调整事项有更严格规定的，适用其规定。

本条例所称黄河三角洲范围包括本市全部行政区域。

第三条　黄河三角洲生态保护与修复工作应当坚持统筹规划、科学布局，保护优先、系统治理，合理利用、损害担责的原则。

第四条　市、县（区）人民政府应当对本行政区域的生态状况负责，将生态保护与修复纳入国民经济和社会发展规划，统筹生态保护修复和经济社会发展。

自然资源和规划部门统筹本行政区域内的生态保护与修复工作，发展改革、财政、生态环境、住房和城乡建设管理、水务（利）、农业农村、海洋发展和渔业、文化和旅游、黄河河务、自然保护区管理等有关部门单位按照各自职责负责有关生态保护与修复工作。

各级河湖长、湾长、森林湿地长等应当做好各自职责内的生态保护与修复工作。

第五条　市人民政府应当建立黄河三角洲生态保护与修复工作机制，统筹协调生态保护与修复中的重大事项。

市人民政府应当在生态共建、污染共治、应急联动、联合执法等方面加强与相关市的沟通协作。

第六条　一切单位和个人都有合理利用自然资源、享有良好生态环境的权利，并有依法保护生态环境和节约自然资源的义务。

第七条　市、县（区）人民政府及其有关部门应当加强宣传教育，提倡简约适度、绿色低碳的生活方式，采取多种措施促进全社会养成保护生态、绿色生活的习惯，提高全社会生态保护意识。

新闻媒体应当加大生态保护与修复的宣传力度，对破坏生态的行为依法进行舆论监督，营造全社会保护生态的良好氛围。

第八条　对在生态保护与修复中做出重大贡献的单位和个人，由市、县（区）人民政府按照有关规定给予表彰和奖励。

第二章　规划与管控

第九条　自然资源和规划部门应当组织开展自然资源调查和监测，调查和监测结果应当作为编制相关规划、开展生态保护与修复管理活动的基础和依据。

第十条 市自然资源和规划部门应当会同有关部门编制市生态保护与修复规划，报市人民政府批准后公布实施。

县生态保护与修复规划应当依据市生态保护与修复规划编制，报县人民政府批准后公布实施，并报市自然资源和规划部门备案。

生态保护与修复规划应当符合黄河三角洲生态保护规划的要求。

第十一条 生态保护与修复规划应当以国土空间总体规划为依据，与经济社会发展水平和生态环境需求相适应，突出黄河三角洲地域特色，聚焦重点生态功能区、自然保护地、生态保护红线等重点区域，科学布局生态保护与修复空间，构建市域国土空间生态安全格局，避免生态空间退化和破碎化，实现生态系统良性循环。

第十二条 生态保护与修复规划应当明确生态保护与修复的目标任务、空间布局、重点工程以及保障措施等内容。

编制生态保护与修复规划应当组织专家论证，征求社会公众意见。

第十三条 市、县（区）人民政府以及有关部门应当严格执行生态保护与修复规划，不得违反规划批准建设项目或者组织开展其他开发建设活动。

相关部门编制涉及生态保护与修复的专项规划，应当与生态保护与修复规划相衔接。

第十四条 经批准的生态保护与修复规划不得擅自修改。确需修改的，应当按照原规划编制程序报批、备案、公布。

第十五条 生态保护与修复规划划定的生态空间应当按照国土空间用途管制要求，实行严格管理。

建设项目应当不占或者少占林地、湿地等生态空间，确需占用的，应当符合有关法律、法规规定，并依法办理相关手续。临时占用的，应当在占用期满后一年内恢复林地植被和林业生产条件、湿地面积和生态条件。

第十六条 土地综合整治项目应当坚持田、水、路、林、村综合整治，与生态保护修复有机融合。

规划建设项目应当合理布局生态空间，与项目主体建设内容同步规划、同步实施、同步验收。

工矿废弃地、村庄拆迁土地以及其他建设用地整治，应当按照宜耕则耕、宜林则林、宜草则草、宜湿则湿、宜荒则荒的原则，进行生态修复。

第十七条 市、县（区）人民政府应当建立完善生态突发事件应急管理体系，预防和减少因自然或者人为因素造成的突发生态灾害，保障生态安全。

第三章 生态保护

第十八条 生态保护应当坚持全面保护、分级管控的原则，通过建立自然保护地、划定生态保护红线以及其他生态保护空间的方式，保护本底自然资源，维护生态系统功能，防止生态破坏和生态退化。

第十九条 划定生态保护红线，应当严格执行国家有关规定，在科学评估基础上，将生态功能重要、生态环境脆弱以及明显具有潜在重要生态价值的区域纳入生态保护红线。

第二十条 市人民政府应当统筹自然保护地体系建设，对自然保护地实行分级管理、分区管控，建立以国家公园为主体，自然保护区和各类自然公园为支撑的自然保护地体系，健全管理制度和监管机制。

第二十一条 市人民政府应当整合优化山东黄河三角洲国家级自然保护区以及与之相邻的国家级海洋特别保护区等自然保护地，实行整体保护、系统修复、综合治理，保护黄河河口相关陆域、潮间带、浅海湿地、海洋生态系统的原真性和完整性，推进黄河口国家公园的规划建设。

第二十二条 市、县（区）人民政府应当加强对沿黄生态带和滨海生态带的保护。沿黄生态带应当依托黄河大堤、滩区和南展区，加强对沿黄生态绿带、生态林场、湿地公园等生态资源的保护，沿黄河打造湿水林田湖草一体化的生态安全屏障。滨海生态带应当以海岸带为依托，加大对滩涂湿地、天然林地草地、沿海防护林基干林带的保护，维护沿海生态系统功能。

第二十三条 市、县（区）人民政府应当依托小清河、支脉河、广利河、挑河等重要水系，联通流域内自然保护地、生态林地、重要湿地等生态空间，打造具有生态、景观、休闲等功能的生态廊道。

第二十四条 市、县（区）人民政府应当依照《东营市湿地保护条例》和《东营市湿地城市建设条例》的有关规定，构建分级管控体系，加强对纳入保护名录的湿地和其他具有自然生态或者社会服务功能的天然或者人工湿地的保护管理。

第二十五条 各级人民政府应当加强森林资源保护，科学做好森林防火和林业有害生物防控，严禁乱砍滥伐林木和破坏林地的行为。

市、县（区）人民政府应当组织开展古树名木和珍贵树种的生存环境保护和普查建档、挂牌围栏、复壮养护等保护管理工作。

各级人民政府应当组织有关部门建立护林组织，根据实际需要建设护林设施，划定护林责任区，配备专职或者兼职护林员。督促相关组织订立护林公约，组织群众护林。

第二十六条 森林资源实行公益林、商品林分类经营管理。公益林保护应当遵循政府主导、社会参与、统一规划、保护所有者和经营者权益的原则，实行严格保护。商品林由林业经营者依法自主经营。

公益林实行分级保护管理。国家级、省级公益林的划定和保护管理，按照相关规定执行；对国土生态安全、生物多样性保护和经济社会可持续发展具有重要作用的其他公益林，应当纳入市级、县（区）级公益林进行保护管理，具体办法由市、县（区）人民政府另行制定。

公益林划定涉及非国有林地的，应当与权利人签订书面协议，并给予合理补偿。

第二十七条 市、县（区）人民政府应当加强对柽柳林资源的保护，禁止毁林开垦、采石、采砂、采土以及其他毁坏柽柳林木和林地的行为。

市、县（区）人民政府可以根据生态保护需要，划定柽柳封育区。封育区内，禁止砍柴、放牧、割草、毁苗、采挖树兜或者其他破坏植被的行为。

第二十八条 市、县（区）人民政府应当加强黄河流域生物多样性保护管理，定期评估生物受威胁状况以及生物多样性恢复成效。

生态环境部门负责本行政区域内生物多样性保护的综合监督管理，组织协调生物多样性保护相关工作，会同有关部门制定促进生物多样性保护和可持续利用政策，开展生物多样性调查、监测、预警、综合评估和信息化建设，加强生物物种、遗传资源的相关工作，组织生物多样性保护宣传等工作。

第二十九条　市、县（区）人民政府应当完善并落实禁猎区、禁猎期、禁渔区、禁渔期制度，依法查处非法猎捕、交易野生动物的行为，革除滥食野生动物陋习，保护野生动物资源，维护生态平衡。

自然资源和规划、农业农村、海洋发展和渔业等部门应当加强对鸟类迁徙通道、鱼类洄游通道和濒危动植物资源的保护，强化外来入侵物种防控，保护和提高生物多样性。

第三十条　农业农村部门应当会同有关部门推动农业结构调整，推行农业绿色生产方式，减少农业面源污染，加强农业生态和资源保护，提升产地环境质量和资源利用效率。

第三十一条　油气、盐矿、地热等矿业生产应当实施绿色开采和绿色加工，预防和减少对生态的破坏。

第四章　生态修复

第三十二条　黄河三角洲生态修复应当以自然恢复为主、自然恢复与人工修复相结合的方式，综合整治国土空间，修复退化生态系统，维护生态系统平衡，保障可持续发展。

第三十三条　市自然资源和规划部门应当会同市有关部门制定黄河三角洲生态修复工程年度计划，报市人民政府研究确定后组织实施。

第三十四条　市、县（区）人民政府应当按照国家和省有关规定，加强国家公园、自然保护区和各类自然公园等自然保护地建设，组织编制生态修复方案，实施生态修复工程，恢复提升自然保护地体系生态功能。

第三十五条　市人民政府应当统筹沿黄、滨海生态带生态修复，系统开展植树造林、修复湿地、治理外来物种入侵等修复工程，推进沿黄生态长廊建设，构筑沿黄生态屏障，加强沿海防潮体系建设，防止土壤盐渍化和咸潮入侵，改善沿黄、沿海生态功能，提升生态保障能力。

第三十六条　市、县（区）人民政府应当坚持生态林场的公益属性，建立健全管理机制，完善稳定管理政策。督促相关林场科学编制建设和发展规划，持续发挥生态林场在改善区域生态环境、提供优质生态产品、维护区域生物多样性等方面的基础性作用。

第三十七条　国土绿化应当科学规划、因地制宜，优化林种、树种结构，鼓励使用优良乡土树种和林木良种营造混交林，提高造林绿化质量。

市、县（区）人民政府应当加大重点风沙区、宜林荒滩荒地、主要河流道路沿线等重要生态区域生态修复力度，组织实施国土绿化工程，提高森林覆盖率。

乡（镇）人民政府、街道办事处和村民委员会应当按照村庄与自然有机融合的要求，引导村民在村庄周边、道路两旁、房前屋后和庭院植树、种花，推进村庄绿化、美化。

第三十八条　市、县（区）人民政府应当组织开展公益林的抚育和改造，完善水利设施、改良土壤状况，提高林地质量和森林生态系统服务功能。

第三十九条　市、县（区）人民政府应当优化水资源配置，探索淡水、半咸水、海水、再生水相结合的生态补水模式，加强清水沟、刁口河河道综合治理，保障黄河河道和河口湿地生态流量，扩大自然湿地面积，恢复生态系统健康。

第四十条　市、县（区）人民政府应当根据生态环境功能需要，组织开展河湖水系生态修复，推进河湖水系互联互通，因地制宜实施水源涵养林建设、沿河沿湖绿化带建设等生态治理工程，加强水污染防治，提升水质标准，改善河湖水系生态功能。

第四十一条　市、县（区）人民政府应当采取自然恢复与人工修复相结合的措施，改善重盐碱地和风沙化严重区域的生态功能。

第四十二条　开采矿产资源的，采矿权人应当编制矿山地质环境保护与土地复垦方案，采取有效措施，防止造成地质灾害、环境污染和生态破坏，并做好水土保持、植被恢复和土地复垦工作。

市、县（区）人民政府应当加强对矿山土地的监督管理和矿山生态修复技术的研究推广，督促采矿权人采取恢复植被、土地复垦、湿地修复等综合措施，恢复自然生态系统，履行其生态修复义务。

第四十三条　自然资源和规划、农业农村、海洋发展和渔业部门应当对濒危的陆生和水生野生动植物、受到破坏的野生动物栖息地、野生植物天然集中分布区和破碎化的典型生态系统，以及具有重要经济、社会价值的已遭到破坏的海洋生态区域，采取封育保护、迁地保护、建立遗传基因库等方式进行抢救性修复。

第五章　保障与监督

第四十四条　市、县（区）人民政府应当按照市县两级财政事权和支出责任划分原则，根据生态保护与修复年度确定的投资计划安排年度支出预算，统筹城乡生态保护与修复投入、生态保护与修复年度建设项目和生态资源长效管护投入。

市、县（区）人民政府应当推行有利于生态保护与修复的政策和措施，建立健全多元化投融资机制，发展绿色金融，鼓励和引导社会资本参与生态保护与修复。

第四十五条　符合下列情形之一，经科学论证确需修复的，由市、县（区）人民政府承担相应修复责任，所需资金列入同级财政预算：

（一）因实施公共政策、决策等历史原因造成生态受损的；

（二）维护公共利益的需要不可避免造成生态受损的；

（三）重大自然灾害造成生态受损的；

（四）造成生态受损的责任主体灭失或者无法确定的；

（五）其他应由政府承担生态修复责任的。

第四十六条　市、县（区）人民政府应当按照权责统一、合理补偿，谁受益、谁补偿的原则建立生态补偿制度，拓宽补偿资金渠道，对因生态保护与修复给相关权益人合法权益造成损失的，应当给予补偿。

第四十七条　市、县（区）人民政府应当按照谁损害、谁赔偿的原则，建立生态环境损害赔偿机制，明确具体部门或者机构负责生态环境损害赔偿具体工作，依法追究损害生态环境单位和个人的赔偿责任。

第四十八条　市、县（区）人民政府应当建立生态产品价值实现机制，完善财政、产业、金融、投资、资源环境等多种政策措施，培育形成多元化的生态产品价值实现路径。

第四十九条　鼓励各类社会主体投入生态保护与修复，对集中连片开展生态修复达到一定规模和预期目标的公民、法人和其他组织，允许依法取得一定份额的自然资源资产使用权，从事旅游、康养、体育、设施农业等产业开发。

第五十条　市人民政府应当建立生态保护与修复专家咨询机制，对评估自然资源、编制生态保护与修复规划、划定生态保护红线、制定生态修复方案，以及在生态保护空间范围内开展建设和利用等活动提供咨询。

第五十一条　市、县（区）人民政府及其有关部门应当推进生态领域科技创新，采取产学研联合等方式，支持盐碱地改良、适应性林草新品种研发等生态保护与修复科学技术研究开发和推广应用。

第五十二条　市、县（区）人民政府应当建立黄河三角洲生态保护与修复联合执法检查机制，对联合执法检查中发现的影响和破坏生态保护与修复的行为，有关部门在各自职责范围内依法进行处理。

第五十三条　财政部门应当对公共财政投资的生态保护与修复工程组织开展绩效评价，衡量绩效目标实现程度和相关工作进展情况。

审计机关应当按照有关规定，对森林、草原、湿地等重要自然资源资产进行审计监督。

第五十四条　市、县（区）人民政府应当对负有生态保护与修复监管职责的有关部门单位的下列事项进行监督检查：

（一）生态保护与修复年度目标任务的完成情况；

（二）生态环境违法行为的查处情况；

（三）履职尽责问题的整改、落实情况；

（四）其他需要监督检查的情况。

第五十五条　市、县（区）人民政府应当建立和完善生态保护与修复工作责任制和考核评价制度，对下一级人民政府、有关部门生态保护与修复目标完成情况等进行考核。

市、县（区）人民政府应当建立生态保护与修复责任追究机制，对造成生态环境和资源破坏的责任人进行追责。

第五十六条　对生态保护与修复工作不力、考核不达标、存在问题突出、群众反映集中的县（区）或者有关部门，市人民政府可以约谈其主要负责人，要求采取措施及时整改。

第五十七条　市、县（区）人民政府应当定期向本级人民代表大会或者其常务委员会报告本级人民政府生态保护与修复工作等情况。

第五十八条　市、县（区）人民政府及其有关部门应当依法公开黄河三角洲生态保护与修复相关信息，完善公众参与程序，为单位和个人参与和监督黄河三角洲生态保护与修复提供便利。

任何单位和个人都有权对损害生态系统健康、妨碍生态保护与修复的行为进行举报，接受举报的部门或者机关应当及时受理、依法处理，并及时反馈处理结果。

第六章　法律责任

第五十九条　各级人民政府及其有关部门不依法履行黄河三角洲生态保护与修复职责的，对直接负责的主管人员和其他直接责任人员依法给予处分；构成犯罪的，依法追究刑事责任。

第六十条　违反本条例规定，进行开垦、采石、采砂、采土或者其他活动，造成柽柳林木毁坏的，由自然资源和规划部门责令停止违法行为，限期在原地或者异地补种毁坏株数二倍以上三倍以下的树木，可以处毁坏林木价值三倍以上五倍以下的罚款；造成柽柳林地毁坏的，由自然资源和规划部门责令停止违法行为，限期恢复植被和林业生产条件，可以处恢复植被和林业生产条件所需费用二倍以上三倍以下的罚款。在柽柳封育区内进行放牧、割草、砍柴、毁苗、采挖树兜或者其他破坏植被行为的，由自然资源和规划部门责令停止违法行为，补种毁坏株数二倍以上三倍以下的树木；造成损失的，依法承担赔偿责任。

第六十一条　违反本条例规定，采矿权人因采矿造成矿山地质环境破坏或者土地损毁的，由自然资源和规划部门责令限期修复；逾期不修复或者修复不符合要求，经催告不履行或者修复不符合要求且在合理期限内经整改仍不符合要求的，由自然资源和规划部门会同有关部门组织修复，所需费用由采矿权人承担，处十五万元以上五十万元以下的罚款；情节严重的，由原发证部门吊销采矿许可证。

第六十二条　其他违反本条例规定的行为，法律、法规已经规定法律责任的，适用其规定。

第七章　附　则

第六十三条　本条例自2022年1月1日起施行。

济宁市纪委办公室印发《济宁市纪委监委关于黄河流域生态保护和高质量发展重点项目廉洁风险监督办法》

2022年11月25日，济宁市纪委办公室印发《济宁市纪委监委关于黄河流域生态保护和高质量发展重点项目廉洁风险监督办法》（以下简称《办法》），并发出通知，要求各县市区（功能区）纪委监委（纪检监察工委）和有关派驻纪检监察组结合实际认真贯彻执行。

《办法》明确四项监督内容：一是围绕项目决策环节加强监督，二是围绕项目招标投标环节加强监督，三是围绕项目建设环节加强监督，四是围绕项目验收环节加强监督。

《办法》提出了五项监督措施：一是压紧压实责任，督促相关单位严格落实重点环节各项规章制度，梳理廉洁风险点、建立专门台账，实现项目全流程可追溯管理。二是强化日常监督。根据项目所在地和隶属单位，督促相关县（市、区）和职能部门定期组织力量深入项目一线、工程现场“四不两直”开展一线专项监督检查。三是广泛收集线索。充分发挥“信、访、电、网”平台作用，广泛接受群众监督和社会监督。四是精准执纪问责。把握运用“四种形态”，健全尽职免责、失职追责、精准问责长效机制，实事求是、依规依纪依法规范问责、精准问责。五是建立长效机制。督促有关县（市、区）和职能部门及时查找管理漏洞、制度短板，倒逼深化改革、建章立制、优化治理，不断放大监督效应。

《办法》要求：各级纪检监察机关要将加强黄河流域生态保护和高质量发展重点项目廉洁风险监督管理作为一项重要政治任务，以协同高效监督助推黄河流域重点项目平稳运行，将重点项目廉洁风险管理情况作为年底推进黄河流域生态保护和高质量发展工作“好差评”依据。

泰安市人民政府印发《泰安市建设山东省黄河流域生态保护和高质量发展先行区行动方案》

为深入贯彻落实习近平总书记关于黄河流域生态保护和高质量发展的系列重要讲话精神，加快建设山东省黄河流域生态保护和高质量发展先行区，2023年11月16日，泰安市人民政府印发了《泰安市建设山东省黄河流域生态保护和高质量发展先行区行动方案》（以下简称《行动方案》）。

《行动方案》共包括五部分内容。

（一）指导思想。《行动方案》提出，以习近平新时代中国特色社会主义思想为指导，全面贯彻党的二十大精神，认真落实习近平总书记对山东工作的重要指示要求，完整、准确、全面贯彻新发展理念，主动服务和融入新发展格局，准确把握重在保护、要在治理的战略要求，坚决打好环境问题整治、深度节水控水、生态保护修复攻坚战，深化新旧动能转换，协同推进降碳减污扩绿增长，为在推动黄河流域生态保护和高质量发展上走在前打造泰安样板、贡献泰安力量。

（二）基本原则。提出“改革创新、先行先试；生态优先，保护为主；量水而行，节水优先；绿色发展，低碳引领”四项基本原则。

（三）主要目标。《行动方案》提出到2025年先行区建设取得实质性突破。防洪减灾能力显著增强，水资源利用效率显著提高，生态保护修复明显改善，生态环境质量持续改善，绿色低碳水平显著提升，文化影响力显著增强。到2030年先行区建设取得明显成效，现代防洪减灾体系基本建成，水资源保障能力全面提升，生态环境质量明显改善，绿色低碳高质量发展取得积极进展，人民群众获得感、幸福感、安全感显著增强，努力打造黄河流域生态保护先行区、黄河长久安澜示范区、黄河下游高质量发展样板区、黄河文化保护传承创新区。

（四）重点任务。《行动方案》提出六项重点任务，一是构建抵御自然灾害防线，全面提升防汛抗洪能力，推动东平湖蓄滞洪区综合治理，构建水旱灾害防御体系，完善城市防洪排涝体系。二是推进水资源集约节约利用，强化水资源刚性约束，优化水资源配置格局，推进深度节水控水。三是推动生态环境保护修复，提升泰山区域生态功能，加强大汶河流域生态修复，推进东平湖区域生态治理。四是强化环境污染治理，持续推进水污染治理，开展大气联防联控，加强土壤污染综合治理。五是推动绿色低碳高质量发展，提升科技创新支撑能力，实施新型工业化强市战略，发展壮大现代服务业，加快实现农业农村现代化，深入推进新旧动能转换，大力发展绿色低碳产业，打造独具特色的新能源基地，积极开展绿色低碳试点示范。六是保护传承弘扬黄河・泰山文化，深挖文化时代价值，推进黄河文化遗产保护利用，加快打造世界级旅游目的地。

（五）组织实施。《行动方案》提出四项保障措施。一是加强组织领导，建立健全工作机制，强化工作力量，压实工作责任，确保各项决策部署落地落实。二是健全政策体系，围绕财政支持、要素保障、产业转型、创新创业、绿色低碳六大领域，研究制定配套政策，支持黄河流域生态保护和高质量发展先行区建设。三是强化跟踪问效，建立重大任务、重要政策、重点项目“三张清单”，建立“月调度、季通报”工作制度，开展成效综合评估，确保先行区各项目标如期实现。四是营造良好氛围，创新宣传方式方法，畅通政府、企业、社会组织和公众共同参与先行区建设渠道，努力营造共建共享的良好氛围。

德州市纪委办公室印发《关于建立专项监督闭环机制的暂行办法》

为履行好监督职责，提高专项监督工作规范化、法治化、正规化水平，2022年6月30日，德州市纪委办公室印发《关于建立专项监督闭环机制的暂行办法》（以下简称《办法》），从突出发现问题、严明纪法规矩、推动整改纠偏、促进深化治理等四个方面，构建链条完整、环环相扣的高质量监督闭环。

《办法》提出，纪检监察机关可采取牵头组织、协同参与、督促推动等方式开展专项监督，坚持问题导向、结果导向，运用“一线监督法”，灵活采用专班监督、驻点监督、联合监督、指定监督等方式，重点把握政治监督与业务监督的关系，透过业务看政治，深挖背后的责任、作风、纪律问题。

专项监督中，纪检监察机关对涉及专项监督领域的问题线索进行梳理，对典型问题进行督办。针对发现的党的领导弱化、作风建设松懈、纪律建设抓得不严、全面从严治党主体责任落实不到位等问题，及时提出问责意见，按程序启动调查。在案件查办、线索初核中对符合容错纠错情形的，同步启动容错纠错程序。

同时，《办法》还对做实“后半篇文章”，推动深化治理提出要求，针对责任缺失、监管缺失、制度缺失问题，各级纪检监察机关可采取制发纪检监察建议书等方式，督促有关地区、部门（单位）堵塞漏洞、完善制度，系统解决普遍性、倾向性问题。将整改工作责任落实等情况作为约谈提醒、谈心谈话、述责述廉、集体廉政谈话内容，并适时对整改情况进行“回头看”。督促有关党组织通过召开党组（党委）会、专题民主生活会、理论学习中心组集体学习、观看警示教育片等形式，深入整改纠偏，强化警示教育。

聊城市黄河水资源节约集约利用办法

（2022年12月8日聊城市第十八届人民代表大会常务委员会第八次会议通过 2023年1月10日山东省第十三届人民代表大会常务委员会第四十一次会议批准）

第一条 为了节约集约利用黄河水资源，促进生态文明建设和经济社会高质量发展，根据《中华人民共和国水法》《中华人民共和国黄河保护法》《山东省节约用水条例》等有关法律法规，结合本市实际，制定本办法。

第二条 本市行政区域内黄河水资源的节约集约利用及其监督管理活动，适用本办法。

第三条 利用黄河水资源应当遵循量水而行、节水优先，统筹兼顾、集约使用的原则。

第四条 市、县（市、区）人民政府应当加强对黄河水资源节约集约利用工作的领导。

市、县（市、区）人民政府水行政主管部门负责本行政区域内节约集约利用黄河水资源工作的组织、协调和监督管理。

市、县黄河河务部门负责所管辖范围内黄河水量调度的实施和监督检查工作。

发展改革、教育和体育、科学技术、工业和信息化、财政、人力资源和社会保障、自然资源和规划、生态环境、住房城乡建设、农业农村、行政审批服务、市场监督管理、机关事务管理、城市管理等部门按照各自职责做好节约集约利用黄河水资源的相关工作。

乡镇人民政府、街道办事处应当配合做好本行政区域内节约集约利用黄河水资源的相关工作。

第五条 市、县（市、区）人民政府应当坚持以水定城、以水定地、以水定人、以水定产，组织实施水资源刚性约束制度，实行用水总量和强度控制。

市人民政府水行政主管部门应当按照科学统筹、优化配置的原则，将本市黄河水用水总量控制指标分配到各县（市、区）。

节约集约利用水资源，应当优先满足城乡居民生活用水需要，推进县域内生活用水多水源供水统一价格，保证各类用水的质量和安全。

第六条 市、县（市、区）人民政府应当将现代水网建设纳入国民经济和社会发展规划，统筹当地地表水、地下水、区域外调水和其他可用水，将再生水、集蓄雨水等非常规水源纳入水资源统一配置，实现各类水资源的优化配置和联合调度。

第七条 黄河水资源的管理实行流域管理和行政区域管理相结合。在黄河流域取用水资源，应当依法取得取水许可。

从黄河干流取水，以及在金堤河国家指定河段限额以上取水，应当依法向黄河流域管理机构申请取水许可；其他取水应当依法向县级以上地方人民政府行政审批主管部门申请取水许可。

第八条 对纳入取水许可管理的用水单位，以及由供水单位供水并且年用水量达到一定用水规模的非居民用水单位，实行计划用水管理。需要对非居民用水单位实行计划用水管理的用水规模，由市人民政府根据国家和省有关规定，结合本市节约用水工作需要合理确定。

纳入取水许可管理的用水单位的用水计划，由市人民政府水行政主管部门或者取水口所在县（市、区）人民政府水行政主管部门下达；由供水单位供水的非居民用水单位，实行计划用水管理的，其用水计划由供水单位的主管部门下达，并抄送同级人民政府水行政主管部门。对取用多种水源的用水单位，应当分别核定并下达用水计划。

用水计划不得擅自变更，因建设、生产、经营等需要调整用水计划的，应当重新核定下达。

第九条　市、县（市、区）人民政府水行政主管部门应当对年使用黄河水10万立方米以上，并且年超计划用水10%以上的用水单位组织开展用水审计，对照用水定额指标和有关标准对用水的各个环节进行剖析、审核，并督促、指导其开展水平衡测试，查找超计划用水原因，制定节约用水方案和措施。

第十条　黄河河道外生态补水为特定用水，不得改变用途。

黄河河道外生态补水由市人民政府水行政主管部门会同市人民政府生态环境部门编制实施方案，经有管辖权的黄河河务部门同意，按照黄河水量调度计划管理程序组织实施。

市人民政府水行政主管部门负责生态补水协调和生态效果评估，市人民政府生态环境部门负责水质监测，市人民政府财政部门负责生态补水经费保障。

第十一条　位山、彭楼、陶城铺、郭口等引黄灌区应当采取以下措施，加强节水型灌区建设，促进黄河水资源节约集约利用：

（一）建立健全用水全过程节水管理制度；

（二）加强渠系量测设施设备的建设，做好水量、含沙量、墒情等信息监测分析工作，为优化配置水资源提供依据；

（三）对蓄水、输水等各类工程采取防渗漏措施，研究推广渠道衬砌、管道输水等节水技术，提高用水效率；

（四）建立灌区智能应用平台，加强数字灌区建设，提高现代化管理水平。

第十二条　市人民政府水行政主管部门应当根据大型引黄灌区发展需

要，组织编制沉沙池综合利用规划，合理施划清淤弃土范围，科学利用沉沙池土地资源，发挥好输水沉沙、堆放清淤弃土等功能，保障灌区正常运行。

沉沙池所在县（区）、乡（镇）人民政府应当加强沉沙池生态环境治理，促进沉沙池生态环境改善。

第十三条　市、县（市、区）人民政府应当根据本地农业发展实际和水资源条件，实施农艺节水措施。鼓励合理种植低耗水农作物，推广耐旱农作物新品种，优化农业种植结构，发展节水高效现代农业。

鼓励开展农业适度规模经营，推广渠道衬砌、喷灌、微灌、低压管道输水灌溉、水肥一体化等节水方式，提高用水效率。

第十四条　市、县（市、区）地下水取水总量不得超过本行政区域地下水取水总量控制指标，并应当符合地下水水位控制指标要求。

在城市公共供水管网覆盖区域不得新建地下水取水工程；未经批准的地下水取水工程和公共供水管网覆盖范围内的自备水井，由县级以上人民政府水行政主管部门限期封闭。

市、县（市、区）人民政府应当加强地下水水源补给保护，充分利用自然条件补充地下水，有效涵养地下水水源。

第十五条　市、县（市、区）人民政府应当组织编制再生水利用专项规划，推行再生水利用优惠政策，加强城镇污水处理设施建设和改造，推进再生水输配管网和再生水利用设施建设。

鼓励单位和个人投资建设再生水利用设施，从事再生水经营，提高再生水利用率。

第十六条　新建、改建、扩建污水处理厂，应当采用先进的污水处理技术、工艺，具备条件的应当建设人工湿地水质净化等工程设施，提高排放水质，满足区域内生态补水、工业生产和市政杂用等用水水质需求。

第十七条　再生水输配管网覆盖区域内或者有条件使用再生水的工业企业、园林绿化、环境卫生、生态景观、建筑施工等，应当按照国家和省规定优先使用再生水。

工业集聚区、化工园区等应当统筹规划建设集中式污水处理设施和再生水利用系统，推进园区内企业间用水系统集成优化，实现串联用水、分质用水、一水多用和梯级利用。

火力发电、石油化工、有色金属、造纸、印染等高耗水行业项目，具备使用再生水条件但未有效利用的，应当严格控制新增取水许可。

第十八条 市、县（市、区）人民政府应当采取措施，扶持节水技术、设备和产品的研究开发、推广和应用，推动节水技术创新和成果转化，培育和发展节水产业。

鼓励用水单位与节水服务组织签订节水服务合同，由节水服务组织提供节水诊断、融资、改造等服务。对节水服务可以按照有关规定给予资金支持、税费优惠等扶持政策。

第十九条 对在黄河水资源节约集约利用工作中做出突出贡献的单位和个人，由市、县（市、区）人民政府按照有关规定给予表彰和奖励。

第二十条 本办法自2023年4月1日起施行。

滨州市纪委办公室印发《关于加强滨州市黄河流域生态保护和高质量发展专项监督的实施意见》

2022年1月21日，滨州市纪委办公室印发《关于加强滨州市黄河流域生态保护和高质量发展专项监督的实施意见》（以下简称《实施意见》），对全面做好黄河流域生态保护和高质量发展专项监督工作，推动黄河重大国家战略落地落实作出安排部署。

《实施意见》要求，坚持以习近平新时代中国特色社会主义思想为指导，全面落实党中央关于黄河流域生态保护和高质量发展决策部署，严格执行省委、市委工作安排，充分发挥纪检监察机关监督保障执行、促进完善发展作用，突出政治监督，强化执纪问责，督促各级各部门扛稳扛牢黄河流域生态保护和高质量发展政治责任，正确处理好保护和发展、发展和安全、当前和长远、全局和局部的关系，全力打造黄河流域生态明珠城市、黄河流域先进制造业基地、黄河文化旅游融合创新示范区、对外开放新高地，努力在推动黄河流域生态保护和高质量发展上“走在前、干在先、落在实”，为现代化富强滨州建设提供坚强保障。

《实施意见》指出，要立足纪检监察机关职能定位，聚焦贯彻落实习近平总书记关于黄河流域生态保护和高质量发展重要讲话精神和指示要求，对照党中央决策部署、省委工作要求和市委工作任务开展监督，重点聚焦筑牢防灾减灾防线、贯彻“四水四定”促进高效集约用水、强化生态环境治理、科学规划国土空间优化区域发展布局、全面提升高质量发展水平、打造滨州特色乡村振兴齐鲁样板和保护传承弘扬黄河文化强化监督。

《实施意见》强调，要压紧压实责任，创新监督方式，深化协同监督，精准执纪问责，深化治理提升。要加强组织领导，强化责任分工，形成监督合力。

菏泽市纪委办公室印发《菏泽市黄河流域生态保护和高质量发展监督工作实施意见》

2021年12月30日，菏泽市纪委办公室制定印发《菏泽市黄河流域生态保护和高质量发展监督工作实施意见》（以下简称《实施意见》），进一步明确专项监督目标、重点、内容、方式，形成上下联动、贯通协同工作格局，推动黄河重大国家战略在菏泽落地落实。

《实施意见》以习近平总书记视察山东、视察菏泽重要讲话精神和关于黄河流域生态保护和高质量发展的重要讲话、重要指示批示精神为指导，以省纪委监委、市委相关制度文件为依据，为全市纪检监察机关立足黄河入鲁第一市区位优势，以更加精准、更加主动的监督，护航黄河重大国家战略有效落实提供制度保障。

《实施意见》主要包括四个方面的内容。一是目标要求，要求充分发挥纪检监察机关监督保障执行、促进完善发展作用，打好沿黄高质量发展“主动仗”，为全市“十四五”规划顺利实施提供纪律作风保障。二是重点任务，围绕生态保护、营商环境、水资源节约集约利用、科教文化、乡村振兴、安全生产、群众身边腐败和不正之风问题等七个方面，明确任务要求，并分领域制定专项监督工作方案，形成1个总体意见和7个专项监督工作方案的“1+7”监督体系。三是监督内容，分别从责任落实、作风建设、重点项目实施、群众利益保障等方面明确监督重点，为纪检监察机关开展精准监督指明路径方向。四是监督方式，健全“一台账、两清单、双责任、双问责”监督机制，确定会议监督、检查抽查、约谈督促、专项治理、提出纪检监察建议、跟踪问题整改、大数据监督、巡察监督等八种具体监督措施，推动专项监督全面深入。

《实施意见》要求，全市纪检监察机关要提高政治站位，树牢系统思维，明确职责任务，加强协调联动，持续推动黄河重大国家战略专项监督各项任务落地见效，努力在推动黄河流域生态保护和高质量发展上展现担当、贡献力量。

程永峰/摄

4 成果成效篇

编者按 三年来，全省各级纪检监察机关在黄河流域生态保护和高质量发展专项监督中，主动扛牢责任，创新监督机制，以有力有效监督督促各级各部门责任向此压实、力量向此聚焦、资源向此倾斜，形成合力、激发活力，共同唱响新时代黄河大合唱。在专项监督中，基层纪检监察机关涌现出了一批先进典型和经验做法，得到中央纪委国家监委和省委、省政府的表彰肯定。各级媒体全方位、多角度、立体式展现山东纪检监察机关牢记嘱托、闻令而动，奋力推动黄河重大国家战略落地落实的生动实践。本篇分荣誉纪实、媒体聚焦、基层亮点三个部分，选编了部分新闻稿件、特色亮点做法，旨在发挥典型示范带动作用，进一步营造持续强化使命担当，纵深推进黄河重大国家战略的浓厚氛围。

荣誉纪实

中国(山东)自由贸易试验区青岛片区
CHINA(SHANDONG)PILOT FREE TRADE ZONE QINGDAO AREA
公交专用

卢磊/摄

落实黄河重大国家战略荣誉表彰

专项监督中，各级纪检监察机关涌现出了一批先进典型和经验做法，得到了上级机关和省委、省政府的认可，获得多项表彰和荣誉。

<table>
<tr><th>序号</th><th>时间</th><th>获表彰集体、事项</th><th>获得的表彰、荣誉</th><th>授予部门（单位）</th></tr>
<tr><td colspan="5">省级</td></tr>
<tr><td>1</td><td>2023年5月</td><td>山东省纪委监委
第三监督检查室</td><td>山东省乡村振兴突出贡献奖先进集体</td><td>中共山东省委
山东省人民政府</td></tr>
<tr><td>2</td><td>2023年12月</td><td>黄河重大国家战略
专项监督</td><td>山东省改革品牌</td><td>中共山东省委
全面深化改革
委员会办公室</td></tr>
<tr><td>3</td><td>2024年3月</td><td>山东省纪委监委
重大专项监督办公室</td><td>干事创业好团队</td><td>中共山东省委
组织部</td></tr>
<tr><td rowspan="2">4</td><td rowspan="2">2024年8月</td><td>山东省纪委监委党风政风监督室（重大专项监督办公室）</td><td rowspan="2">党建引领服务黄河重大国家战略
先进集体</td><td rowspan="2">中共山东省委省直机关工作委员会
山东省发展和改革委员会
山东黄河河务局</td></tr>
<tr><td>山东省委巡视办二处</td></tr>
</table>

续表

序号	时间	获表彰集体、事项	获得的表彰、荣誉	授予部门（单位）
各市				
5	2022年1月	东营市纪委监委第一监督检查室	山东省生态环境保护先进集体	中共山东省委 山东省人民政府
		烟台市纪委监委党风政风监督室		
		日照市纪委监委派驻第九纪检监察组		
		滨州市纪委监委第四监督检查室		
		高唐县纪委监委		
6	2022年7月	济宁市纪委监委第二监督检查室	北京冬奥会、冬残奥会空气质量保障工作表现突出的集体	中共山东省委 山东省人民政府
7	2022年9月	潍坊市纪委监委	全国纪检监察系统先进集体	中央纪委国家监委 人力资源和社会保障部
		济宁市纪委监委党风政风监督室		
		莒县纪委监委		
8	2024年3月	济南市纪委监委党风政风监督室	干事创业好团队	中共山东省委组织部
		东营市纪委监委护航优化营商环境专项行动工作专班		

媒体聚焦

西海岸新区供图

在专项工作中推动各类监督同向发力

推动完善党和国家监督体系，是党章赋予纪检监察机关的重大职责。党的二十届三中全会对完善以党内监督为主导、各类监督贯通协调机制作出部署安排。近年来，山东省纪检监察机关以黄河重大国家战略专项监督为牵引，积极探索以党内监督为主导、各类监督贯通协调的有效路径，既有效确保黄河流域生态保护和高质量发展落地落实，又有力推动监督体系健全完善、跨地区跨部门重大战略协同监督权威高效。

6 论剑
2024年11月14日 星期四 中国纪检监察报
贯彻落实二十届中央纪委三次全会精神
在专项工作中推动各类监督同向发力
笔谈
实现监督有形有效覆盖
统筹力量办好基层案件
树立良好家教家风
持之以恒厚植廉洁根基

强化在专项监督中推动各类监督贯通协调的政治意识

这是扛牢“两个维护”重大政治责任的必然要求。黄河流域生态保护和高质量发展，是习近平总书记亲自谋划、亲自部署、亲自推动的重大国家战略。今年，习近平总书记在山东考察时强调，山东要在全国发展大局中定好位、挑大梁，继续在服务和融入新发展格局上走在前、在增强经济社会发展创新力上走在前、在推动黄河流域生态保护和高质量发展上走在前。近期，习近平总书记在甘肃主持召开全面推动黄河流域生态保护和高质量发展座谈会，再次强调以进一步全面深化改革为动力，开创黄河流域生态保护和高质量发展新局面。纪检监察机关必须迅速跟进，汇聚监督合力，以实际行动拥护“两个确立”、践行“两个维护”。

这是服务保障现代化强省建设的有效路径。黄河流域生态保护和高质量发展是重大国家战略。纪检监察机关必须聚焦中国式现代化这个最大的政治，以黄河重大国家战略专项监督为发力点，带动各类监督主体同题共答、同向发力，为谱写中国式现代化山东篇章提供坚强保障。

这是推动完善党和国家监督体系的务实举措。确保黄河流域生态保护和高质量发展落地落实，需要释放监督体系的最大张力。以黄河重大国家战略专项监督为牵引，能够有力促进各类监督依据职责发挥作用，强化统筹衔接、贯通协调、关联互动、优势互补，从而构建起系统集成、协同高效的立体监督网。

这是实现纪检监察工作高质量发展的应有之义。以黄河重大国家战略专项监督为牵引，探索完善各类监督贯通协调机制，让各级纪检监察机关找到了推动政治监督具体化、精准化、常态化的有效路径和科学方法，进一步夯实了纪检监察工作高质量发展的基础。

以重点突破凝聚监督合力释放集成效应

聚焦“国之大者”，找准牵引带动、贯通协调的监督抓手。省纪委监委将推动黄河流域生态保护和高质量发展作为服务经济社会发展、强化政治监督的总牵引总抓手，督促各级各部门责任向此压实、力量向此聚焦、资源向此倾斜。联合中央纪委国家监委驻水利部纪检监察组印发关于加强政治监督和审查调查协作配合的意见，建立“一台账、两清单、双责任、双问责”监督机制，建设政治监督活页，让监督更聚焦、可视化、可追溯。依托黄河重大国家战略专项监督平台一体强监督、强监管，制定“四项监督”统筹衔接实施方案、“室组地”联动监督工作指引，选派监督检查室负责同志担任巡视组不驻组的副组长、授权省直派驻纪检监察组组长任巡视组副组长并参加对所监督部门单位的巡视。发挥纪检监察监督协助引导推动功能，健全省纪委监委与党政督查、人大、政法、审计、统计、金融监管等监督主体的协作配合制度，出台加强纪检监察机关专责监督与其他各类监督贯通协调的意见。

贯通工作责任，构建各负其责、齐抓共管的监督格局。省委、省政府成立由主要负责同志任双组长的推进黄河流域生态保护和高质量发展领导小组，十二届省委首轮巡视即以开展黄河流域生态保护和高质量发展专项巡视开局；出台黄河流域生态保护和高质量发展工作统筹推进机制的意见，建立沿黄县市区一体化推动黄河战略协调推进机制，形成“省负总责、市县落实”的工作推进机制。省纪委监委召开专项监督工作部署会、工作推进会、专项巡视集中反馈会，压紧压实相关市委、省直部门单位党委（党组）主体责任。做强监督专责，省纪委监委连续3年开展黄河重大国家战略专项监督，全过程监督重大政策、重大资金、重大平台、重大项目，严查“靠黄河吃黄河”等违纪违法问题，督促省直部门单位强化行业监管，完善督办落实、定期“回头看”等举措，全面提升监管效能。各级地方党委政府、纪委监委、职能部门单位强化联动联合，一体压实监督监管职责。

推动优势互补，形成力量叠加、效能倍增的监督态势。省纪委监委重大专项监督办公室与省委省政府督查办、省推进黄河流域生态保护和高质量发展领导小组办公室等部门单位，每季度进行会商，做到业务和监督同部署、同落实。依托监督贯通应用平台和巡视巡察综合信息管理系统，建立黄河重大国家战略专项监督模块，共享省直部门单位政务数据，汇集政务数据资源和监督信息，加强大数据分析。统筹使用各类监督力量，整合各方资源优势，完善监督成果共享机制，对其他部门单位移送的问题，动态纳入政治监督活页，加强分析研判，督促落实整改，推动由单兵作战、内部循环向齐抓共管、立体互通转变。

注重工作协同，增强统筹衔接、融合推进的监督合力。省纪委监委牵头建立各类监督贯通协调会商机制，全面统筹监督监管工作，推动在决策部署指挥上加强协同。建立“督纪巡”联动机制，与省推进黄河流域生态保护和高质量发展领导小组办公室建立对接机制，使监督重点紧贴省委工作要点。省委巡视办与省审计厅在制定年度巡视计划和审计工作计划前，加强沟通对接，商定巡审联动重点、联动对象、联动项目。省纪委监委在黄河重大国家战略专项监督中，以联合开展专项整治为抓手，找准与其他监督协同发力的结合点。如，紧盯群众身边腐败问题，联合省直有关部门单位开展多项“小切口”专项整治。全省纪检监察机关与相关部门单位通过开展联合监督、联合调研、联合督导等方式，实现工作融合，放大监督效应。

突出制度治理，彰显推动改革、促进发展的监督效果。深化以案促改促治，充分发挥监督贯通协调发现问题、防范风险、推动改革、促进治理的作用，把党内监督、人大监督、民主监督、行政执法监督等监督优势转化为治理效能。在护航优化营商环境专项行动中，省纪委监委推动省直有关部门开展工程建设招标投标领域突出问题专项治理，印发联动监管工作机制，从源头上防范廉洁风险。整合县乡村三级监督力量，加强基层小微权力“监督一点通”平台建设，健全完善片区协作、提级监督等工作机制，加强对村干部特别是“一肩挑”人员管理监督，织密基层监督网络。树立激励担当作为鲜明导向，落实“三个区分开来”，准确运用“四种形态”，持续加大容错纠错、澄清正名、严查诬告陷害等工作力度，引导党员干部在遵规守纪前提下，勤奋工作、放手干事、锐意进取、积极作为。

发挥引导推动作用促进各类监督贯通协调

提高站位，推动在目标方向上更加聚焦。坚持以习近平新时代中国特色社会主义思想为指引，深入贯彻党的二十届三中全会和习近平总书记关于强化政治监督、完善党和国家监督体系等系列部署，确保各类监督贯通提质增效。紧紧围绕黄河重大国家战略专项监督总定位、新要求，促进党内监督与各类监督贯通协调，着力完善对跨地区跨部门重大战略的协同监督机制，不断推动政治监督具体化、精准化、常态化。

明确责任，推动在同向发力上更加自觉。细化责任内容，制定年度黄河重大国家战略专项监督工作方案，推动其他各类监督立足职责建立年度监督任务清单。拧紧责任链条，压实党委（党组）监督主责和书记第一责任人责任，强化职能部门监管责任。精准追责问责，坚决纠治在贯彻落实黄河重大国家战略中不上心、不及时、不到位等问题，对“上有政策、下有对策”“有令不行、有禁不止”等行为严肃问责。

优化理念，推动在方式方法上更加科学。坚持辩证思维，既胸怀“国之大者”，将监督工作融入党和国家工作大局，又结合各地各部门单位职责和工作实际，因地制宜、落实落细。坚持问题导向，聚焦影响高质量发展的障碍瓶颈、推进全面从严治党的薄弱环节，加大监督检查、巡视巡察力度，在监督贯通协调中合力解决问题难题。坚持实事求是，把“三个区分开来”要求贯穿监督全过程，深入落实《整治形式主义为基层减负若干规定》，准确运用“四种形态”，完善尽职免责、失职追责、精准问责机制，打好澄清查诬、精准问责、容错纠错、回访教育“组合拳”，最大限度调动党员干部创造力、凝聚力、战斗力。

打通堵点，推动在贯通协调上更加畅通。推动力量整合，持续推进“四项监督”统筹衔接常态化制度化，深化“组组”协同监督、“室组”联动监督、“室组地”联合办案机制，有序推进向省属本科高校和省管企业派驻纪检监察组，深化垂直管理单位纪检监察体制改革试点工作。完善纪检监察监督与其他监督主体的贯通协调、协同监督工作机制，研究制定与税务监督贯通协调制度，凝聚监督办案合力。

完善机制，推动在常态长效上更加深化。健全完善领导机制，推动各级党委（党组）围绕黄河重大国家战略，建立研究部署各类监督贯通协调的工作制度，结合实际制定规划计划、年度方案。健全一体推进“三不腐”工作机制，加大正风肃纪反腐力度，深化整治权力集中、资金密集、资源富集领域腐败，在“不敢腐”上持续加压；做实政治监督，深化运用“一台账、两清单、双责任、双问责”监督机制，通过压实责任、完善制度、优化治理，深化拓展“不能腐”；强化正反两方面教育，通过宣传引导、警示震慑、文化浸润、习惯养成，纵深推进“不想腐”。加强规范化、法治化、正规化建设制度供给，加强完善线索移送、联动监督、联合办案等协作配合的程序、标准、流程，实现信息互通、成果共用。

增强实效，推动在治理效能上更加充分。推动问题彻底整改，压实监督主体推动责任单位问题整改的政治责任，探索建立重大问题联合监督整改工作机制。推动深化源头治理，完善典型案件剖析和类案分析机制，提高纪检监察建议质量，促进共性问题面上整治、行业问题系统整改。持续优化政治生态，深入研判监督中发现的问题，对“一把手”和领导班子开展多视角、全方位政治体检，对地区部门单位政治生态情况精准画像，提出有针对性的措施建议。（夏红民　山东省委常委、省纪委书记、省监委主任）

（《中国纪检监察报》2024年11月14日第6版）

山东围绕沿黄流域生态保护和发展问题系统谋划专项监督促整改

“对东平湖、大汶河流域水利项目专项监督检查时，发现东平县丁庄引黄灌区节水配套改造项目工程质量较差。”日前，山东省泰安市纪委监委采取带着线索重点查、全市统筹交叉查、数据助力科技查等方式，开展常态化监督，发现涉及黄河流域生态环境问题16个，督促水利部门全面排查，目前已全部完成整改。

山东省各级纪检监察机关牢牢把握“国之大者”，围绕黄河流域生

中国纪检监察报　2022年4月5日　星期二　新闻　3

山东围绕沿黄流域生态保护和发展问题

系统谋划专项监督促整改

全员培训在各地

厦门聚焦实战练精兵

专题培训补短育强

西安排查粮食购销领域问题线索

逐点逐库拉网过筛

宁波深入调研一线需求

菜单式点题强本领

宜昌打造紧贴基层专题课

一对一实训乡镇纪委干部

新闻故事

考察变旅游　里外都通吃

态保护和高质量发展，强化政治监督，压紧压实主体责任。该省纪委监委制定并印发《关于加强黄河流域生态保护和高质量发展专项监督的实施意见》，聚焦构建抵御自然灾害防线、水资源集约节约利用、生态环境保护治理、构建国土空间保护利用新格局、高质量发展以及打造乡村振兴齐鲁样板和保护传承黄河文化等方面，抓细抓实专项监督。该省纪委监委梳理党的十八大以来党中央相关重大决策部署，明确51个具体目标要求，及时动态更新，逐一跟进监督。

“建立工作任务总台账，列出省直部门和各市党委政府两张清单，省纪委监委机关、派驻派出机构、巡视机构结合职责强化日常监督。”目前，山东省纪委监委组织召开黄河流域生态保护和高质量发展专项监督工作部署会议，设立专项监督办公室。该省纪委监委制定2022年度专项监督工作方案，把构筑黄河安澜屏障、集约节约用水、生态保护修复和发挥山东半岛城市群龙头作用等4方面内容46项监督任务，作为监督重点，因时因势、稳步有序开展专项监督。

为保障相关政策落实落地，山东省纪委监委成立工作专班，通过一线调研、座谈了解等方式，跟进开展日常监督，发现问题、及时督促解决。驻省生态环境厅纪检监察组督促驻在部门持续开展“绿盾”自然保护地监督检查专项行动，截至目前，完成1099个重点问题和4107个一般问题的整改。东营市纪委监委围绕生态保护治理、水资源集约利用等8个方面，分解为21项具体任务，对专项监督作出系统谋划，选派一批县处级纪检监察干部担任特派监督员，深入黄河三角洲自然保护区实地查看生态补水情况，督促部门单位抓好黄河调水调沙有利时机，湿地恢复区的明水面积增加60%以上，保持了湿地良好生态。

让沿黄流域群众受益是高质量发展的落脚点，山东省纪委监委将沿黄流域乡村振兴重点帮扶县作为督导重点，围绕巩固拓展脱贫攻坚成果同乡村振兴有效衔接过渡期开展监督检查，严肃查处腐败和作风问题，全力维护群众利益。2021年以来，全省共查处相关问题2198个，批评教育帮助和处理

2635人，其中给予党纪政务处分1859人。

“黄河重大国家战略是发展问题、生态问题，更是政治问题、大局问题，下一步，要坚持系统观念，把近距离、全天候、常态化监督实实在在做起来，以有力有效的精准监督，确保黄河国家战略的宏伟蓝图变为现实。”山东省纪委监委有关负责同志说。

（《中国纪检监察报》2022年4月5日第3版）

山东紧盯重大项目强化政治监督 助推黄河流域生态保护与高质量发展

中国纪检监察报
中共中央纪律检查委员会　中华人民共和国国家监察委员会　主管
2022年11月8日　星期二　第8365期　今日8版

新时代新征程
学习贯彻党的二十大精神进行时

山东紧盯重大项目强化政治监督
助推黄河流域生态保护与高质量发展
本报记者　王鹏志

习近平向国际竹藤组织成立二十五周年志庆暨第二届世界竹藤大会致贺信

深刻把握坚定不移全面从严治党的战略部署 以永远在路上的清醒和坚定推进党的自我革命

下沉遍访推动解决急难愁盼
以巡视实际成效造福于民

本报网址：http://jjjcb.ccdi.gov.cn　中央纪委国家监委网站：http://www.ccdi.gov.cn

11月的黄河入海口，一片片碱蓬遍布滩涂，给广袤湿地披上了红装。在片片“红地毯”间，互花米草治理、盐地碱蓬和海草床修复等项目正紧锣密鼓推进。

黄河安澜是中华儿女的千年期盼，党的二十大报告对“推动黄河流域生态保护和高质量发展”再次作出部署。

“治理工作推进很顺利，6000多公顷滩涂正翻耕第三遍，有望提前完成全年任务。”11月3日，山东省东营市纪委监委驻点监督检查组一行来到黄河口国家公园，现场查看互花米草治理项目进展情况，该项目负责人向检查组介绍道。

据了解，黄河口国家公园是国家批准创建的首个陆海统筹型国家公园。公园建设伊始，东营市纪委监委就组建监督检查组，由3名纪检监察干部现场“驻点”，对公园建设关键期涉及的4项重大工程、17项具体任务开展全过程跟踪监督。

近日，该监督检查组再一次深入项目建设现场，督促相关职能部门抓实抓细工作举措，倒排工期，确保黄河口国家公园建设如期完成。

山东沿黄地区各级纪检监察机关深入学习党的二十大精神，把监督护航黄河流域生态保护和高质量发展作为贯彻落实党的二十大精神的具体行动，紧盯黄河流域治理中的重大项目、重点行业领域，以强有力的政治监督，推动开创黄河流域生态保护和高质量发展新局面，保障党中央相关决策部署在山东落地落实。

重大项目在黄河流域生态保护和高质量发展中起着关键作用，山东对这些项目自上而下部署开展专项监督。

针对黄河重大国家战略平台项目集中、工程资金密集的特点，实行挂图作战、清单式管理，抓牢项目支撑，落实土地、能耗、资金等要素，推动已有项目早日建成达效。

“省纪委监委机关建立2022年度25类重点项目资金计划，建立‘两牌两函’提醒问责机制，对履责不力、问题突出、推进缓慢的发送提醒函，亮黄牌提醒；对整改不力、效果不明显的发送督办函，进行重点督办；对拒不整改、造成不良后果的亮红牌，依规依纪依法追责问责。”山东省纪委监委重大专项监督办公室工作人员介绍。

山东省纪委监委驻省发改委纪检监察组重点关注沿黄重点地区工业项目、滩区迁建、采煤塌陷地综合治理等，综合运用“专项监督+督导调研”，今年以来开展实地监督调研11次，下发专项监督提醒清单3期，提出建立和完善对市县督导落实机制、完善更新台账等建议，不断传导压力、压实责任。

党的二十大报告提出，要不断塑造发展新动能新优势。济南市纪委监委督促相关职能部门扛起新旧动能转换政治责任，制发关于强化政治监督服务保障济南新旧动能转换起步区建设的意见，推动黄河重大国家战略涉及的34个重点项目全部列入财政预算保障。

淄博市纪委监委分区县、分领域开展“命题式”监督，瞄准高青“水”、沂源“砂”、淄川“矿”等方面突出问题，制发纪检监察建议书17份，督促健全地下水资源监管、规范砂石领域执法、加强矿产监管等制度机制28项。

发展改革、水利、生态环境、农业农村等行业部门，在黄河流域生态保护和高质量发展中承担项目审批、工程建设、资金拨付等职责，廉政风险较高，是山东纪检监察机关监督检查的重点。该省以发现问题为突破口，以解决问题为着力点，既保持严的基调，又深入查找体制障碍、制度漏洞、治理短板，整体纠偏、深化治理。

（《中国纪检监察报》2022年11月8日第1版）

山东建立专项监督工作机制 护航黄河重大国家战略落地落实

党的二十大报告指出，“推动黄河流域生态保护和高质量发展”。黄河是中华民族的母亲河，保护黄河是事关中华民族伟大复兴的千秋大计。习近平总书记始终心系黄河生态、牵挂沿岸发展，多次深入黄河沿线考察调研，为黄河保护和治理工作把脉定向、作出部署，黄河流域生态保护和高质量发展上升为重大国家战略。

聚焦“国之大者”强化政治监督是纪检监

中国纪检监察报 2023年2月15日 星期三

纪法周刊 5

完善制度促进治理看实践

山东建立专项监督工作机制

护航黄河重大国家战略落地落实

1 立足“监督的再监督”，明确监督重点、细化监督任务

2 确立“一台账、两清单、双责任、双问责”监督机制，将“国之大者”落到“责之细处”

3 创新监督方式，加强对重大项目、重点工程全过程监督

声音

责任编辑：刘一霖 电话：010-59594940 邮箱：jjbzbb@vip.sina.com

察机关的根本职责，山东省纪委监委坚持从政治上看，从全局上谋，出台《关于加强山东省黄河流域生态保护和高质量发展专项监督的实施意见》(以下简称《黄河专项监督意见》)，构建专项监督机制，形成上下联动、贯通协同工作格局，监督护航黄河重大国家战略落地落实。

立足“监督的再监督”，明确监督重点、细化监督任务

万里黄河奔腾入鲁，滋养了山东大地，孕育了齐鲁文化。黄河山东段长628公里，占黄河总长度的11.5%，从东明县入境，流经菏泽、济宁、泰安等9市，在东营市注入渤海。山东是黄河流域唯一河海交汇区，是下游生态保护和高质量发展的主战场。

2021年10月，中共中央、国务院印发《黄河流域生态保护和高质量发展规划纲要》。作为指导当前和今后一个时期黄河流域生态保护和高质量发展的纲领性文件,《纲要》中8次提到“山东”，山东50多个重大政策事项纳入国家规划纲要。

“黄河重大国家战略是发展问题、生态问题，更是政治问题、大局问题。能否以强有力的监督推动黄河重大国家战略在山东顺利实施，直接检验着纪检监察机关在捍卫‘两个确立’、做到‘两个维护’上是否坚定自觉。”山东省纪委监委主要负责同志表示，自党中央把黄河流域生态保护和高质量发展上升为重大国家战略以来，山东各级纪检监察机关及时将其纳入政治监督重要内容，工作取得初步成效。

黄河重大国家战略涉及责任主体多，对不同主体在监督内容、重点、要求、手段上也各有侧重，为了以更高的站位、更科学的方法、更有力的措施做好黄河专项监督工作，山东省纪委监委从全局考虑，研究出台相关制度。

“起草《黄河专项监督意见》时，我们立足‘监督的再监督’，聚焦‘精准’二字，从监督主体责任和监管责任落实的角度入手，明确‘六个聚焦、十九个围绕’监督重点，研究提出具体监督措施。”山东省纪委监委黄河流域生态保护和高质量发展专项监督办公室三级调研员闫志江介绍道。

“六个聚焦”是山东各级纪检监察机关开展黄河专项监督的主要内容，包括聚焦构建抵御自然灾害防线、聚焦水资源集约节约利用、聚焦生态环境保护治理、聚焦加快构建国土空间保护利用新格局、聚焦在高质量发展上迈出坚实步伐、聚焦打造乡村振兴齐鲁样板和保护传承黄河文化等六个方面加强监督，每一个方面又列出若干子项目，概括为“十九个围绕”，为纪检监察机关开展精准监督画出“作战图”。

《黄河专项监督意见》明确，开展监督工作要坚持严的基调。闫志江向记者介绍，“严”具体体现为“三个聚焦”，即聚焦责任，坚决纠正党的领导弱化，责任落实虚化空转、层层递减，表态多调门高、行动少落实差等问题；聚焦纪律，紧盯规划编制、项目审批、招标投标、土地出让、工程建设、资金拨付和管理使用等领域环节，严肃查处以权谋私、贪污受贿、侵占挪用、利益输送等违纪违法问题;聚焦作风，严肃查处脱离实际、好大喜功、层层加码、阳奉阴违、弄虚作假，搞“形象工程”“政绩工程”等问题。

“推动黄河流域生态保护和高质量发展非一日之功，而是一个循序渐进的过程。因此，我们强调，在专项监督中要遵循客观规律，实事求是，防止为了监督而监督。”山东省纪委监委主要负责同志表示，为此，2022年该省纪委监委在制定《黄河专项监督意见》基础上，还制定了年度专项监督工作方案，建立2022年度专项监督重点工作计划台账，将长期任务年度化、年度任务具体化，合理安排监督节奏。

确立“一台账、两清单、双责任、双问责”监督机制，将“国之大者”落到“责之细处”

石马镇，位于山东省淄博市博山区南部，地处黄河支流淄河上游。立春已过，石马镇蛟龙村的几亩农田里覆了一层新土，孕育着新的生机。然而8个多月前，这里连同周边一片林地还被一处违建占用。

2022年5月，博山区纪委监委在开展黄河专项监督过程中，发现蛟龙村违规占用耕地建设违法建筑的问题线索。经查，该村村民违规占用部分耕地、林地建设违法建筑，镇村干部对此并未采取措施制止，也没有按规定及时上报。时任博山区自然资源局北博山所所长王某知情后，仅以罚代管，下发整改通知书了事，并未跟踪落实。

“我们在查处该起案件时，既从严查处镇村属地责任，又追究区直职能部门监管责任。”博山区纪委监委负责人说。最终，该村两名干部因违反工作纪律被给予党内警告处分；王某以及石马镇两名党员干部因工作不力、未认真履行监管职责，被给予党内警告处分。这是《黄河专项监督意见》明确的“一台账、两清单、双责任、双问责”监督机制的实践运用。

黄河重大国家战略是一项系统工程、战略工程、长期工程，专业性强，需要一套职责清晰、运转高效、链条完整、协调有力的监督工作机制，才能压实各方责任，确保各项部署落实到位。山东省纪委监委总结实践经验，在《黄河专项监督意见》中确立“一台账、两清单、双责任、双问责”监督机制，将“国之大者”落到“责之细处”。

“一台账”，就是将习近平总书记的重要指示批示、党中央的决策部署和山东省委、省政府的安排形成工作总台账，并分解到地方、省直部门单位，由此形成省直各部门单位和各市党委、政府“两清单”，监督检查室、派驻机构、巡视机构据此开展监督。“两清单”就代表着“双责任”，“双责任”没完成，就要“双问责”，既问各市党委、政府属地责任、主体责任，又问省直部门单位行业责任、监管责任。

山东省纪委监委各派驻机构、各市纪委监委再根据省纪委监委的台账、清单细化梳理，谋划各自专项监督工作。由此，形成纪检监察力量、派驻机构力量、巡视巡察力量“三管齐下”，省、市、县纪委监委“三级联动”的内部协作机制，确保责任层层落实。

“黄河重大国家战略专项监督不是纪检监察机关的‘独角戏’，需要各类监督主体共同努力、形成合力。”山东省纪委监委有关负责人告诉记者，因此，《黄河专项监督意见》强调纪检监察机关要加强与发改、工信、自然资源、生态环境等部门的沟通联系，增强信息互通、成果共享、力量统筹，发挥职能部门管理职能和专业技术优势，实现“政治监督”和“专业监督”同题共答。

为充分发挥审计监督的专业优势，山东省纪委机关与山东省审计厅联合印发《关于建立纪检监察监督与审计监督贯通协同机制的意见（试行）》，建立双方日常沟通、工作协同、成果共享等多项机制。

随着黄河滩区迁建工程全面完成，山东省审计厅启动居民迁建工程专项审计，对群众关心的资金问题加大监督力度，将目光盯在钱花得“对不对、好不好”上，对迁建资金使用过程中的重要事项和关键环节予以重点关注，并向省纪委监委机关移送涉嫌重大违纪违法问题线索10件，据此查处388人。

山东省纪委监委驻省发改委纪检监察组注重强化与驻在单位机关纪委的协同监督，探索“重点业务共同推进、重要进度定期会商、重大问题随时沟通”的监督机制。2022年以来，该纪检监察组与省能源局机关纪委组成联合督导组，先后赴滨州、东营、聊城等地开展黄河流域重点能源项目规划落实情况现场督导，多次视频连线淄博、泰安等地开展燃煤小热电关停和煤矿安全生产督导；今年1月，联合省能源局机关纪委和相关业务处室，赴济宁开展黄河流域生态保护和高质量发展巡视反馈问题整改情况督导，针对关停机组的替代项目推进滞后等问题提出整改建议，督促相关单位加大督导力度、确保项目推进。目前，该项目2×60万千瓦机组已经并网调试，预计迎峰度夏前可正式投运。

通过监督贯通、信息互通、资源共享，实现治理理念和治理机制的创新，推动监督向多元协同共治转变，不断提升专项监督工作质效。

创新监督方式，加强对重大项目、重点工程全过程监督

重大项目在黄河流域生态保护和高质量发展中起着重要作用。针对黄河重大国家战略重大工程、重点项目集中的特点，《黄河专项监督意见》要求各级纪检监察机关创新监督方式，探索清单化管理、项目化监督、工程式推进，开展下沉式、调研式监督检查，运用“一线工作法”，切实推动监督落地。

“你单位牵头负责的南四湖湿地保护恢复项目进展情况落后于原计划进度，按照重点平台项目和资金投入‘红黄牌’管理办法，现对该项目亮‘黄牌’提醒……”2022年5月13日，山东省自然资源厅收到省纪委监委发出的提醒函。

这是山东省纪委监委针对重大项目、重点工程监督探索的“两牌两函”提醒问责机制的一次运用。该省纪委监委督促省直有关部门（单位）梳理年度重点项目资金计划，建立清单、挂图上墙，实行“红黄牌”动态管理。在此基础上，建立“两牌两函”提醒问责机制，对履责不力、问题突出、推进缓慢的发送提醒函，亮黄牌提醒；对整改不力、效果不明显的发送督办函，进行重点督办；对拒不整改、造成不良后果的亮红牌，依规依纪依法追责问责。

接到“黄牌”提醒后，该省自然资源厅及时成立督导组，对进度落后项目的4项内容逐一现场查看，实地了解整改落实情况，督促责任单位建立整改落实方案，并派专人留守工程现场督导。目前该项目已按期完成。

黄河重大国家战略重大项目、重点工程往往建设周期长、覆盖面积广，传统监督力量和监督手段在一定程度上难以全链条全时域覆盖。为此，山东省各级纪检监察机关充分运用信息技术，为专项监督赋能。

沿黄生态长廊工程为山东省级重点项目，东营市境内规划面积31.55万亩，总投资24.2亿元，串联7处重要生态片区，总长237.3公里，涉及的子项目呈“零星式”分布。针对这一特点，东营市纪委监委引入“大数据+”技术，依托现有数据资源搭建“沿黄生态长廊信息化监督平台”，全面梳理工程变更、验收评估、资金拨付等关键环节，在信息化平台中植入“风险预警”模块，通过卫星影像叠加分析、智能识别研判等技术手段，自主监测项目进度、实时识别风险，并向主责部门和监管部门推送预警信息，推动实现了事前预警、事中管控、事后处置的监督闭环。

该平台启动以来，推送各类信息63条，由此发现并推动问题整改30件，追回监管资金1800余万元，有力保障了沿黄生态长廊工程的顺利推进。2022年，沿黄生态长廊工程完成投资3.05亿元，新增营造林2700余亩，绿化修复提升10000余亩，保护修复湿地6500余亩，全面完成年度任务，沿黄森林、湿地资源质量明显提升。

重大项目、重点工程建设周期长、环节多、资金量大，潜在的廉洁风险点也较多。为此，山东各级纪检监察机关紧盯重大项目、重点工程立项、审批、实施、验收等各个环节，探索开展全过程嵌入式监督的有效路径，确保第一时间发现问题，第一时间提醒整改。

济南市纪委监委在实践中摸索出人大、纪检监察、财政、审计等单位联动监督模式。2022年年初，市纪委监委召集项目牵头部门召开会议，推动34个重点项目全部纳入部门预算予以保障、列入台账监督。年中，不定期组织人大、财政、审计等部门成立联合督导检查组，对重点项目预算执行情况、推进进度进行监督，发现问题，立即督促整改。年终，对重点项目完成情况开展验收性督导检查，对工作不力、造成不良后果的依规依纪依法追责问责。

“小切口”监督、特派监督、电视问政、驻点监督……山东省纪检监察机关不断探索监督检查有效方式，多到现场看、多见具体事、多听群众说，以实际行动推动黄河重大国家战略落地落实。

声　音

山东省纪委监委充分发挥党内监督和国家监察专责作用，开展黄河流域生态保护和高质量发展专项监督，建立“一台账、两清单、双责任、双问责”监督机制，在黄河重大国家战略专项监督上先行先试，探索行之有效的经验模式，为推动黄河流域生态保护和高质量发展提供了坚强保障。该项监督机制，督促职能部门通过清单化、项目化管理，聚焦重点任务，厘清工作职责，明确分工，注重跟踪问效，推动黄河流域生态保护和高质量发展落实落地落细。此外，该监督机制既压实职能部门责任，又明确属地党委、政府的责任，出现问题时予以问责，倒逼职能部门和属地党委、政府主动扛起责任，积极作为、加强协作、合力抓落实。

——山东省发展和改革委员会一级巡视员　王海林

山东省纪检监察机关针对黄河流域生态保护和高质量发展中项目集中、工程资金密集的特点，紧盯关键环节，充分运用“一台账、两清单、双责任、双问责”监督机制，监督保障重大项目按时建成达效。黄河口国家公园是国家批准创建的首个陆海统筹型国家公园，公园创建伊始，东营市纪委监委及时跟进，派出监督员现场“驻点”，对公园创建关键期涉及的4项重大工程、17项具体任务开展全过程跟踪，既建立“三色三单”监督机制，发现问题及时督促整改；又协调各职能部门主动扛起责任、帮助疏通堵点，保障有关项目顺利开工；既严肃处理违规违纪干部，营造风清气正政治生态；又出台激励党员干部干事创业工作办法，为担当者撑腰鼓劲，引导党员干部真正把心思精力用在工作上，为黄河口国家公园顺利通过国家评估验收打下了坚实基础。

——山东黄河三角洲国家级自然保护区党工委书记、管委会主任　许明德

山东省纪检监察机关在黄河流域生态保护和高质量发展专项监督中，坚持广开言路、倾听民意、问计于民，汇聚媒体监督的力量，解决了一批关系发展和民生的大事要事。比如，济南市纪委监委会同济南广播电视台，推出了电视问政专题栏目《黄河监督哨》，通过曝光黄河流域生态保护和高质量发展工作中存在的问题和不足，倒逼干部履职尽责、部门担当作为。同时，将一些群众关注的热点问题、制约高质量发展的堵点问题主动暴露出来，促进整改。如今，专项监督正在进一步深化，下一步，建议进一步发动社会和公众广泛参与，发挥新闻媒体联系群众的优势，主动听民声、解民忧，将舆论监督、党内监督、民主监督和群众监督凝聚成监督合力，推动山东在落实黄河重大国家战略上走在前、开新局。

——山东省监委特邀监察员、山东广播电视台《问政山东》栏目制片人　田进

（《中国纪检监察报》2023年2月15日第5版）

山东开展护航优化营商环境专项行动
压实责任担当　激发干事动力

党的二十大报告指出，“深化简政放权、放管结合、优化服务改革。构建全国统一大市场，深化要素市场化改革，建设高标准市场体系。完善产权保护、市场准入、公平竞争、社会信用等市场经济基础制度，优化营商环境”。

今年是全面贯彻落实党的二十大精神的开局之年，做好经济工作意义重大。山东省纪委监委立足职能职责，服务中心大局，今年2月，专门印发实

中国纪检监察报　2023年5月24日　星期三　纪法周刊　5

完善制度促进治理看实践

山东开展护航优化营商环境专项行动

压实责任担当　激发干事动力

1 走访调研明确靶向，研判报告营商环境突出问题开列“负面清单”

2 “一线工作法”察实情，根据地域和行业特点找准监督着力点

3 严查快处确保惩治不松，容错纠错激励担当作为

声音

施意见，在全省开展护航优化营商环境专项行动，明确围绕政务环境、市场环境、要素环境、人文环境、法治环境、服务环境“六大环境”加强监督，紧盯党员干部存在的责任问题、纪律问题、作风问题，推动职能部门履职尽责、激励党员干部担当作为，助力营造市场化、法治化、国际化一流营商环境。

走访调研明靶向，研判损害营商环境突出问题开列“负面清单”

“拼经济促发展是今年的重要工作，山东作为经济大省，更应该展现出格局和担当，带头把党中央的要求落到实处。全省各级纪检监察机关要自觉置身这一大局之中，把护航优化营商环境作为服务保障中心工作的重要举措。”2月15日，在山东省纪委监委召开的护航优化营商环境专项行动动员部署会上，省纪委监委主要负责同志表示。

此前，山东省委经济工作会议、全省加力提速工业经济高质量发展大会均对优化营商环境提出了明确要求。

营商环境是经济软实力、综合竞争力、区域影响力的重要体现，优化营商环境是在新发展阶段贯彻新发展理念、构建新发展格局、推动高质量发展的长远之策。

近年来，山东省各级纪检监察机关紧紧围绕全省发展大局，立足职能职责，强化优化营商环境监督治理，取得了一定成效。“但要看到，与先进省份相比、与企业和人民群众期盼相比、与高质量发展要求相比，还有差距。”山东省纪委监委有关负责人介绍，从执纪执法中发现的问题来看，有的地方“玻璃门”“弹簧门”“旋转门”等问题依然存在；有的落实惠企政策不及时、不全面，表态好、落实差；有的干部“官本位”思想重、服务意识差等，“可以说，这些问题是制约山东发展的短板，必须高度重视、认真解决。”

针对问题，找准症结，是精准监督的前提。为此，山东省纪委监委进行了大量调研，与济南、青岛等8市纪委监委进行座谈，到省委改革办、省政府办公厅走访交流促进经济发展的一揽子政策，到省发展改革委、省工信厅、省商务厅等职能部门了解优化营商环境的具体举措，到省信访局、12345政务服务热线现场了解涉企投诉反映，用好作风建设专题调研成果，对全省纪检监察机关2022年查处的4081起不担当不作为乱作为假作为问题梳理分析，确定损害营商环境的突出问题和干部作风“负面清单”，提高专项监督精准度。

在调研的基础上，该省纪委监委印发了《关于开展护航优化营商环境专项行动的实施意见》，主要围绕政务环境、市场环境、要素环境、人文环境、法治环境、服务环境“六大环境”加强监督，重点是围绕落实党中央决策部署和省委、省政府关于促进经济发展的一系列措施，确定专项行动工作重点。

为确保各项监督任务落实，实施意见明确了“一台账、两清单、双责任、双问责”监督机制，督促各级对照山东省深化营商环境创新提升行动实施方案厘清责任、抓好落实，把专项行动发现的问题及时纳入政治监督活页，以台账式管理、项目化落实推动专项行动走深走实。

针对专项行动的阶段性、周期性特点，山东省纪委监委探索建立“一季度一监测、一季度一督导、一季度一报告”工作机制，加强监督检查和分析研判，督促履行好职能部门监管责任和地方主体责任。

为凝聚合力、加强协作，该省纪委监委会同省发展改革委、省科技厅、省工信厅等部门单位，组成专项行动联合小组，制定联席联动、加强协作配合的工作措施，建立健全季度会商、联合督查、线索移送、评估奖惩工作机制。专项行动部署开展以来，各单位已移交损害营商环境问题线索40余件。

“一线工作法”察实情，根据地域和行业特点找准监督着力点

“感谢‘清风使者’，上次反馈的农业技术人才短缺、专业化培训较少等问题，区社会工作部已积极协调省农科院为我们开展了定期指导，经过两个多月的专家授课和专题培训，现在公司从业人员的专业技能有了明显提

升。”近日，在威海恒兴农业发展有限公司，企业负责人王斌面对前来回访的威海市临港经济技术开发区纪检监察工委工作人员说道。

王斌口中的“清风使者”，源于威海市纪委监委在全市开展的“清风护航”助力优化营商环境专项行动。按照市纪委监委部署，临港经济技术开发区纪检监察工委在全区范围内选取24家代表性企业作为营商环境监测点，由纪检监察干部担任“清风使者”，与企业建立“一对一”护航发展机制，通过常态化下沉一线、梳理汇总问题清单、建立台账、现场督办等方式，推动政策落实、干部作风转变，助力企业健康发展。

营商环境好不好，经营主体最清楚，也最有发言权。在专项行动中，山东省纪委监委大力推行“一线工作法”，采取建立监督监测点、“纪企直通车”、与企业座谈、驻点监督等多种方式，更多听取中小微企业的呼声，更多从经营主体的角度查找突出问题，更多以企业家的真实感受研判工作成效，通过以下看上、以点看面，及时发现、推动解决问题。

临港经济技术开发区的“清风使者”正是“一线工作法”的具体实践，也是山东省纪委监委有关做法的向下延伸。据了解，该省纪委监委为了近距离听取企业声音，探索建立“纪企直通车”工作机制，选取不同层级企业作为营商环境监测点，省纪委监委设置50个企业、项目监测点，建立常态化沟通联系机制，每半年到监测点调研一次，听取意见建议，了解困难和问题；年底将组织开展评议活动，推动有关部门单位改进提升工作。

为使监督下沉，该省纪委监委还督促各市纪委监委结合本地实际，建立市、县两级企业监测点和项目监测点，同时，提醒各市、县把握好总体数量、行业产业分布和监督检查方式，避免出现“大呼隆”、监测点扎堆等形式主义官僚主义问题。

山东省东、中、西部地区经济社会发展水平不够均衡，产业结构存在差异，影响营商环境的问题表现形式也不尽相同，如何做到精准监督、对症下药？

“我们要求各市、县，各省直部门不搞‘上下一般粗’，在省纪委监委部署的基础上，体现地域特色和行业特点，针对本地区本系统本单位的突出问题，自主开展‘短平快’的整治工作，提高监督的精准度。”山东省纪委监委党风政风监督室负责人表示。

实践中，各地各部门对工作中发现的突出问题进行研判分析，开展精细化治理。济南市纪委监委聚焦经济社会发展领域，围绕市委、市政府确定的100项重点任务和第一批1301个重点项目，实施清风强责、清风肃纪、清风除障、清风筑坝、清风促廉、清风加力六大行动，服务保障重点项目建设；青岛市纪委监委以财政涉企资金“绿色门槛”惠企政策落实为切入点，采取“专责+专业”监督方式，助推政策惠及更多企业和经营主体；临沂市纪委监委开展行政执法领域专项监督，深入纠治执法不严格、不规范、不公正、不文明、不廉洁5类突出问题，对6436家近3年来受过行政处罚的企业进行回访，收集具体问题和意见建议215条、涉及党员干部问题线索21条；驻省发展改革委纪检监察组以推动全省公共资源交易平台整合共享为切入点，开展“组组”“组地”联动监督，就政府采购、工程项目招投标及农村产权交易“应进必进”公共资源交易平台等现场督导，推动公共资源阳光交易……各级纪检监察机关（机构）发现问题的精准度、纠治问题的力度不断提升。

严查快处确保惩治不松，容错纠错激励担当作为

“侯伟在环保检查、行政处罚、环评办理等方面随意执法，利用职务便利为多家企业搞‘人情监管’，并收受财物；向辖区内多家企业推销酒水等，增加企业负担，损害执法权威。侯伟同时存在其他违纪违法问题。2023年1月，其受到开除党籍、开除公职处分，违纪违法所得予以收缴。”4月14日，山东省纪委监委网站公开曝光5起损害营商环境典型问题，临沂市郯城县生态环境综合执法大队港上中队原中队长、四级主办侯伟随意执法等问题为其中一起。

营商环境不好，背后往往存在腐败和作风问题，山东通报的5起损害营商环境典型问题中，有的履职不力、违规用权，给项目建设、园区运行带来

"后遗症"；有的滥用执法权、司法权，破坏公平公正的法治环境；有的利用职权违规干预和插手市场经济活动，干预企业正常经营活动，扰乱公平竞争的市场环境；有的故意刁难、强行推销，损害企业利益。

山东各级纪检监察机关紧盯影响营商环境的突出问题，严肃执纪执法，既严查权钱交易、滥用职权、官商勾结等违纪违法问题，也向对企业"爱搭不理""不闻不问"等作风问题及时亮剑，确保惩治的"后墙"不松。

为拓宽群众反映问题渠道，山东省纪委监委联合8家省直部门单位，在门户网站、微信公众号发布受理损害营商环境问题的公告，公开受理监督举报。对破坏营商环境问题线索"大起底"，对专项监督中发现的问题线索优先调查、优先处置，对部分问题线索实行提级办理、挂牌督办、领导包案，对职能部门查否的问题线索进行抽查核实。

据统计，今年一季度，该省共查处损害营商环境问题393件次，给予党纪处分158人次、政务处分61人次、组织处理7人次，移送司法机关15人次，共查处不担当不作为乱作为假作为问题787个、处理1203人，其中给予党纪政务处分754人。

亲清新型政商关系，必须以"亲"来打头，以"清"来压舱。"我们发现，有的领导干部怕出错，抱着多一事不如少一事的心态，刻意疏远、回避企业家，不理会企业家正常诉求。与亲而不清一样，清而不亲对政商关系同样危害甚大。"山东省纪委监委党风政风监督室负责人说。

不仅整治纠偏，还注重激发干事动力。山东省纪委监委进一步探索完善政商交往正面、负面清单，鼓励各级领导干部为企业靠前服务，坦荡真诚同企业家接触交往，自觉做到"亲而有界、清而有为"；要求各级纪委监委在实践中严格落实"三个区分开来"，完善精准问责、容错纠错等机制，坚持实事求是、依规依纪依法开展监督检查，以全面的、历史的、发展的眼光看待问题、对待干部。

烟台市纪委监委着眼激励干部履职尽责、担当作为，增强服务意识、服务能力，会同组织部门出台《关于激励干部担当作为实施容错纠错的办法》，明确规定对干部在招商引资、招才引智、服务企业等工作中，着眼提高效率、进行容缺受理，出现失误错误或者存在一定程序瑕疵的，按规定予以容错处理。济南市章丘区纪委监委坚持“三个区分开来”，倡导各街镇、各部门积极开展服务机制和模式创新，允许对非核心要件进行“先批后补”容缺受理、容缺审核，宽容干部在加快改革发展中出现的偏差失误，通过事前风险报备、事中告知、事后澄清等机制，坚决“为担当者担当、为负责者负责”。

“开展专项行动，就是要通过惩治不担当不作为、保护敢担当善作为，督促党员干部特别是领导干部树牢‘有解思维’，增强服务意识，破除‘官本位’思想，用心用力为企业解难题、办实事，挺直腰杆、放心大胆地为经营主体保驾护航。”山东省纪委监委有关负责人表示。

声　音

水美则鱼肥，土沃则稻香。营造一流营商环境是实现地方经济社会高质量发展的重要基础和关键一环。今年，山东省委、省政府实施深化营商环境创新提升行动，推出切实有效措施，致力于为企业发展营造良好环境。山东纪检监察机关部署开展护航优化营商环境专项行动，严查以权谋私、权钱交易，整治干部身上存在的官气、惰性，推动职能部门履职尽责、激励干部担当作为。纪检监察机关在专项整治中，针对企业和群众反映突出的问题，在查处问责的同时，更加注重破除背后的体制性障碍、机制性梗阻，深层次打通优化营商环境的难点、痛点、堵点。

——中共山东省委党校（山东行政学院）经济学教研部教授　徐加明

济南市章丘区纪委监委在护航优化营商环境专项行动中，依托融媒体平台，开展项目推进“阳光问效”活动，搭建政企沟通“连心桥”，畅通企业发展“舒心路”。截至目前，共开展问效活动3场，解决企业发展中遇到的用地、审批等问题14个。在纪检监察机关的“牵线搭桥”下，职能部门和项目负责人开展面对面交流，把问题摆在桌面上，职能部门了解了企业的需求，企业也了解了职能部门的责任。在活动现场，我们见证了企业家带着问题进场、带着答复和解决方案离场；见证了职能部门带着顾虑进场、带着动力离场。零障碍沟通使企业打消了疑虑，政商关系更加密切。下一步，我们将主动发挥媒体正面引导作用，为打造亲清统一的新型政商关系营造良好舆论氛围。同时，发挥舆论监督作用，跟踪报道企业反映问题整改落实情况，确保问题真正整改到位。

——山东省济南市章丘区融媒体中心副主任　卢震

我们公司被山东省纪委监委确定为“护航优化营商环境监测点”，在公司大门口悬挂统一样式的牌子，上面有省、市、区三级监督受理电话，还有纪委监委线上举报二维码。通过“一牌一码”，以点带面，辐射周边，使我们附近的企业、群众，可以通过电话、微信等多种方式，快捷方便地投诉、举报、建议。同时，我们公司所在的临沂市，纪检监察机关还开展了“企业评部门”活动，发放作风监督卡片，定期开展问卷调查，专线受理问题反映，接受企业监督。在与纪检监察机关打交道的过程中，我们真切感受到他们在为企业保驾护航；在职能部门的帮助下，我们反映的具体问题得到了解决，作为企业，投资兴业的信心和劲头更足了。

——山东莱克科技有限公司董事长　郁善涛

（《中国纪检监察报》2023年5月24日第5版）

建好用好黄河国家文化公园
九曲黄河入海流

黄河文化是中华文明的重要组成部分，是中华民族的根和魂。建设黄河国家文化公园，是党中央、国务院作出的重大决策部署，是彰显中华民族文化自信的国家重大文化工程。

沿着黄河遇见海。近日，记者前往山东济南、滨州、东营等地，实地走访感受这一国家文化工程的建设成效。

4 观察　2024年6月10日　星期一　中国纪检监察报

深度关注

建好用好黄河国家文化公园

九曲黄河入海流

本报记者 李灵娜 管筱璞 自山东报道

黄河文化是中华文明的重要组成部分，是中华民族的根和魂。建设黄河国家文化公园，是党中央、国务院作出的重大决策部署，是彰显中华民族文化自信的国家重大文化工程。

沿着黄河遇见海。近日，记者前往山东济南、滨州、东营等地，实地走访感受这一国家文化工程的建设成效。

1 加强顶层设计，“国家”是基本底色，“文化”是内在灵魂，“公园”是基本定位

2017年1月，中办、国办印发《关于实施中华优秀传统文化传承发展工程的意见》，提出规划建设一批国家文化公……

2 注重保护优先，推进黄河流域生态保护和高质量发展

3 保护传承弘扬黄河文化，让黄河成为造福人民的幸福河

4 连续三年开展黄河重大国家战略专项监督，护航黄河国家文化公园建设

观天下

德国反对将欧洲汽车市场与外国竞争隔绝

新华社法兰克福6月8日电（记者 刘向）德国总理朔尔茨8日发表讲话，反对因与外国竞争而封闭欧洲汽车市场。

据《法兰克福汇报》报道，朔尔茨当天在德国吕瑟尔斯海姆出席欧宝汽车公司125周年庆祝活动时说：“我们不会对外国公司关闭我们的市场，因为我们也不希望我们的公司在国外市场受到同样的对待。”

欧盟委员会去年10月发起对中国电动汽车的反补贴调查。有消息称，欧盟委员会或将效仿美国滥用贸易保护主义，对中国电动汽车加征关税。德国交通部长、经济部长、财政部长日前均表示，对中国电动汽车加征关税无法保护欧洲相关产业发展，而只会伤及德国企业、德国经济和公平竞争的国际贸易环境。

以色列在加沙救出4人 巴方死伤600多人

丹麦首相街头遇袭受伤 欧洲领导人遭袭暴力行为

骗子假扮乌克兰前总统 英国外交大臣上当

奥地利积极推广武术运动

加强顶层设计，“国家”是基本底色，“文化”是内在灵魂，“公园”是基本定位

2017年1月，中办、国办印发《关于实施中华优秀传统文化传承发展工程的意见》，提出规划建设一批国家文化公园。2020年10月，党的十九届五中全会提出，建设长城、大运河、长征、黄河等国家文化公园。

2023年，国家发展改革委等多部门联合印发《黄河国家文化公园建设保护规划》，提出构建黄河国家文化公园总体空间布局和重点功能区。黄河下游的山东省随之印发《黄河国家文化公园（山东段）建设保护规划》，提出立足齐鲁地域文化特征、黄河文化遗产分布特点，坚持轴带贯通、区域协同、高地支撑，构建“一廊一带四区多点”的建设格局。

“我们在省级层面印发实施建设保护规划，为黄河国家文化公园（山东段）建设提供有力依据。”山东省文化和旅游厅资源开发处处长李斌表示，建设黄河国家文化公园有利于打造国家重要文化标识，延续历史文脉，增强文化自信，推动遗产保护、文化传承、旅游开发、生态治理一体化推进，带动黄河沿线地区高质量发展。

2021年接到编制规划任务后，山东省古建筑保护研究院规划研究部主任、黄河国家文化公园建设工作专班成员于军很快发现“这活儿不好干”。

“与世界文化遗产长城、大运河不同，黄河不是一个单纯的文化遗产概念。”于军回忆，大家决定从三方面入手“破题”：一是梳理黄河在山东的6次改道历程及代表性河段；二是梳理黄河文化，包括沿线的中华优秀传统文化以及革命文化等；三是梳理相关文化遗产。

项目组梳理大量资料，经专家多轮认证，山东段规划最终成型。

“理解国家文化公园，重点要把握三个关键词。”于军认为，“国家”是基本底色，突出国家形象；“文化”是内在灵魂，展现文化基因和精神密码；“公园”是基本定位，既是文化交流、休闲游憩的载体，也是感知文化精神的主要承载。

注重保护优先，推进黄河流域生态保护和高质量发展

在黄河入海口，雄浑的黄河与蔚蓝的大海相拥，造就了“河海交汇”的旷世奇观。黄河携大量泥沙而来，孕育出“共和国最年轻的土地”——黄河三角洲。

山东黄河三角洲国家级自然保护区工程师王立冬在此工作了近30个年头，亲眼见证了保护区的变化。

早年间，这里还是一片光秃秃的光板地、盐碱滩，生态环境非常脆弱。东营探索“黄河口湿地修复模式”，坚持保护优先、自然修复为主，科学组织生态补水，实施退耕还湿、退养还滩、互花米草治理、盐地碱蓬恢复等生态修复工程。在当地有关部门不懈努力下，才有了眼前这片水草丰茂、鱼鸟翔集的大美湿地。

“设立保护区意义重大。我们的努力，就是为了给后代留下这片净土。”王立冬说。

全球9大候鸟迁飞通道中，2条经过东营。每到迁徙季，数百万只候鸟在此休憩觅食，蔚为壮观。保护区1992年成立时，鸟类仅有187种。如今，保护区鸟类已增加到373种，其中国家一级保护鸟类有26种。

“‘鸟中国宝’东方白鹳有‘三高’，高挑、高寿和高傲。远处电线杆上是保护区最大的东方白鹳鸟巢，直径五米半。”每次讲解，讲解员巴梦瑶都会自豪地介绍。

湿地建有很多立杆，每根上面都有一个碗状的钢结构框架。“这是为东方白鹳建设的人工招引巢。”巴梦瑶告诉记者，眼下正值繁育季节，几乎每个巢中都有东方白鹳幼鸟。由于东方白鹳繁育数量连年递增，保护区已陆续建设了133处招引巢。

滨州是黄河穿城而过的城市之一。呈现“几”字形河道的微缩景观，与近在咫尺的黄河相映成趣；借助原有地形、水系、植被建设的生态公园，成为市民露营、亲近黄河的好去处……位于滨州市滨城区市西街道小街村的黄

河小街湾是该市黄河生态保护工程的重要组成部分，通过全面拆除违建、恢复水域岸线，黄河岸边重现风采。

“我们利用当地河宽滩大等生态特色，实现废墟变公园、滩涂变绿地。”滨州市文旅局副局长高晓勇介绍，当地扶持发展沿黄城郊休闲观光农业，助力乡村振兴，村民收入大幅提高。

在黄河流域生态保护和高质量发展战略的推动下，更多像小街村这样的沿黄村落焕发勃勃生机。

保护传承弘扬黄河文化，让黄河成为造福人民的幸福河

党的二十大报告提出：“坚持以文塑旅、以旅彰文，推进文化和旅游深度融合发展。”黄河国家文化公园建设以来，山东省聚焦弘扬齐鲁文化、讲好黄河故事，不断推动文化体验廊道建设，培育“沿着黄河遇见海”文化旅游品牌。

5月29日，东营市第一家“国字号”场馆——国家方志馆黄河分馆（黄河文化馆）迎来开馆6周年纪念日。6年来，这座黄河文化主题场馆致力于讲述黄河故事、传播黄河文化，受到社会各界广泛好评。当天，山东省黄河三角洲建设投资集团组织党员干部参观“大河奔流”黄河文化主题展区，深切感受黄河文化的博大精深，深入学习中国共产党领导下的人民治黄事业所取得的丰功伟绩，从中汲取干事创业的智慧和力量。

在山东段“一廊一带四区多点”建设格局中，东营市位于“一廊”顶端，承担建设“生态入海文化展示区”重任。

夏日，不少游客来到东营市利津县东津渡的黄河书屋，读一本书，品一盏茶，凭窗而坐。游客既可从书中品读“黄河落天走东海，万里写入胸怀间”，也可抬望眼，沉浸式体验“黄河之水天上来，奔流到海不复回”。

东津渡是黄河历史上有名的渡口，距今有1200多年的历史。利津县文旅局副局长李洪亮介绍：“我们把黄河文化挖掘传承贯穿始终，东津渡正在重点建设黄河文化体验区。”

想找寻黄河滩区迁建记忆，东营市垦利区董集镇杨庙社区是极好去处。杨庙·黄河里乡村微度假项目依托省文化体验廊道建设重点村罗盖村原址村落，通过场景复原、老物件展示等方式留下乡愁记忆，讲好新时代“黄河故事”。

以建设国家文化公园为契机，滨州市深入挖掘黄河文化资源，开展一系列丰富多彩、独具特色的活动。

历史上，惠民县胡集镇毗邻黄河渡口，是鲁北地区交通经贸重镇。每年正月十二，全国各地曲艺人齐聚胡集，登台献艺。

胡集镇充分挖掘胡集书会与黄河流域灿烂文化，建成曲艺文化公园。胡集书会非物质文化遗产传习中心建设项目预计年内完工。

作为山东颇具代表性的地方剧种，起源于黄河三角洲地区的国家级非物质文化遗产吕剧，与胡集书会一样深受群众喜爱。

吕剧艺术传承人、博兴县戏剧团副团长鲍学铭介绍，有着百年历史的吕剧源于生活，具有浓郁的乡土气息。现在，“曲目台词变了，生活也变得越来越好了！”

在李斌看来，建设黄河国家文化公园，有利于深入挖掘黄河文化时代价值，推动黄河文化走进群众、走进生活，形成人民群众参与体验黄河文化的空间。

连续三年开展黄河重大国家战略专项监督，护航黄河国家文化公园建设

国家文化公园是传承中华文明的历史文化标识、凝聚中国力量的共同精神家园、提升人民生活品质的文化体验空间。建设黄河国家文化公园（山东段），是山东省落实黄河流域生态保护和高质量发展战略的关键支撑。

2022年起，山东省纪检监察机关聚焦“国之大者”强化政治监督，连续三年开展黄河重大国家战略专项监督，推动黄河重大国家战略在山东落地落实。

“落实黄河重大国家战略是一项系统工程，时间跨度长、涉及领域多、工作任务重。”山东省纪委监委有关部门负责同志介绍，每年印发专项监督工作方案，构建上下联动、贯通协同工作格局，并将推进黄河国家文化公园（山东段）建设、保护传承弘扬黄河文化等重点工作纳入监督台账。

“作为派驻纪检监察组，我们首先明确驻在部门涉及的黄河国家文化公园（山东段）建设等与黄河相关业务，督促省文旅厅成立工作专班。”山东省纪委监委驻省文旅厅纪检监察组副组长李民告诉记者，与此同时，该组严格落实“一台账、两清单、双责任、双问责”机制，对照监督台账督导省文旅厅黄河专项工作落实情况。

根据《黄河国家文化公园建设实施方案》，到2025年，黄河国家文化公园基本完成建设任务。截至目前，山东已谋划实施一批重大文旅项目，滨州黄河文化保护利用建设等国家文化公园项目获中央预算内资金支持，齐河黄河特色文化展示等国家文化公园项目获省预算内资金支持。

紧盯专项资金落实使用情况，驻省文旅厅纪检监察组加强一线调研，到省内沿黄9市实地调研、和驻在部门部分业务处室联合调研，对文旅项目、文保工程进展情况进行监督。

“随着黄河国家文化公园建设的推进，我们从聚焦黄河文化保护传承，督促完善黄河国家文化公园（东营段）实施方案，逐渐转为紧盯黄河文化旅游带建设，督促实施一批文化体验廊道重点项目。”东营市纪委监委黄河流域生态保护和高质量发展专项监督办公室主任盖锐告诉记者，纪检监察机关精准选取制约黄河重大国家战略的堵点难点痛点，探索“小切口”监督整治，把监督着力点放到具体人、具体事、具体问题上。

滨州市纪委监委优化政治监督载体，将黄河国家文化公园建设有关情况列入市委宣传部、市文旅局、滨盛文旅集团等单位政治监督活页，适时掌握进度，跟进开展监督。

为确保多点联动的黄河国家文化公园载体如期完工，滨州市纪委监委深化运用“室组地企”联动机制，指导滨盛文旅集团纪委围绕黄河楼运行、管理等开展监督检查，向相关责任单位下发监察建议。滨城区纪委监委聚焦重点项目建设情况，对区政府通报的工程进展缓慢问题进行实地督导。监督护航之下，黄河国家文化公园建设取得扎实成效。

（《中国纪检监察报》2024年6月10日第4版）

在国家级新区建设中拓展政治监督路径

中国纪检监察报　2024年7月11日　星期四　调研　7

调查与研究

在国家级新区建设中拓展政治监督路径

山东省纪委监委调研组

业务丛谈

以审理之为严守案件质量生命线

叶承桃　王明敏

监督护航营造一流营商环境

新时代新征程政治监督的根本任务，就是推动全党深刻领悟“两个确立”的决定性意义，始终把“两个维护”体现在实际行动上，确保党中央大政方针和习近平总书记重要指示批示精神不折不扣落到实处。实践中，山东省纪委监委坚持从全局谋划一域、以一域服务全局，将习近平总书记关于国家级新区建设的重要指示批示精神和党中央决策部署的落实情况，作为推进政治监督具体化、精准化、常态化的工作切口和有力抓手，构建“精准选题、调研开路、深挖根源、整改纠偏、深化治理”全流程闭环监督管理机制，着力保障党中央决策部署在青岛西海岸国家级新区落地见效。

始终胸怀“国之大者”选题定位

政治监督具有鲜明的政治属性和政治导向，必须始终把焦点放在关乎全局、关乎长远、关乎根本的“国之大者”上，健全对跨地区跨部门重大战略的协同监督机制，督促各级各部门结合地区、行业、领域实际抓好贯彻执行，切实把战略意图、决策部署不折不扣落到实处。

党的二十大报告强调，发展海洋经济，保护海洋生态环境，加快建设海洋强国。青岛西海岸新区作为全国第一个以海洋经济发展为主题的国家级新区，是山东省承接部署的省内唯一国家级新区，承担着“打造海洋强国战略支点”的国之重任，在引领海洋经济发展中发挥重要作用。山东省纪委监委深入实施思想政治建设“铸魂工程”，深化落实“第一议题”制度，持续用好领导班子领学、机关党委督学、党支部研学、青年理论学习小组促学、党员自学“五学联动”机制，用心用情学习习近平新时代中国特色社会主义思想，全面学习习近平总书记关于国家级新区建设的重要讲话精神和重要指示要求，充分把握高质量建设发展国家级新区的重大意义，切实把思想和行动进一步统一到党中央决策部署上来。

为充分发挥监督保障作用，建立与省推进国家级新区高质量发展联席会议办公室的协调推进机制，定期开展工作会商和联合督导，推动省直有关职能部门严格落实分工责任，同向发力、凝聚合力，认真履行支持、指导、监管职责，督促青岛市和西海岸新区健全完善工作推进机制，切实抓好各项任务落实落地。聚焦党中央、国务院关于国家级新区高质量建设发展的决策部署，紧扣青岛西海岸新区“四区一基地”战略定位，加强对重点任务、重点举措、重要政策落实和推进情况的日常了解、定期调度、实地检查，围绕在监督检查中发现的具体问题，先后组织召开多次专题会议进行研究讨论，并聚焦突出问题开展“点对点”监督，进一步深挖体制机制不畅等基础性、根源性问题，为省委决策提供有效参考。

坚持问题导向开展监督调研

调查研究是谋事之基、成事之道，是纪检监察机关做实政治监督的有效方式。

青岛西海岸国家级新区建设，政治定位高、涉及部门多、涵盖领域广、时间跨度长，省纪委监委集中抽调监督力量，以监督调研开路，既深入新区查问题，又跳出新区看新区，切实把新区现状摸清、把问题表现找准。全方位了解情况，采取座谈交流、实地考察、个别访谈等方式，先后到省发展改革委等11个省直部门和青岛市、西海岸新区等地开展调研，通过组织召开座谈会、访谈领导干部、调阅文件资料等方式，全面客观了解西海岸新区战略落实情况。多层次发现问题，纵向上对省、市、区推动国家级新区决策部署落实情况进行梳理，委托省宏观经济研究院对新区发挥辐射带动作用情况进行评估；横向上围绕政策支持、要素保障、体制机制等重点，与湖南湘江新区等国家级新区、济南新旧动能转换起步区以及省内4个省级新区进行分项对比，查找新区建设存在的具体问题。

在监督调研过程中，省纪委监委立足“监督的再监督”职能定位，坚持透过业务看政治、通过发展看落实，聚焦具体问题表现，注重以政治视角审视、分析和甄别。从省级层面，重点分析省直有关部门是否站在全面实施海洋战略、服务引领海洋经济的高度，做好统筹协调和服务保障；从青岛市层面，重点看是否严格落实主体责任，对国家级新区建设发展加强组织领导、研究谋划、部署推进、督导落实，在机构设置、人员配备、政策配套等方面给予充分支持；从西海岸新区层面，重点研判新区各职能部门是否深刻认识国家级新区背后的责任使命，用足用好新区建设“金字招牌”，以强有力的协同监督推动国家战略落实到“最后一公里”。

调研发现，当前西海岸新区建设存在“发挥国家级新区引领辐射作用不够”“重争取项目轻推动落实”等问题。如，调研座谈中有22名省直部门同志“不知道西海岸新区是国家级新区，认为只是青岛的新区”，反映出其对党中央决策部署了解掌握不全面、不深入，没有把建设发展国家级新区的责任扛在肩上、抓在手上。又如，新区自身经济总量在青岛市乃至山东省的占比相对较大，但其化工、家电制造、海洋经济等主导产业的产业链向区外延伸辐射不够、贡献率低，反映出其在发挥产业带动作用、促进区域协同发展上重视不够，没有形成内外共同发展、成果全域共享的良好格局。

从严监督保障决策部署落实到位

在调研监督发现问题基础上，山东省纪委监委下大力气开展整改整治专项行动，聚焦党中央决策部署落地落实，围绕国家级新区建设特点和工作重点，坚持政治监督和日常监督相结合，制定对西海岸国家级新区建设开展专项监督的实施意见，并配套出台年度具体实施方案，采取“室组地”模式开展联动监督。一方面，坚持分级分层开展监督，由监督检查室统筹抓总，派驻纪检监察组紧盯有关职能部门履职情况，青岛市纪委监委紧盯市直有关部门单位和青岛西海岸新区建设任务推进落实情况，上下协同联动一体做好监督；另一方面，省纪委监委会同相关职能部门单位组成联合督查组，坚持“四不两直”“一竿子插到底”的工作方式，直接到新区建设一线实地督导检查、推进落实。

监督检查始终突出重点、创新方式。坚持从政治上看、从政治上查，围绕党的二十大关于全面贯彻新发展理念、着力推动高质量发展、主动构建新发展格局等战略部署，以及党中央、国务院对国家级新区建设提出的重点任务、重要要求，加强政治监督，从决策部署落实中发现工作问题，从工作问题中查找政治偏差，推动进一步把准政治方向、落实政治要求、担当政治责任。围绕新区建设发展过程中资金投入大、辐射领域多、覆盖行业广等特点，始终盯住权力集中、资金密集、资源富集的重点领域和关键环节，不定期深入重大项目、重要工程、民生实事等基层一线开展查访，对发现的苗头性、倾向性问题予以谈话提醒；对信访反映集中、监督发现问题严重的，及时研判分析，坚持短平快原则予以严肃查处，典型问题一律通报曝光。把严明党的政治纪律和政治规矩摆在突出位置，对“关键少数”加强针对性监督，加大廉政谈话力度，对新区“一把手”每年由省纪委监委采取“一对一”模式谈，新区领导班子成员由青岛市纪委监委主要负责同志谈，重点岗位人员由青岛市纪委监委会同新区纪委监委领导同志谈，同时加大针对性警示教育频次和力度，督促新区各部门共同抓紧抓实新时代廉洁文化建设，着力营造风清气正政治生态。

以常态监督深化长效治理

省纪委监委以监督保落实、以常态促长效，紧密围绕国家级新区建设战略目标和工作实际，把政治监督和日常监督紧密结合，着力推进政治监督具体化、精准化、常态化，确保党中央决策部署落实落细。

统筹抓好长期目标和短期任务，动态更新监督重点。既锚定国家级新区战略使命不放松，围绕思想认识、责任落实、纪律作风等方面，加强对各级各部门履职尽责、党员干部担当作为情况的监督检查；又紧盯具体政策、具体措施、具体效果，因时因势调整监督任务，做到一年一重点、一策一方案，推动监督重点始终同党中央决策部署要求相契合。

统筹抓好上下联动和横向贯通，细化完善监督机制。深化运用“一台账、两清单、双责任、双问责”监督机制，建立总台账，明确责任分工和节点要求，做实日常监督。统筹省、市、区三级纪检监察力量抓好监督联动，用好“双看式”监督方法，既以上看下促落实，又以下看上查堵点，相互印证找问题，上下一体推动整改。聚焦重点任务，用好“室组”联动监督、“组组”协同监督机制，建立与职能部门定期会商、联合督导等协调推进机制，以有力监督推动有效落实。

统筹抓好专项监督与重点工作，做到系统协同推进。将西海岸国家级新区建设专项监督与黄河流域生态保护和高质量发展专项监督、护航优化营商环境专项行动等工作相结合，做到一体谋划、一体落实，将专项监督作为推动纪检监察工作高质量发展的实战“练兵场”，切实提升纪检监察干部政治判断力、政治领悟力、政治执行力。注重在专项监督中落实“三个区分开来”要求，坚持尽职免责、失职追责、精准问责，特别对敢闯、敢干、敢创新的干部，扎实做好容错纠错、澄清正名等工作，最大程度激励保护干部干事创业积极性主动性。

统筹抓好成果转化同责任担当，推动整改落实到位。推动思想认识深度转变，将加强西海岸国家级新区建设的重要性认识作为监督调研重要内容，督促各级各部门深入学习掌握国家级新区建设战略使命、建设规划、落实措施，把转变思想作为成果转化和整改落实的关键一环。推动发现问题全面整改，坚持边调研、边检视、边整改，对发现问题的类型、性质和整改难易程度逐一打开分析，对容易解决的问题督促立行立改，对较为繁琐复杂、线长面广的问题进行系统研究，督促有关部门单位制定务实整改措施、明确完成时限，做到整改不到位不松劲、问题不清零不放手。推动工作责任深入落实，采取座谈交流、书面调度等形式，督促各级各部门按照职能职责，抓工作促落实、抓整改促提升。如，协调省委组织部牵头对青岛西海岸新区体制机制进行调整优化，推动25个省直部门围绕服务国家级新区战略出台64条措施，督促青岛市制定30项整改措施和113项具体落实举措推动新区建设。

（《中国纪检监察报》2024年7月11日第7版）

山东紧盯农村供水领域突出问题
压实责任保障群众喝上放心水

2 新闻　　2024年8月18日　星期日　中国纪检监察报

山东紧盯农村供水领域突出问题
压实责任保障群众喝上放心水

山西大同围绕重点领域关键环节进行剖析
分层分类做实警示教育

四川古蔺开展农村集体"三资"专项监督
严查损害群众利益行为

福建龙岩永定区一线走访收集诉求
打通营商环境堵点

广西百色建立跨区域协作办案机制
集中攻坚重大疑难案件

国网河南电力着力提升基层公司纪委书记履职能力
实战实训破解"本领恐慌"

日前，山东省济宁市纪委监委派驻第八纪检监察组、第十纪检监察组和梁山县纪委监委采取“组地”联动监督方式，深入黑虎庙镇、小路口镇等9个点位对农村供水情况开展监督检查。针对发现的农村供水安全性重视程度不够、供水环境监管责任落实不到位等问题，第八纪检监察组和第十纪检监察组向市生态环境局、市城乡水务局下发工作提醒函督促抓好整改。

农村供水保障是推动乡村振兴的重要任务，山东省纪检监察机关立足“监督的再监督”，对照2024年实现自来水“村村通”、2025年实现“户户通”和24小时不间断安全优质供水目标，聚焦重点地区、薄弱环节强化监督执纪问责，推动提升农村供水保障水平。

“农村供水跨度大、环节多、链条长，涉及地方政府、水行政主管部门、供水单位、用水户等多个主体，必须紧盯责任落实，统筹运用各类监督力量，织密监督网络，才能确保监督质效。”山东省纪委监委第三监督检查室有关负责同志介绍。该省纪委监委向市县纪委监委下发监督推进农村供水保障工作的通知，要求将责任落实作为监督重点，建立监督工作台账，列明地方政府及相关职能部门责任清单，运用“室组地”联动监督、片区协作等机制，督促地方政府落实主体责任，相关主管部门落实监管责任，供水单位落实运行管理责任，严肃整治部署落实不坚决不到位、工作不务实不扎实等问题。

前不久，山东省纪委监委第三监督检查室、驻省水利厅纪检监察组联合枣庄市、菏泽市纪委监委组成“室组地”联动监督检查组，采取“四不两直”方式，分别深入枣庄市山亭区、滕州市，菏泽市曹县、成武县4处水厂12个村，了解村民的用水需求和意愿、村内供水方式、供水时长、水价水费、供水服务等情况，深入查找存在的问题。在监督中发现少数村庄规模化供水已覆盖但未使用、部分工程存在水质不达标隐患、供水工程标准较低等4类9个问题。监督检查组分别召开情况反馈会，向枣庄、菏泽两市水行政主管部门，进行集中反馈和现场督办，要求将问题逐个过筛，既推动解决具体点位上的问题，也促进面上问题的系统整改。目前，两市正有序推进整改。

山东省纪检监察机关不仅严查工作作风不严不实等问题，也切实推动解决群众用水难题。惠民县纪委监委收到巡察反馈问题，一些村内供水管网破损率高，导致购水成本高，村民多次反映问题，一直未解决。县纪委监委派驻第一纪检监察组、县城乡水务局等联合开展督导检查，督促水务管理公司加快推进全县供水管网改造工程，配套更换智能远传阀控水表，让群众用上安心水。

围绕农村供水领域暴露的“微腐败”问题，山东省纪检监察机关严查严治群众身边“蝇贪蚁腐”，切实守护群众利益。济南市章丘区纪委监委组成专项督查组深入走访村居一线，发现高官寨街道洛坡河村村干部超收水费问题。督查组通过询问村民、与自来水管理员谈话、查阅相关账册等方式了解到，该村党支部委员、村自来水管理员张某某以水损和村内管网维护成本较高为由，按每立方米比政府定价多0.49元的标准向村民收取自来水水费。经查，张某某2020年8月至2023年6月期间，共收取村民自来水水费8.5万余元，其中支付自来水水费、管道维修费共计6.9万元，上述收支款均未记入村账，剩余款项记入张某某个人账户。该区纪委监委对张某某及相关村干部的违纪违法行为作出相应处理，责令将超标准收取的自来水水费退赔村民，督促高官寨街道强化管理，依规将洛坡河村自来水收支情况审核记账。

“我们将坚持以下看上、举一反三，选择工程进展慢、问题反映集中的部分市、县进行重点监督检查，严肃查处工作推进缓慢、责任落实不到位等问题，深入分析原因，坚决纠治漠视群众利益行为，对履责不力的严肃追责问责，推动省市县三级合力抓监督、共同促落实，让人民群众喝上‘安全水’‘放心水’。”山东省纪委监委有关负责同志表示。

（《中国纪检监察报》2024年8月18日第2版）

向新向绿向未来

金秋时节，齐鲁大地秋高气爽。一大早，中建八局第一建设有限公司的工作人员杨国强穿上运动鞋，来到驻地不远处的山东济南黄河凤凰大桥，像往常一样由北向南跨河晨跑锻炼。

杨国强所在的济南黄河体育中心建设项目，是济南新旧动能转换起步区（以下简称起步区）首批建设的重点项目之一。回想入驻项目两年多来的变化，杨国强总结为四个字——日新月异。“当初河这边基本上全是荒地，连排水都没有，一下雨到处都是大大小小的水坑。”顺着

中国纪检监察报

中共中央纪律检查委员会 中华人民共和国国家监察委员会 主管

2024年10月21日 星期一 第9052期 今日8版

习近平致电祝贺普拉博沃就任印尼总统

习近平对国家级经济技术开发区工作作出重要指示强调

不断激发创新活力和内生动力 以高水平对外开放促进深层次改革高质量发展

奋进强国路 阔步新征程 江河见证

向新向绿向未来

派驻机构用好专题会商机制

推动“两个责任”同向发力

深学细悟习近平总书记关于党的自我革命的重要思想

跳出历史周期率是关系党和国家前途命运的战略性问题

驻中国银行纪检监察组开展专项整治

狠刹违规吃喝歪风

杨国强的目光向北望去，曾经荒芜沉寂的地方如今已是塔吊林立、机械轰鸣，一座新城正在黄河北岸拔节生长。

万里黄河，浩荡东流。济南是黄河流经的最后一个省会城市，黄河济南段长183公里。滚滚黄河在济南城北穿城而过，流经平阴、长清、槐荫、天桥、起步区、历城、高新、章丘、济阳等7个区县、2个功能区。

作为济南的母亲河，黄河为济南主城区提供了80%的城市居民生活用水，灌溉着270多万亩耕地。但与此同时，北抵黄河、南邻泰山山脉的地理方位，导致济南形成了东西狭长、南北短促的带状城市格局，城区东西最长处达90公里，南北最窄处仅10多公里。从某种程度来说，黄河成为制约济南城市空间发展的一道“天堑”，“跨河向北”已成为济南实现高质量发展的当务之急。

2019年9月18日，习近平总书记主持召开黄河流域生态保护和高质量发展座谈会，将“黄河流域生态保护和高质量发展”正式上升为重大国家战略。2020年10月，中共中央、国务院印发《黄河流域生态保护和高质量发展规划纲要》，明确提出“支持济南建设新旧动能转换起步区”。2021年4月，国务院批复同意起步区建设实施方案，正式拉开起步区建设的大幕。

“我们坚持将新旧动能转换作为立区之本，大力培育高端高质产业项目，加快构建现代化产业体系。”起步区办公室副主任王书文告诉记者，在起步区产业招引的过程中，当地积极响应国家战略，在产业培育上对高新技术产业进行重点招引。

行走在位于起步区东侧的中科新经济科创园内，道路两侧坐落着中国科学院工程热物理研究所、计算技术研究所、高能物理研究所等科研院所，以及国家电投、启迪控股、山科集团等企业机构。道路上，一辆辆白色的氢能环卫车正有条不紊地进行清扫作业。

“这是我们公司去年底向起步区交付的搭载‘氢腾’燃料电池的环卫车，通过氢气和氧气的电化学反应产生电能，一部分直接给车辆提供驱动力，剩余部分可通过锂电池储存用于驱动上装作业。”国家电投济南绿动氢能科技有限公司工作人员汪敏告诉记者，车辆作业过程中产物仅为电、热和水蒸气，而且加氢只需10分钟左右，作业工况下可续航300—350公里。

山东是能源生产和消费大省，能源消费总量和碳排放总量均占全国的近1/10。作为山东绿色低碳高质量发展先行区建设的重要载体平台和增长极，起步区任重而道远，同时又潜力巨大。

以氢能产业为例，工业副产氢是我国一大主要氢气来源途径，具有低成本和供应充足的优势，对于工业大省山东来说，是一座巨大的资源“富矿”。

“这是起步区布局氢能产业链的一个重要战略考量，我们提出全产业链布局，把制氢、储氢、运氢、用氢融为一体。”起步区经济发展部副部长徐盟介绍，通过对氢能就地和就近消纳，不仅能够解决氢能长途运输带来的高成本问题，还能进一步在培育壮大未来产业、推进绿色低碳高质量发展中发挥示范带动作用。

如今，向新、向绿的发展理念已在黄河北岸根深叶茂，结出累累硕果。

在位于起步区崔寨组团内的比亚迪新工业园，车间里的生产流水线有序运作，机械手臂开足马力提升产能。据统计，2023年比亚迪在此生产了24万辆新能源汽车，今年预计生产30万辆以上。而在距离比亚迪工厂不远处，总投资360亿元的爱旭太阳能高效电池组件一期项目正进行地基施工，该项目将打造数字化、智能化光伏电池及组件生产车间，预计于明年上半年投产，将新增30GW全球领先的高效太阳能电池及组件产能。

“三年来，我们系统构建高质量现代化产业体系，锚定智能化、绿色化、服务化发展方向，加快引入和培育优质产业，塑造有竞争力的现代产业集群。”济南市委常委，济南新旧动能转换起步区党工委副书记、管委会主任孙斌介绍，起步区确立以新一代信息技术、高端装备与智能制造、新能源新材料为主体，以高端服务业为支撑的产业发展方向，目前已累计引进产业类项目278个，初步形成了新能源汽车、“泛航空”、新材料三条产业链。

记者了解到，为护航黄河重大国家战略落地落实，山东省纪检监察机关连续三年开展专项监督，针对项目多、体量大、资金密集等实际情况，紧盯立项、审批、实施、验收等环节，强化政治监督，保障重大项目建设廉洁高效推进。“项目建设是建立现代化产业体系、推动起步区高质量发展的关键支撑，也是我们找准切入点、做实政治监督的重要抓手。”起步区纪检监察工委有关负责同志告诉记者，通过紧盯25个省市重点项目、91个区重点项目，抓住项目谋划、落地、建设、见效、服务等关键环节强化监督检查，准确全面掌握全区重点项目的详细情况，督促指导各相关职能部门切实履职尽责。

济南市纪委监委针对起步区制度建设不完善、廉政风险较为突出等实际情况，指导起步区纪检监察工委全面梳理管委会12个部门和1个直属单位权责事项3800余项，督促完善监督制约措施200多条。同时，以起步区为重要实践平台，持续深化开展“监企廉洁共建”，指导起步区纪检监察工委与中建八局、济南城市建设集团开展重大工程联合监督，强化重大项目服务保障和监督监管，助力打造廉洁新区、活力新区。

“我们将坚持以开展黄河重大国家战略专项监督为牵引，持续推进政治监督具体化、精准化、常态化，服务保障深化新旧动能转换、推动绿色低碳高质量发展，助力黄河重大国家战略向纵深推进。”山东省纪委监委有关负责同志说。

（《中国纪检监察报》2024年10月21日第1版）

大处着眼细处着力强化政治监督

2021年11月底，黄河入海口正值初冬，雄浑黄河与碧蓝渤海泾渭分明交汇绵延的“鸳鸯锅”奇观再度引人瞩目。除了河海交汇之壮丽，在这片总面积达15.3万公顷、栖息着600多万只鸟类的黄河三角洲国家级自然保护区，还时常上演芦花飞雪、碱蓬红毯、鹳鹤共舞等缤纷美景。

中国纪检监察 杂志
ZHONG GUO JI JIAN JIAN CHA
输入关键字

2022年第01期

本期目录

大处着眼细处着力强化政治监督

本刊记者 王雪

返回首页 上一页 1

2021年11月底，黄河入海口正值初冬，雄浑黄河与碧蓝渤海泾渭分明交汇绵延的“鸳鸯锅”奇观再度引人瞩目。除了河海交汇之壮丽，在这片总面积达15.3万公顷、栖息着600多万只鸟类的黄河三角洲国家级自然保护区，还时常上演芦花飞雪、碱蓬红毯、鹳鹤共舞等缤纷美景。

从这条旖旎如画的生态廊道向更远更深处看去，是习近平总书记“保护好这片大河之洲”的殷殷嘱托，也是山东省委贯彻落实党中央决策部署、省纪委监委推动践行“两个维护”的积极作答。不止于护航黄河生态治理，以更多实践探索强化政治监督，始终是山东省纪检监察机关的重要发力方向。

聚焦“两个维护”，把牢以监督保障执行的政治任务

“我们专门听取了省委第七、第八轮巡视沿黄城市、区县巡视情况报告，将发现问题列入重点督办清单，确保责任压实到位。”山东省纪委监委有关负责人表示，近年来已及时将有关内容纳入政治监督台账，坚持开展“绿盾”自然保护地监督检查专项行动，先后督促完成对1099个重点问题和4107个问题的整改，针对黄河三角洲国家级自然保护区违法违规建设等突出问题追责问责16人；2021年研究制定《关于加强山东省黄河流域生态保护和高质量发展专项监督的实施意见》，围绕水资源集约节约利用、构建国土空间保护利用新格局等方面精准发力，努力把监督实效转化为推动高标准保护和高质量发展的治理成效。

从这条旖旎如画的生态廊道向更远更深处看去，是习近平总书记“保护好这片大河之洲”的殷殷嘱托，也是山东省委贯彻落实党中央决策部署、省纪委监委推动践行“两个维护”的积极作答。不止于护航黄河生态治理，以更多实践探索强化政治监督，始终是山东省纪检监察机关的重要发力方向。

聚焦“两个维护”，把牢以监督保障执行的政治任务

“我们专门听取了省委第七、第八轮巡视沿黄城市、区县巡视情况报告，将发现问题列入重点督办清单，确保责任压实到位。”山东省纪委监委有关负责人表示，近年来已及时将有关内容纳入政治监督台账，坚持开展“绿盾”自然保护地监督检查专项行动，先后督促完成对1099个重点问题和4107个问题的整改，针对黄河三角洲国家级自然保护区违法违规建设等突出问题追责问责16人；2021年研究制定《关于加强山东省黄河流域生态保护和高质量发展专项监督的实施意见》，围绕水资源集约节约利用、构建国土空间保护利用新格局等方面精准发力，努力把监督实效转化为推动高标准保护和高质量发展的治理成效。

党中央重大决策部署到哪里，监督检查就跟进到哪里。聚焦疫情防控、“三新一高”、乡村振兴等“国之大者”，山东省纪委监委2021年梳理确定44个方面任务，持续开展生态环保、耕地保护、政法队伍教育整顿等专项监督，确保党中央重大决策部署落地见效。如山东省纪委监委以有力有效的监督执纪执法，全力助推政法队伍教育整顿走深走稳。第二批教育整顿启动以来，先后查处省公安厅交通警察总队总队长田玉国等一批有影响的案件。截至目前，全省政法机关干警主动投案2631人，其中适用从宽政策2308人。

服务保障落实“两个维护”，既要靠查处整改“对症施治”，也需以日常监督“巩固疗效”。山东省纪委监委印发《政治监督工作指引》，建立“一台账、两清单、双责任、双问责”监督机制；将精准动态分析各市和省直部门政治生态状况作为有力手段，省纪委监委出台《政治生态分析研判办

法（试行）》，梳理46个方面问题，提出意见建议37项，推进政治监督常态长效。

聚力协作配合，找准切口强化日常监督政治效果

政治监督不能大而化之，需找准“国之大者”与本地区本单位职责的结合点，增强透过业务看政治、透过问题看责任的敏锐性，力争把政治风险隐患遏制在萌芽。

在查办泰安张宸涉黑涉恶“保护伞”案时，山东省纪委监委专案组发现，张宸母子俩作为当地前科累累的“土霸王”却摇身一变成为荣誉重重的“模范人物”，究其原因是个别部门奖项评审把关不严甚至“以奖谋私”，致使涉案人员违规获取荣誉。重要荣誉评选不仅是业务工作，更是关乎社会公信力的政治问题。在监督放大镜下，办案人员看到了深藏在评选业务背后的政治偏差。

善于鉴别政治问题，更要有效解决问题。面对跨单位多、涉人员广的实际情况，山东省纪委监委在对评审有关负责人追责问责后，进一步加强政治监督协同配合，发挥“室”“组”合力全面排查。省纪委监委第一监督检查室牵头对其他联系单位重要荣誉和重大奖项评选工作进行专题调研，摸清问题底数并及时向相关党委（党组）反馈。在监督检查室统筹指导、信息共享支持下，驻山东省委宣传部纪检监察组积极发挥“驻”的优势，研究制定监督办法，推动驻在部门切实履行监管责任，认真审核系统内奖项设置、规范评选程序，保障评审表彰发挥示范引领作用。“‘室’‘组’同向发力破解了‘单兵作战’的难题，使评审监督工作得以高效推进。”驻省委宣传部纪检监察组有关负责人对此深有体会。

事实上，将各项监督高效协同由查办案件拓展到日常监督，已成为山东省纪检监察工作的重要抓手，在停车管理领域突出问题专项整治、供销合作社系统腐败问题重点整治等工作中都有着生动体现。按照党中央关于粮食购销领域腐败问题专项整治工作部署要求，山东省委积极部署开展专项巡视巡

察，省纪委监委迅速细化任务清单、明确各方职责，各地纪委监委督促当地党委、职能部门和国有粮食企业自查自纠，完善问题线索移交机制，深挖细查涉粮乱象背后的腐败问题，以系统推动提升政治监督整体效能。

聚效民生改善，站稳以人民为中心的政治立场

民心是最大的政治，纪检监察机关既应提高政治站位，也要下沉监督力量，打通惠民富民政策落实“最后一公里”，不断夯实党长期执政的政治根基。

走进山东省菏泽市鄄城县六合社区，入目皆是宽阔整洁的水泥路面、错落有致的新建住房……曾经黄河下游的“脏乱差”村镇如今已蜕变为滩区迁建的“样板”社区。

改善滩区环境不仅是关乎乡村振兴的民生工程，也是践行高质量发展的生态工程。为保障黄河安澜、群众安居，山东省近年来在党中央部署下集中实施黄河滩区居民迁建。从工程立项建设到入住后续“回头看”，省市县各级纪检监察机关将生态监督、小微权力运行监督下沉到基层一线，督促相关部门强化产业支撑，推动生态保护同乡村振兴有效衔接，让群众既搬得出又稳得住。

党风廉政攸关民心，维护人民群众根本利益是纪检监察机关政治责任所在。山东省纪委监委持续开展过渡期专项监督、民生领域损害群众利益问题治理等工作，全力查处群众身边腐败和作风问题，并建立以下看上“直通车”机制，在每市选取1个县（市、区）作为联系点，摸排贯彻党中央决策部署只表态不落实、维护群众利益不担当不作为等形式主义、官僚主义问题，直报省纪委监委处置，2021年以来共发现问题455个。

透过山东的实践可以看出，强化政治监督不仅要大处着眼细处着力，主动从小事小节中观大局看政治，以发现问题倒逼责任落实；更需坚守人民立场，推动各项监督贯通融合，不断强化政治效果，更有力地服务保障党和国家事业发展。

（《中国纪检监察》2022年第1期）

山东省纪检监察机关
守绿水青山护黄河安澜

退耕还湿、退养还滩7.3万亩，实施16个湿地修复项目，生态补水4.5亿立方米，鸟类从187种增加到371种……近年来，山东不断加大黄河三角洲生态保护和湿地修复力度，原先的光板地、盐碱滩，变成水草丰茂、生物多样性富集的大湿地，成为黄河流域生态保护和高质量发展的一张亮眼名片。

中国纪检监察 杂志
ZHONG GUO JI JIAN JIAN CHA
输入关键字

2022年第13期

本期目录

社论

提高一体推进“三不腐”的能力和水平

要闻

习近平在中共中央政治局第四十次集体学习时强调 提高一体推进“三不腐”能力和水平 全面打赢反腐败斗争攻坚战持久战

中共中央政治局召开会议审议《关于十九届中央第八轮巡视金融单位整改进展情况的报告》

新时代 新指南

山东省纪检监察机关 守绿水青山护黄河安澜

本刊记者 黄武 通讯员 张晓航

返回首页 上一页 1

退耕还湿、退养还滩7.3万亩，实施16个湿地修复项目，生态补水4.5亿立方米，鸟类从187种增加到371种……近年来，山东不断加大黄河三角洲生态保护和湿地修复力度，原先的光板地、盐碱滩，变成水草丰茂、生物多样性富集的大湿地，成为黄河流域生态保护和高质量发展的一张亮眼名片。

黄河浩荡蜿蜒，结成九曲连环，一路东行在山东入海。山东各级牢记习近平总书记“保护黄河是事关中华民族伟大复兴的千秋大计”殷殷嘱托，坚决贯彻落实党中央决策部署，做实做细黄河流域生态保护大文章。环境的改变，在点滴中汇聚而成，离不开各方共同努力，同样蕴含纪检监察机关监督保障执行、促进完善发展作用有效发挥——

6月20日，山东省德州市水利局督查组来到平原县化肥厂，现场查看企业取用水情况。加强对水资源税征收、核定取用水量的核查工作，是该局根据德州市纪委监委所发纪检监察建议书开展整改的具体措施之一。

水资源“费改税”，目的在于通过税收杠杆的调节作用，抑制不合理的用水需求，促进水资源高效利用。今年3月，德州市纪委监委督办查处了平原县水利局水资源办公室主任韩某在水资源税征收过程中不作为等相关违纪问题。“黄河流域最大的问题在于生态脆弱，最大的矛盾是水资源短缺。”市纪委监委认为，这看似是工作作风问题，实则暴露出个别党员干部政治站位不高，没有自觉站在党和国家大局上想问题、办事情。找准“国之大者”与履职尽责的结合点、切入点，市纪委监委在全市启动水资源税征收不作为、乱作为、慢作为问题专项监督，向市水利局和市税务局制发纪检监察建议书，推动两部门落实监管责任、堵塞制度漏洞、建立长效机制。

用好纪检监察建议，首先要把建议提准、提实。在梳理分析共性问题基础上，市县两级纪检监察机关组建调研组深入各企业特别是造纸、化工、纺织等企业实地调研、听取意见，不断修改完善提出的建议。“以取用水量数据未及时更新为例，表面上看是水利局没有第一时间上传，根子在于水利、税务两部门协作机制不畅、缺乏沟通渠道。这些问题都写入了建议书中。”市纪委监委有关负责同志表示。

问题找得准，对背后的深层次根源挖得深，提出的措施自然也就具体有针对性、操作性。收到建议书后，市水利局、市税务局立即部署整改。市水利局党组有关负责同志说，建议书让他们及时警醒，思想上受到了触动。他们照单全收、举一反三，研究系统整改方案，建立整改台账，明确责任到人。

发出纪检监察建议书只是第一步，关键是推动整改高质量落地落实。据了解，德州市纪委监委在盯紧抓实上下功夫，健全管理机制，对整改情况全程“把脉问诊”、跟踪督办。市纪委监委相关派驻纪检监察组通过电话提醒、约谈督查、现场督办等方式开展督导检查，对市水利局和市税务局反馈的整改情况逐条审核把关，同时进行“回头看”，进一步压紧压实主体责任，确保纪检监察建议落实不打折扣，真正发挥监督利器的作用。

有的放矢地整改，就容易抓深抓实。市水利局党组和市税务局党委组织党员干部深入学习习近平总书记关于黄河国家战略的重要论述，进一步提高站位、统一思想。针对协作机制不畅问题，市水利局联合相关部门印发《关于进一步深化水资源税协作征收机制的意见》，明确部门间信息共享、数据比对、建立联席机制等主要事项；针对工作作风不严不实问题，市水利局印发《取水许可事中事后监管方案》，组织工作人员对企业取用水情况开展专项检查和不定期抽查，市税务局推动在全系统开展自查自纠；针对计量设施老旧问题，两部门推动水资源税远程在线监控管理系统实现安装全覆盖……

成效，最终体现在保护水资源理念的进一步强化。山东华鲁恒升化工股份有限公司是德州市最大的化工企业，也是用水大户。费改税之后，公司一方面关停深井，改用地表和城市中水，同时实施系统改造，加强循环水再利用。通过多种方式，该公司5月份至今节约用水260万立方米，为企业节省税费、降低成本100多万元。沿黄企业在进一步强化环保意识同时，也因节水从中受益。

聚焦监督发现突出问题提出纪检监察建议，以纪法刚性约束推动问题整改到位，是纪检监察机关着力发挥监督保障执行、促进完善发展作用的有效方式。在山东，类似事例还有很多。黄河流域生态保护和高质量发展上升为国家战略后，山东省纪委监委闻令而动，出台制度规定，组织开展专项监督。“建立工作任务总台账，列出省直部门和各市党委政府两张清单。”省纪委监委设立专项监督办公室，编印工作指导手册，制定年度工作方案，将构筑黄河安澜屏障、集约节约用水、生态保护修复等内容作为监督重点。

虽然黄河流经不同的行政区域，但保护黄河的意识是相通的。济南市纪委监委建立领导带队督导制度，成立14个督导检查组，定期到联系包挂区县和市直部门开展下沉式、调研式督导检查；泰安市纪委监委采取带着线索重点查、全市统筹交叉查、数据助力科技查等方式开展常态化监督，发现涉及黄河流域生态环境问题并督促整改；东营市纪委监委突出数字赋能，打造沿黄生态廊道信息化监督平台，向主责部门和监管部门推送预警信息……全省各级纪检监察机关牢牢把握“国之大者”，将专项监督融入日常、做在经常，发现问题、及时督促解决。

就在6月21日，十二届山东省委第一轮巡视安排13个巡视组，对沿黄市县以及相关省直部门（单位）党组织开展黄河流域生态保护和高质量发展专项巡视。“下一步，我们将专项巡视发现问题整改情况纳入日常监督中，对整改不力、敷衍整改、虚假整改的严肃追责问责，构建完整监督闭环，为黄河重大国家战略在山东落地落实提供坚强纪律保障。”省纪委监委有关负责同志表示。

（《中国纪检监察》2022年第13期）

大河奔涌　谱写全面从严治党新篇章

党的十八大以来，习近平总书记三次到山东考察调研，作出重要指示，为山东发展指方向、定目标、明方略、绘蓝图。山东省各级党组织和广大党员干部牢记习近平总书记嘱托，深刻领会“两个确立”的决定性意义，增强“四个意识”、坚定“四个自信”、做到“两个维护”，传承发扬党的百年奋斗历史经验，大力弘扬伟大建党精神和自我革命精神，推动全面从严治党向纵深发展，为“走在前、开新局”、建设新时代社会主义现代化强省提供坚强保障。

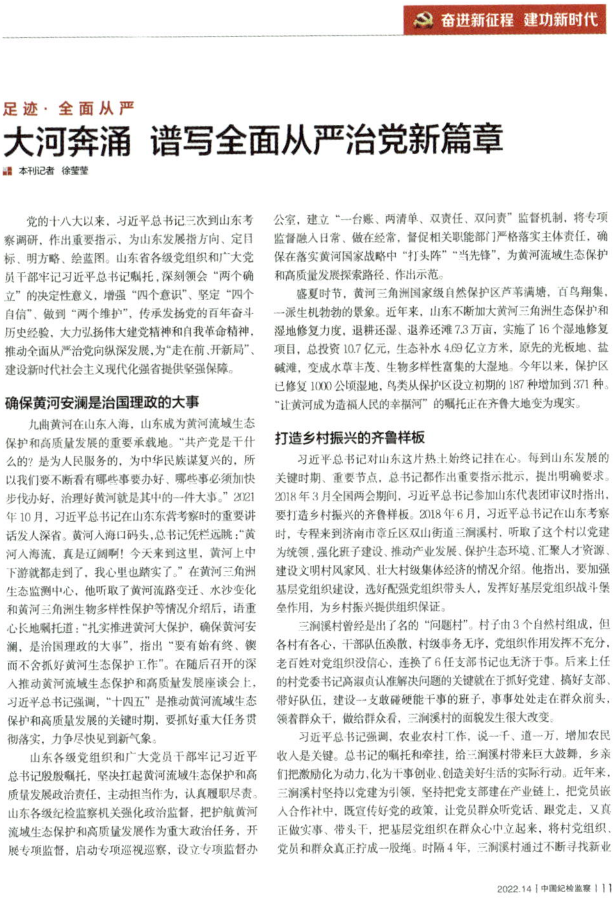

奋进新征程　建功新时代

足迹·全面从严

大河奔涌　谱写全面从严治党新篇章

本刊记者　徐莹莹

党的十八大以来，习近平总书记三次到山东考察调研，作出重要指示，为山东发展指方向、定目标、明方略、绘蓝图。山东省各级党组织和广大党员干部牢记习近平总书记嘱托，深刻领会“两个确立”的决定性意义，增强“四个意识”、坚定“四个自信”、做到“两个维护”，传承发扬党的百年奋斗历史经验，大力弘扬伟大建党精神和自我革命精神，推动全面从严治党向纵深发展，为“走在前、开新局”、建设新时代社会主义现代化强省提供坚强保障。

确保黄河安澜是治国理政的大事

九曲黄河在山东入海，山东成为黄河流域生态保护和高质量发展的重要承载地。“共产党是干什么的？是为人民服务的，为中华民族谋复兴的，所以我们要不断看有哪些事要办好、哪些事必须加快步伐办好，治理好黄河就是其中的一件大事。”2021年10月，习近平总书记在山东东营考察时的重要讲话发人深省。黄河入海口码头，总书记凭栏远眺：“黄河入海流，真是辽阔啊！今天来到这里，黄河上中下游就都走到了，我心里也踏实了。”在黄河三角洲生态监测中心，他听取了黄河流路变迁、水沙变化和黄河三角洲生物多样性保护等情况介绍后，语重心长地嘱托道：“扎实推进黄河大保护，确保黄河安澜，是治国理政的大事”，指出“要有始有终、锲而不舍抓好黄河生态保护工作”。在随后召开的深入推动黄河流域生态保护和高质量发展座谈会上，习近平总书记强调，“十四五”是推动黄河流域生态保护和高质量发展的关键时期，要抓好重大任务贯彻落实，力争尽快见到新气象。

山东各级党组织和广大党员干部牢记习近平总书记殷殷嘱托，坚决扛起黄河流域生态保护和高质量发展政治责任，主动担当作为，认真履职尽责。山东各级纪检监察机关强化政治监督，把护航黄河流域生态保护和高质量发展作为重大政治任务，开展专项监督，启动专项巡视巡察，设立专项监督办公室，建立“一台账、两清单、双责任、双问责”监督机制，将专项监督融入日常、做在经常，督促相关职能部门严格落实主体责任，确保在落实黄河国家战略中“打头阵”“当先锋”，为黄河流域生态保护和高质量发展探索路径、作出示范。

盛夏时节，黄河三角洲国家级自然保护区芦苇满塘，百鸟翔集，一派生机勃勃的景象。近年来，山东不断加大黄河三角洲生态保护和湿地修复力度，退耕还湿、退养还滩7.3万亩，实施了16个湿地修复项目，总投资10.7亿元，生态补水4.69亿立方米，原先的光板地、盐碱滩，变成水草丰茂、生物多样性富集的大湿地。今年以来，保护区已修复1000公顷湿地，鸟类从保护区设立初期的187种增加到371种。“让黄河成为造福人民的幸福河”的嘱托正在齐鲁大地变为现实。

打造乡村振兴的齐鲁样板

习近平总书记对山东这片热土始终记挂在心。每到山东发展的关键时期、重要节点，总书记都作出重要指示批示，提出明确要求。2018年3月全国两会期间，习近平总书记参加山东代表团审议时指出，要打造乡村振兴的齐鲁样板。2018年6月，习近平总书记在山东考察时，专程来到济南市章丘区双山街道三涧溪村，听取了这个村以党建为统领，强化班子建设、推动产业发展、保护生态环境、汇聚人才资源、建设文明村风家风、壮大村级集体经济的情况介绍。他指出，要加强基层党组织建设，选好配强党组织带头人，发挥好基层党组织战斗堡垒作用，为乡村振兴提供组织保证。

三涧溪村曾经是出了名的“问题村”。村子由3个自然村组成，但各村有各心，干部队伍涣散，村级事务无序，党组织作用发挥不充分，老百姓对党组织没信心，连换了6任支部书记也无济于事。后来上任的村党委书记高淑贞认准解决问题的关键就在于抓好党建、搞好支部、带好队伍，建设一支敢碰硬能干事的班子，事事处处走在群众前头，领着群众干，做给群众看，三涧溪村的面貌发生很大改变。

习近平总书记强调，农业农村工作，说一千、道一万，增加农民收入是关键。总书记的嘱托和牵挂，给三涧溪村带来巨大鼓舞，乡亲们把激励化为动力，化为干事创业、创造美好生活的实际行动。近年来，三涧溪村坚持以党建为引领，坚持把党支部建在产业链上，把党员嵌入合作社中，既宣传好党的政策，让党员群众听党话、跟党走，又真正做实事、带头干，把基层党组织在群众心中立起来，将村党组织、党员和群众真正拧成一股绳。时隔4年，三涧溪村通过不断寻找新业

2022.14 | 中国纪检监察 | 11

确保黄河安澜是治国理政的大事

九曲黄河在山东入海，山东成为黄河流域生态保护和高质量发展的重要承载地。“共产党是干什么的？是为人民服务的，为中华民族谋复兴的，所以我们要不断看有哪些事要办好、哪些事必须加快步伐办好，治理好黄河就是其中的一件大事。”2021年10月，习近平总书记在山东东营考察时的重要讲话发人深省。黄河入海口码头，总书记凭栏远眺：“黄河入海流，真是辽阔啊！今天来到这里，黄河上中下游就都走到了，我心里也踏实了。”在黄河三角洲生态监测中心，他听取了黄河流路变迁、水沙变化和黄河三角洲生物多样性保护等情况介绍后，语重心长地嘱托道“扎实推进黄河大保护，确保黄河安澜，是治国理政的大事”，指出“要有始有终、锲而不舍抓好黄河生态保护工作”。在随后召开的深入推动黄河流域生态保护和高质量发展座谈会上，习近平总书记强调，“十四五”是推动黄河流域生态保护和高质量发展的关键时期，要抓好重大任务贯彻落实，力争尽快见到新气象。

山东各级党组织和广大党员干部牢记习近平总书记殷殷嘱托，坚决扛起黄河流域生态保护和高质量发展政治责任，主动担当作为，认真履职尽责。山东各级纪检监察机关强化政治监督，把护航黄河流域生态保护和高质量发展作为重大政治任务，开展专项监督，启动专项巡视巡察，设立专项监督办公室，建立“一台账、两清单、双责任、双问责”监督机制，将专项监督融入日常、做在经常，督促相关职能部门严格落实主体责任，确保在落实黄河国家战略中“打头阵”“当先锋”，为黄河流域生态保护和高质量发展探索路径、作出示范。

盛夏时节，黄河三角洲国家级自然保护区芦苇满塘，百鸟翔集，一派生机勃勃的景象。近年来，山东不断加大黄河三角洲生态保护和湿地修复力度，退耕还湿、退养还滩7.3万亩，实施了16个湿地修复项目，总投资10.7亿元，生态补水4.69亿立方米，原先的光板地、盐碱滩，变成水草丰茂、生物多样性富集的大湿地。今年以来，保护区已修复1000公顷湿地，鸟类从保护区设立初期的187种增加到371种。“让黄河成为造福人民的幸福河”的嘱托正在齐鲁大地变为现实。

打造乡村振兴的齐鲁样板

习近平总书记对山东这片热土始终记挂在心。每到山东发展的关键时期、重要节点，总书记都作出重要指示批示，提出明确要求。2018年3月全国两会期间，习近平总书记参加山东代表团审议时指出，要打造乡村振兴的齐鲁样板。2018年6月，习近平总书记在山东考察时，专程来到济南市章丘区双山街道三涧溪村，听取了这个村以党建为统领，强化班子建设、推动产业发展、保护生态环境、汇聚人才资源、建设文明村风家风、壮大村级集体经济的情况介绍。他指出，要加强基层党组织建设，选好配强党组织带头人，发挥好基层党组织战斗堡垒作用，为乡村振兴提供组织保证。

三涧溪村曾经是出了名的“问题村”。村子由3个自然村组成，但各村有各心，干部队伍涣散，村级事务无序，党组织作用发挥不充分，老百姓对党组织没信心，连换了6任支部书记也无济于事。后来上任的村党委书记高淑贞认准解决问题的关键就在于抓好党建、搞好支部、带好队伍，建设一支敢碰硬能干事的班子，事事处处走在群众前头，领着群众干，做给群众看，三涧溪村的面貌发生很大改变。

习近平总书记强调，农业农村工作，说一千、道一万，增加农民收入是关键。总书记的嘱托和牵挂，给三涧溪村带来巨大鼓舞，乡亲们把激励化为动力，化为干事创业、创造美好生活的实际行动。近年来，三涧溪村坚持以党建为引领，坚持把党支部建在产业链上，把党员嵌入合作社中，既宣传好党的政策，让党员群众听党话、跟党走，又真正做实事、带头干，把基层党组织在群众心中立起来，将村党组织、党员和群众真正拧成一股绳。时隔4年，三涧溪村通过不断寻找新业态，激发新的经济增长点，搭建现代产业平台，美食商贸、民宿康养、冷链物流、研学旅游等产业成为强村富民的基石，村民人人参与、人人共享，阔步迈向共同富裕。

2021年三涧溪村各个合作社分红180万元，村集体收入由2018年的263万元增加到2021年829万元。群众幸福感提升的背后，是广大党员干部干事创业的担当作为，是各级纪检监察机关推动全面从严治党向基层一线、群众身边延伸，全力护航乡村振兴的生动注脚。近年来，山东各级纪检监察机关聚焦打造乡村振兴齐鲁样板精准监督，连续三年开展扶贫领域腐败和作风问题专项治理，扎实开展过渡期专项监督，聚焦群众“急难愁盼”开展重点民生领域专项整治，以有力有效监督保障惠民富民政策在基层落实落地。今年以来，全省共查处民生领域腐败和作风问题4234个，处理5804人。

沂蒙精神要大力弘扬

山东是革命老区，底蕴深厚的传统文化与红色基因叠加，造就了这方热土奋勇向前的强大力量。2013年11月，习近平总书记在山东考察时指出，沂蒙精神与延安精神、井冈山精神、西柏坡精神一样，是党和国家的宝贵精神财富，要不断结合新的时代条件发扬光大。总书记强调，军民水乳交融、生死与共铸就的沂蒙精神，对我们今天抓党的建设仍然具有十分重要的启示作用。

沂蒙精神树立起一座高扬理想信念旗帜的不朽丰碑，构建起一个密切党群关系的时代坐标。抗日战争和解放战争时期，沂蒙根据地420万人口有120多万人拥军支前，21万多人参军参战，10万多名烈士英勇牺牲，涌现出红嫂等一大批先锋模范人物。沂蒙精神诞生在血与火的洗礼中，写满了牺牲与光荣。除了在战场上浴血杀敌，中国共产党还通过精兵简政、土地改革等措施，减轻群众负担，改善群众生活。既有“满缸净院”的亲民作风，也有“不拿群众一针一线”的严明纪律；既有“喊大爷、叫大娘”的亲切，也有“挖野菜也要远离村庄”的规矩。

殷殷嘱托牢记心间，沂蒙精神凝心铸魂。全省上下把弘扬沂蒙精神与加强党的建设结合起来，动员全省广大党员干部学习践行沂蒙精神、传承红色基因，让沂蒙精神成为推进全面从严治党的重要力量源泉，为山东改革发展稳定提供强大精神动力。临沂市纪委监委充分利用红色资源，传承廉洁基因，挖掘提炼老一辈革命家在沂蒙革命根据地进行革命斗争过程中蕴含的廉洁思想和廉洁故事，排演《一碗米粥》情景剧，让革命先辈严以律己、不搞特殊的优良作风，走出历史，走入党员干部心中。沂蒙红嫂纪念馆每年吸引全国各地前来学习的党员干部达10万人次，带动前来参加学习的各界群众年平均达50万人次。

蓝图催人奋进，实干铸就未来。山东省纪委监委相关负责人表示，全省各级纪检监察机关将牢记习近平总书记殷切嘱托，坚决扛起“走在前、开新局”光荣使命，弘扬伟大建党精神，永葆自我革命精神，坚持全面从严治党战略方针，持续深化不敢腐、不能腐、不想腐一体推进，更好发挥监督保障执行、促进完善发展作用，以优异成绩迎接党的二十大胜利召开。

（《中国纪检监察》2022年第14期）

胸怀“国之大者” 强化政治监督
推动黄河重大国家战略在山东落地落实

党风廉政 9

胸怀“国之大者” 强化政治监督

推动黄河重大国家战略在山东落地落实

践行“两个维护” 从政治上看全局上谋

完善监督机制 推动监督融入日常提质增效

监督融入治理 促进整改纠偏标本兼治

监督实践

“三色三单”助推监督精准高效

监督保障

安居群众圆“致富梦”

情满黄河，心系海岱。黄河流域生态保护和高质量发展，是习近平总书记亲自谋划、亲自部署、亲自推动的重大国家战略。2021年10月，习近平总书记视察山东，并在济南主持召开深入推动黄河流域生态保护和高质量发展座谈会，要求山东努力在推动黄河流域生态保护和高质量发展上走在前。

全省纪检监察机关把监督保障黄河流

域生态保护和高质量发展作为坚定拥护“两个确立”、坚决做到“两个维护”的实际行动，找准监督保障执行、促进完善发展的切入点关键点，既带头扛起自身贯彻落实的主体责任，又坚决扛起推动落实的监督专责，做到指挥棒指向哪里、冲锋号吹向哪里，政治监督就跟进到哪里，确保执行不偏向、不变通、不走样，以有力有效监督保障黄河重大国家战略在山东落地生根。

践行“两个维护” 从政治上看全局上谋

国之大者，离不开行之实者。

黄河重大国家战略不仅是发展问题、生态问题，更是政治问题、大局问题，要自觉站在党和国家事业全局、全省发展大局的高度来把握，不断提高政治判断力、政治领悟力、政治执行力。

省委坚决贯彻落实习近平总书记重要指示要求，着眼大保护、大治理，出台扎实推动黄河流域生态保护和高质量发展的决定、省“十四五”实施方案等9个专项规划和若干政策措施，构建“省负总责、市县落实”的推进机制。十二届省委首轮巡视就锚定“走在前、开新局”，在全国沿黄省区中率先部署开展黄河流域生态保护和高质量发展专项巡视，充分体现了省委坚决做到“两个维护”的高度政治自觉。

“聚焦‘国之大者’，强化政治监督，是纪检监察机关的根本职责，必须跟进靠上监督，精准把握监督内容……”2021年12月，省纪委监委组织召开黄河流域生态保护和高质量发展专项监督部署会议，在全省层面拉开了专项监督的大幕。

总书记有号令，党中央有部署，省委有安排，纪检监察机关就闻令而动、听令而行。全省各级纪检监察机关紧扣政治机关、监督专责机关职责定位，以实际行动始终做“两个确立”的坚定拥护者和“两个维护”的示范践行者。

统筹谋划，由点及面部署推动。围绕黄河重大国家战略，省纪委常委会多次召开会议专题研究部署，省纪委监委领导班子成员分别带队到16市和有关省直部门单位开展下沉式专题调研；研究制定出台专项监督实施意见和2022年度工作方案，明确“六个聚焦、十九个围绕”监督重点，紧盯构筑黄河安澜屏障、集约节约用水、生态保护修复和发挥山东半岛城市群龙头作用4个方面重点，确定51项具体监督任务，细化36项节点工作，列出重点工作台账，逐项明确措施“路线图”和完成“时间表”，确保件件有着落、事事有回音。

健全工作机制，自上而下一体推进。省纪委监委成立重大专项监督办公室，编印3册专项监督指导手册，举办9期“黄河清风”讲堂、在网站开设监督专栏、建立“两牌两函”提醒问责机制……一系列务实举措，引导各级纪检监察机关准确把握职责定位、靶向开展监督，推动专项监督规范化、法治化、正规化。16市纪委监委和省纪委监委相关派驻纪检监察机构把专项监督纳入工作总体布局，形成上下联动、贯通协同工作格局。

充分发挥政治巡视利剑作用，对各级党组织落实黄河重大国家战略情况进行“政治体检”。2022年6月下旬至8月下旬，十二届省委第一轮巡视13个巡视组对沿黄9市、25县（市、区）和2个功能区以及承担重要工作任务的17个省直部门单位，开展黄河流域生态保护和高质量发展专项巡视，560个市县级巡察组对2246个巡察对象同步开展联动巡察，护航黄河重大国家战略落地落实。

完善监督机制　推动监督融入日常提质增效

政治监督坚强有力，必须找准监督的切入点，抓实保障的着力点，做到有抓手、见载体、能落地，推进政治监督具体化、精准化、常态化。

作为黄河下游唯一的蓄滞洪区和南水北调东线工程的重要枢纽，东平湖生态环境保护意义重大。近日，泰安市纪委监委采取“室组地”联动监督方式，对东平湖生态环境保护措施落实情况开展专项监督检查，发现各类问题20余个，督促主责部门认真整改落实。

围绕黄河重大国家战略，以高质量监督保障高标准保护和高质量发展，是全省纪检监察机关推动践行“两个维护”的积极作答。

省纪委监委把黄河流域生态保护和高质量发展专项监督作为统领各类监督的“牛鼻子”，创新建立“一台账、两清单、双责任、双问责”监督机制；聚焦“关键少数”，针对不同监督对象，分类建立政治监督活页，将黄河流域生态保护和高质量发展作为监督重要内容，动态更新各级党组织贯彻党中央重大决策部署和省委重要工作安排等情况，进一步提升政治监督质效。

聚焦黄河重大国家战略任务推进落实，立足“监督的再监督”职责定位，找准“国之大者”与履职尽责的结合点，紧盯责任、作风、纪律，用好监督检查、廉政谈话等方式，推动监督融入日常。省纪委监委驻省发改委纪检监察组重点关注沿黄重点地区工业项目、滩区迁建、采煤塌陷地综合治理等项目，综合运用“专项监督+督导调研”，开展实地监督调研11次，下发专项监督提醒清单3期，传导压力、压实责任。驻省生态环境厅纪检监察组督促驻在部门建立常态化省级环保督察机制，对任务重的沿黄6市开展专项督察，有针对性“一对一”约谈有关负责同志27人次。

济南市以专项监督护航新旧动能转换起步区高质量发展；济宁市探索建立“1+4+N”监督机制，完善专项监督体系；菏泽市以监督保障黄河滩区焕发新颜，群众“安居梦圆”……全省纪检监察机关以高质量监督有力服务保障黄河重大国家战略在齐鲁大地条条落实、件件落细、事事落地。

“第一轮专项巡视，17个省审计组对有关市、县同步开展经责审计，相互通报问题698个，实现巡视权威性和审计专业性有机结合，达到了‘1+1>2’的效果。”省委巡视办有关负责人说。

提升专项监督效能，需要各类监督的互联互融互通。完善“内部贯通、左右衔接、上下联动”协作机制，建立督纪联动、巡纪联动、巡审联动工作机制，加强与政法、审计、统计、金融监管等监督主体协作配合，实现专责监督和专业监督同题共答。目前，省纪委监委与有关监督主体共同制定出台13项联动制度，凝聚监督合力，构建“一盘棋”监督格局。

监督融入治理　促进整改纠偏标本兼治

全省纪检监察机关充分发挥监督在治理中的保障性作用，立足构建“发现问题、严明纪法、整改纠偏、深化治理”的监督闭环和工作链条，以高质量政治监督推动高质量系统治理。

德州市纪委监委聚焦水资源短缺问题，在全市启动水资源税征收不作为、乱作为、慢作为问题专项监督，发现面上问题43个，及时向市水利局党组、市税务局党委下发纪律检查建议书，督促在全市开展水资源税征管问题集中整改，堵塞漏洞、补齐短板，提升以案促改效能。

以监督之“势”，推动专项之“治”。聚焦水资源集约节约利用、生态环境保护治理、打造乡村振兴齐鲁样板等领域，把握推动“点上改”与“面上治”的关系，用好纪检监察建议，实现监督、整改、治理贯通融合，扎实做好“后半篇文章”。今年以来，全省纪检监察机关有针对性制发纪检监察建议1541件，督促深化改革、完善机制、优化治理、促进发展。

黄河流域生态保护和高质量发展，保障改善民生是出发点也是落脚点，真正让黄河成为造福人民的“幸福河”。

全省纪检监察机关将推动黄河流域生态保护和高质量发展，与提高人民生活品质促进共同富裕结合起来，围绕中小学校配餐管理、不动产登记办证难、虚报冒领养老社保资金和就业培训补贴、乡村振兴项目资金监管“四项重点”开展专项治理，坚决纠正损害人民群众利益的腐败和不正之风。督促沿黄9市、25县（市、区）结合实际，聚焦急难愁盼，选定整治项目34个，以“小切口”撬动“大民生”。今年以来，全省纪检监察机关共查处群众身边腐败和作风问题1.3万起，批评教育帮助和处理1.8万人。

9月29日，十二届省委第一轮巡视集中反馈会议召开，随后，各巡视组采取“一对一”反馈方式对53个被巡视党组织进行逐一反馈。要求被巡视党组织坚决扛牢巡视整改主体责任，推进巡视反馈问题整改。

据了解，本轮专项巡视共发现问题1770个。围绕做好巡视“后半篇文章”，省纪委监委机关建立整改问题总台账，形成部门和地方两张清单，列入政治监督活页内容，充分运用“一台账、两清单、双责任、双问责”监督机制，以“双问责”推动真落实。省委巡视机构完善重点问题督办、共性问题移交机制，综合形成8份巡视专题报告和普遍性、领域性、体制机制性问题，分类移交分管省领导同志和有关部门研究解决，有针对性地督促推动以巡促改、以巡促建、以巡促治。

按照中央纪委国家监委统一安排，9月下旬，国家监委4名特约监察员到我省专题调研督导黄河流域生态保护和高质量发展专项监督工作，对该项工作给予充分肯定。

专项监督的目的最终要落到推动黄河流域生态保护和高质量发展上，需要各级党员干部一心一意走在前、心无旁骛开新局。全省纪检监察机关坚持严管与厚爱结合，激励与约束并重，严格落实“三个区分开来”，旗帜鲜明为干部撑腰鼓劲。今年以来，全省共开展容错纠错317件、428人，持续营造了干事创业浓厚氛围。

“党的二十大提出要完善党中央重大决策部署落实机制。纪检监察机关要把学习贯彻好党的二十大精神作为首要政治任务，准确把握对纪检监察工作提出的新要求，以强有力的政治监督保障党中央各项决策部署在山东落地落实。”省纪委监委有关负责人表示。

（《大众日报》2022年10月28日第9版）

山东做优做实巡视巡察“后半篇文章”推动黄河重大国家战略落地见效

6　党风廉政　2023年8月30日　星期三
电话(0531)85196701
大众日报

山东做优做实巡视巡察“后半篇文章”

推动黄河重大国家战略落地见效

压实整改责任　推动走深走实

强化协同联动　做实整改监督

加强成果运用　深化标本兼治

巡察监督

推动整改成果转化为治理效能

评估监督促问题整改

在黄河流域生态保护和高质量发展上走在前，是习近平总书记对山东的殷切期望和谆谆嘱托。山东坚决扛牢重大政治责任，十二届省委首轮巡视就锚定“走在前、开新局”，在全国沿黄省区中率先部署开展黄河流域生态保护和高质量发展专项巡视，560个市县级巡察组对2246个巡察对象同步开展联动巡察，同频共振、同向发力，对各级党组织落实黄河重大国家战略情况进行“政治体检”。强化巡视巡察整改和成果运用，做优做实“后半篇文章”，推动监督、整改、治理有机贯通，充分发挥标本兼治战略作用，让巡视巡察利剑愈显锋芒、作用更加彰显，全力护航黄河重大国家战略在山东落地落实，以实际行动坚定拥护“两个确立”、坚决做到“两个维护”。

压实整改责任　推动走深走实

习近平总书记强调，巡视发现问题的目的是解决问题，发现问题不解决，比不巡视的效果还坏，做好巡视“后半篇文章”关键要在整改上发力。

巡视是政治巡视，巡视整改决定着政治巡视的实际效果。山东各级党组织将巡视整改作为落实管党治党主体责任的重要抓手，提高政治站位，统一思想认识，压紧压实责任，形成全省上下“一盘棋”、齐抓共管促整改的良好局面。

认真履责，坚决扛起主体责任。省委坚持以上率下，认真贯彻党中央《关于加强巡视整改和成果运用的意见》，把巡视整改作为践行“两个维护”的试金石，定期听取巡视整改情况汇报，研究深化成果运用意见，推动巡视工作高质量发展。省委主要负责同志听取专题汇报，点人点事点问题一针见血，对巡视整改和成果运用提出明确意见，推动省直部门单位和地方上下一体整改，树立狠抓整改的鲜明导向。被巡视党组织扎实履行整改主体责任，党委（党组）书记和班子成员认真落实第一责任人责任及“一岗双责”，对整改直接抓、抓具体、抓到底，确保巡视整改各项任务落实落地。

纪检监察机关、组织部门和巡视机构各司其职、各负其责，凝聚起督促整改的强大合力。省纪委监委机关、省委组织部坚持全过程监督，指导被巡视党组织制定整改方案，列席整改专题民主生活会，综合运用听取汇报、专题会商、调研督导、约谈函询等方式开展经常性监督检查。省委巡视办健全完善整改工作机制，发挥统筹协调、跟踪督促、汇总分析作用，推动整改内生动力和监督外部推力同题共答、同频共振，确保整改责任层层压实、压力层层传导、工作层层落地。

“巡视是‘政治体检’，整改就是政治考验。”省委巡视办有关负责同志表示，必须坚持严的基调一贯到底，一级抓一级、层层抓落实，紧紧扭住主体责任这个“牛鼻子”，持续强化整改监督，双向推动问题整改落实。

严肃督责，传导整改责任压力。优化巡视反馈机制，采取召开集中反馈会议和巡视组“一对一”反馈相结合的方式进行巡视反馈，全部被巡视党组织主要负责同志及所在市党委主要负责同志参加，从一开始就态度鲜明地向被巡视党组织特别是主要负责同志交任务、压担子，更加有力释放“严”的信号，推动扛牢整改“实”的责任。

“针对起步区规划建设用力不足的问题，济南市围绕‘1+4+16+N’规划体系，加快编制各项规划，全力推进起步区建设；针对重点指导和支持帮扶沿黄市县不够的问题，省商务厅与省直相关部门共同制定支持沿黄25县（市、区）推动黄河流域生态保护和高质量发展若干政策措施，不断完善政策支持体系；针对黄河滩区迁建社区公共服务设施建设管理不到位的问题，东明县大力实施村台新村阵地提升行动……”目前，53个被巡视党组织全部向社会公开整改进展情况，接受社会监督，推动巡视整改工作走深走实。

强化协同联动　做实整改监督

巡视整改是严肃的政治任务，以强有力的监督推动问题整改和成果运用，是做好巡视“后半篇文章”的重要环节。

据了解，黄河流域生态保护和高质量发展专项巡视共发现问题1770个。围绕做好巡视“后半篇文章”，省纪委监委机关制定《加强巡视整改日常监督的工作办法（试行）》等制度，紧盯巡视反馈、集中整改、情况报告、后续整改4个环节，细化12项监督措施，构建全周期、全流程监督体系。推动整改监督动真碰硬，省纪委监委机关建立整改问题总台账，形成部门和地方两张清单，督促各级党组织将巡视巡察发现问题及整改情况列入政治监督活页内容，充分运用“一台账、两清单、双责任、双问责”监督机制，建立台账、明确时限、对账销号、跟踪督办，对巡视整改不力，敷衍应付、虚假整改的进行追责问责，确保整改措施落地、责任到位、问题见底、成果归仓。

健全纪检监察机关、组织部门、巡视机构三方协作配合机制，对巡视集中整改进展情况报告进行“三方联审”，推动从“单兵作战”向“协同会战”转变，切实形成监督合力。对问题、任务、责任“三张清单”严格“过筛”，重点查找“整改不彻底”问题，反馈意见建议262条。

整改评估是检验巡视整改成效的重要手段。今年5月，省纪委监委机关联合省委组织部、省委巡视办等部门单位组建5个评估组，选取15个整改任务较重、存在问题较多的被巡视党组织，紧盯责任、作风、纪律开展实地查访评估，共发现相关问题44个，建立工作台账，认真核查处置，充分发挥以评促改作用，确保真整改、改到位。

“这次评估是对巡视整改成效的再把脉，是对整改主体责任的再压实。我们对巡视整改任务完成情况再次进行了全面梳理，看是否做到了真改实改，特别是对评估发现的问题集中发力、深入整改。”某被巡视省直单位党组负责同志在接受实地评估后表示。

今年7月，省委巡视工作领导小组听取省纪委监委机关、省委组织部、省委巡视办监督督促巡视整改和成果运用工作情况汇报，创新整改监督工作机制，全方位、全过程、全链条加强整改监督，形成常态长效，推动巡视整改和成果运用工作不断走深走实。

做好统筹文章，凝聚监督合力。把巡视整改监督与黄河流域生态保护和高质量发展专项监督、基层治理不良现象与不担当不作为乱作为假作为问题专项整治、护航优化营商环境专项行动、乡村振兴领域不正之风和腐败问题专项整治贯通融合，作为全面从严治党检查、领导班子和领导干部年度考核、政治生态分析研判等重要依据。省纪委监委制定2023年省纪委负责人与下级党委（党组）“一把手”党内谈话方案，将黄河重大国家战略专项巡视反馈问题整改作为谈话重要内容，已开展谈心谈话22人。

各级坚持把督促问题整改作为强化政治监督、做实日常监督的重要抓手，推进监督贯通协调、统筹衔接，形成监督“一盘棋”格局。

“要深刻汲取教训，查找问题根源，研究整改措施，进一步加强对党员干部的教育、管理和监督……”黄河流域生态保护和高质量发展专项巡视以来，淄博市纪委监委针对巡视发现的问题线索，严肃查处了高青县自然资源局原局长付会民违纪违法问题，深入开展警示教育，以案为鉴、以案明纪。

结合巡察发现问题整改，该市纪委监委推进监督贯通协调，由相关监督检查室牵头，相关派驻纪检监察组跟踪督导，强化对全市自然资源系统的监督，紧盯“关键少数”带动管好“绝大多数”。同时，加强巡察整改监督，对涉及市自然资源局整改情况逐项审核，提出意见建议21条，督促抓好整改落实。

加强成果运用　深化标本兼治

巡视既是治标之举，也是治本之策。要把巡视整改和深化标本兼治有机结合起来，强化成果运用，深化以巡促改、以巡促建、以巡促治。

德州市针对黄河流域生态保护和高质量发展专项巡视反馈的用好管好水资源方面的突出问题，完善黄河水超载和地下水超采治理，编制完成《德州市黄河水资源超载治理方案》，24个部门单位协同推进水资源集成利用、部门集成监管等“六项集成”创新改革，督促深化改革、完善制度、优化治理，把从严从细管好水资源落到实处。

以监督之“势”，推动专项之“治”。聚焦推动新旧动能转换、水资源集约节约利用监管、打造乡村振兴齐鲁样板等领域，把握推动“点上改”与“面上治”的关系，扎实做好巡视“后半篇文章”，推动形成有序衔接、互为补充、协调一致的整改监督链条。

坚持突出问题重点督办，共性问题面上整治，行业问题专项治理。省委巡视办完善重点问题督办、共性问题移交等机制，分门别类将专项巡视成果向相关部门移交通报，推动综合运用巡视成果。将17个省直部门巡视情况分别通报相关分管省领导，梳理形成8份专题报告，分别移交有关省直部门和部分市开展行业领域系统整治，推动重点问题整改与行业主管责任压实“双到位”。

促进完善制度、深化治理，是巡视监督更高层次的要求。坚持把“当下改”与“长久立”结合起来，充分发挥制度在治理中的保障性作用，既对面上问题即查即改，又督促解决好深层次的体制性障碍、政策性梗阻，补齐制度短板，推动问题整改和建章立制两手抓、两促进，用制度建设固化巡视整改成效。比如，根据专项巡视指出的问题，我省先后制定和完善了东平湖保护发展、沿黄工业项目进合规园区等多项制度；巡视提出的打造沿黄齐鲁粮仓、绿色高效农业示范带建议，纳入省委2023年一号文件和建设绿色低碳高质量发展先行区三年行动计划，上升为省委、省政府重点部署，有效发挥了巡视推动改革、促进发展的重要作用，有力保障了黄河重大国家战略在齐鲁大地落实落地。

（《大众日报》2023年8月30日第6版）

以有力政治监督
护航新时代现代化强省建设

大众日报
2024年1月18日 星期四
中共山东省委机关报
强信心　稳经济　促发展
山东出硬招实招新招加快推动县域经济高质量发展
县域经济新优势如何塑造
增长5.2%
2023年中国GDP
超126万亿元
回眸2023 中国式现代化山东实践
筑牢安全屏障　夯实发展基础
全面支撑"高效办成一件事"
"爱山东"政务服务平台
将实现"六个一"
山东15地入选新一批国家级
知识产权试点示范名单
高峰当选潍坊市人大常委会主任
以有力政治监督护航新时代现代化强省建设
正风肃纪反腐2023

"我们已将几处河道存在的黑臭水体问题录入县'黄河流域生态保护和高质量发展信息化监督平台'，将动态监督、跟踪督办，请尽快整改并反馈整改情况。"日前，梁山县纪委监委黄河流域生态保护和高质量发展专项监督检查组工作人员来到黄河流经区域赵堌堆乡，督导检查水环境治理情况，对发现的问题现场提出整改意见。

“在推动黄河流域生态保护和高质量发展上走在前”，全省纪检监察机关把贯彻落实习近平总书记对山东工作的重要指示要求作为重大政治任务来抓，强化政治监督，推进综合治理，坚决做到党中央决策部署到哪里、政治监督就跟进到哪里。

深入学习贯彻党的二十大精神，统筹抓好主题教育和纪检监察干部队伍教育整顿，省纪委常委会严格执行“第一议题”、理论学习中心组集体学习制度，及时跟进传达学习习近平总书记重要讲话和重要指示批示精神，以习近平新时代中国特色社会主义思想凝心铸魂、统领纪检监察一切工作。

全省纪检监察机关牢记“国之大者”，全面完整把握政治监督具体化、精准化、常态化要求，以有力政治监督推动党员干部深刻领悟“两个确立”的决定性意义、坚决做到“两个维护”。

如何找准政治监督的切入口、发力点？“我们增强对标对表的政治自觉，将贯彻党的二十大精神、党中央决策部署和省委落实安排同部门、行业、领域实际紧密结合，明确具体监督任务，逐项‘挂图作战’。”省纪委监委党风政风监督室有关负责人介绍。去年以来，我省以黄河流域生态保护和高质量发展专项监督为牵引，深入开展护航优化营商环境专项行动，创新出台政商交往“负面清单”和清廉民企建设“指导清单”，探索走出跨地区跨部门重大战略协同监督的“山东路径”，以精准监督确保政策落地。

政治监督贵在精准，也难在精准。全省纪检监察机关坚持问题导向，紧盯制约贯彻落实的堵点淤点难点，突出本地本部门特色，用好“一市一领域”“一行业一重点”整治模式，“小切口”入手，督促开展靶向监督。省纪委监委驻省科技厅纪检监察组围绕“省重大科技创新工程”开展全生命周期专项监督检查；济南市纪委监委围绕服务保障起步区建设出台加强政治监督的意见，监督护航起步区高质量发展；乐陵市纪委监委针对监督检查乡村振兴中发现的违纪违法问题，开展政策性农业保险领域专项整治等。

与此同时，重拳纠治形式主义、官僚主义，及时发现、坚决纠治上有政策、下有对策，作选择、搞变通、打折扣等突出问题，严查贯彻落实中的失职失责、违纪违法行为。按照省委部署，开展基层治理不良现象及不担当不作为乱作为假作为问题专项整治，2023年1月至11月，共查处相关问题3492个，通报曝光典型问题110余起。

监督重在日常、贵在经常，推进政治监督常态化要在健全制度机制上下功夫。

“一台账、两清单、双责任、双问责”监督机制、政治监督活页，既是开展政治监督的有力抓手，更是推进政治监督常态化的创新之举、务实之举。通过台账式管理、清单式推进、对账式销号，将习近平总书记重要讲话和重要指示批示精神、党中央重大决策部署和省委落实安排，细化为一个个具体监督事项，做到监督常在；及时跟进巡视巡察反馈、政治生态分析研判以及审计和监管部门检查发现的问题，台账分责、清单履责、动态督责，形成“发现问题、严明纪法、整改纠偏、深化治理”的工作闭环。

目前，省市县三级政治监督活页已全部建成，表格式呈现、动态化管理、综合性研判被监督单位政治生态，成为纪检监察机关了解被监督单位情况的“活字典”和督促问题整改、系统治理的“好抓手”，推动监督从有形覆盖向有效覆盖转变。

推动完善“一把手”和领导班子监督机制，采取谈心谈话、廉政谈话、监督谈话、约谈等方式，在一届省委任期内实现与规定的下级党委（党组）“一把手”党内谈话全覆盖，推进党内谈话工作制度化。2023年以来，省纪委监委负责人与下级党委（党组）“一把手”谈话34人，督促领导干部严于律己、严负其责、严管所辖。

（《大众日报》2024年1月18日第1版）

山东东营以有力监督护航重大国家战略落地落实 贯通联动协同 守护黄河安澜

刚过立秋，山东东营沿黄生态长廊内，杨树高大挺拔，林间花草繁茂。来此休闲的游客三三两两漫步堤上，享受着沿黄生态长廊工程带来的生态“福利”，好不惬意。

“现在工程进展怎么样，林木成活率多少，后期管护能不能跟上？”“我们加大了监管力度，增加巡看频次，并要求相关责任单位切实做好管理维护。林木的成活率都不错，没有出现大面积死亡。”8月12日，东营市

6 新探索
2024年8月26日 星期一 中国纪检监察报
得意之笔
山东东营以有力监督护航重大国家战略落地落实
贯通联动协同 守护黄河安澜
凝聚监督合力 压实责任链条
紧盯重点项目 加强“智慧”监督
聚焦突出问题 深化综合治理
在基层
福建三明创新巡察整改机制
推动解决共性问题
江西九江柴桑区聚焦养老社保领域
专项整治顽瘴痼疾

纪委监委黄河流域生态保护和高质量发展专项监督办公室、第一监督检查室、派驻第二纪检监察组工作人员再次来到沿黄生态长廊工程现场，“室组”联动监督工程进展，重点了解市委专项巡察反馈的一些地段种植的林木成片死亡、存活率不高，相关职能部门存在监管不力等问题整改情况。纪检监察干部在工程现场看到，补植的林木已满目葱茏。

作为黄河三角洲中心城市，东营市近年来积极落实黄河流域生态保护和高质量发展这一重大国家战略，持续实施沿黄生态长廊工程，着力建设岸绿、景美、宜居、宜游的黄河下游绿色生态廊道，构筑黄河三角洲生态安全屏障。该市纪检监察机关跟进开展黄河重大国家战略专项监督，贯通协调各方力量，形成监督合力，有力推动各项任务落实落细。

凝聚监督合力　压实责任链条

“黄河重大国家战略专项监督是一项系统性工作，必须强化系统思维，持续推进纪律监督、监察监督、派驻监督、巡察监督统筹衔接常态化制度化，贯通协调各类监督，形成监督合力。”东营市纪委监委有关负责同志说，该市坚持“内部贯通、左右衔接、上下联动”，实现优势互补、资源共享。

立足“监督的再监督”定位，每年年初，东营市纪委监委都会汇总梳理党中央重大决策部署和省委、市委重要工作安排，制定年度黄河流域生态保护和高质量发展专项监督实施方案。

“我们每年初对黄河重大国家战略涉及的重大工程、重点项目，建立‘重点项目清单’和对应的‘资金使用清单’，明确监督事项、细化监督任务，压紧压实责任链条。”东营市纪委监委黄河流域生态保护和高质量发展专项监督办公室负责人说。

“一把手”是党的事业发展的“领头雁”，压实责任首先要压实“一把手”的责任。

专项监督开展以来，围绕黄河重大国家战略实施，东营市纪委监委采取“一对一、面对面”方式，与市财政局、市住房和城乡建设管理局、市交通运输局、市水务局、市农业农村局、市海洋发展和渔业局等市直部门单位“一把手”开展党内谈话79次，讲责任，压担子。

去年，针对“重点项目清单”中的“中心城河湖湿地连通及入海河流水质提升工程”，该市纪委监委“室组”联动开展监督检查。监督中发现，滩区范围内“四乱”（乱占、乱采、乱堆、乱建）清理整治不够彻底，相关企业没有完全关停退出，影响水质达标，等等。对此，该市纪委监委对主责部门负责人进行提醒谈话，推动限期整改到位。

在专项监督中，该市纪委监委持续推进纪律监督、监察监督、派驻监督、巡察监督统筹衔接常态化制度化，建立重点信息互通、重点线索互商、巡察整改互促机制。由市纪委监委对口联系监督检查室主任担任市委巡察组“不驻组”副组长，参加本组分析会，研判巡察中发现的重大问题和线索。收到巡察问题反馈后，有关监督检查室和派驻纪检监察组督促被巡察单位落实整改，优先办理巡察移交问题线索。

自专项监督开展以来，该市连续5轮巡察均把落实黄河流域生态保护和高质量发展重大国家战略情况作为重点监督内容，累计发现贯彻落实上级决策部署不够有力、作风建设抓得不紧等方面问题1286个，移交问题线索82条。

该市纪委监委坚持“地企”联动，与胜利油田纪委协调对接、联动监督，推动东营原油库和输油站迁建项目顺利投产。同时，与市委、市政府“两办”督查联动，就落实黄河流域生态保护和高质量发展重大国家战略情况每季度开展1次督导检查，督促整改问题682个。加强与市审计局、市信访局及市政务服务热线受理中心等单位的会商，就监督中发现的问题，及时向有关主责部门反馈并督促办理，目前已督促办理各类问题1300余个。

紧盯重点项目　加强“智慧”监督

近期，国家批准创建的首个陆海统筹型国家公园——黄河口国家公园创建任务基本完成。这里是我国沿海最大的新生湿地自然植被区，也是东方白鹳、黑嘴鸥全球重要繁殖地。

在黄河口国家公园创建过程中，重点工作、重点项目多，监督任务重。公园创建伊始，东营市纪委监委锚定重点工程、重点项目推进落实，聚焦责任不清、作风不实等问题，明确监督主体6个方面17项任务。压紧压实各方责任，推动市发展改革委、市自然资源和规划局、市生态环境局、市海洋发展和渔业局等职能部门，与山东黄河三角洲国家级自然保护区管理委员会之间加强协调沟通，确保项目有序推进。

该市纪委监委与山东黄河三角洲国家级自然保护区纪检监察工委组建联合监督检查组，探索建立“三色三单”监督提醒机制，根据监督发现问题的严重程度，分别给予“黄、橙、红”三色标识，对应发放“工作提示单、限期整改单和追责问责单”，要求照单整改、验收销号，形成“发现问题—发单提醒—督促整改—评估销号”监督闭环。截至目前，联合监督检查组已累计排查廉政风险点56个，发出提醒27次，督促制定防控措施73条。

今年7月26日，第46届世界遗产大会将中国黄（渤）海候鸟栖息地（第二期）列入《世界遗产名录》。这标志着，中国黄（渤）海候鸟栖息地的重要组成部分——山东黄河三角洲国家级自然保护区晋升为山东省首个世界自然遗产。

联合监督检查组把申遗工作作为监督重点，针对候鸟栖息地外来物种入侵、底栖生物等生物多样性降低，申报范围不完整、不科学，鸟类监测能力、水平相对较低等问题，跟踪督促开展互花米草治理、科学划定黄河口候鸟栖息地范围、构建“天空地海”一体化监测体系等，推动申遗工作高标准完成。

沿黄生态长廊工程是山东省重点项目，也是东营市黄河重大国家战略专项监督的重点之一。

该工程建设资金量大、建设周期长、施工现场分散，监督难度大。东营市纪委监委创新建设“沿黄生态长廊信息化监督平台”，以“大数据+”为支撑，以现有数据资源为基础，通过卫星图片比对、数据量化分析等手段，监测项目进度、识别廉政风险，向主责部门和监管部门发送预警信息。借助该平台，该市纪委监委共发现并推动问题整改50余条。截至今年7月，沿黄生态长廊工程完成投资7亿元，新造林和退化林修复3.6万亩，保护修复湿地0.8万亩，沿黄生态面貌显著改善。

“我们将黄河重大国家战略82项重点工程纳入全市监督台账和清单，‘一对一’派员驻点，通过列席有关会议、开展专题调研、查阅档案资料、谈心谈话等多种形式进行监督，做到工作推进全程督导、问题风险全程监测、责任落实全程问效，及时发现问题、警示纠偏、督促整改，有力保障各项工程有序推进。”东营市纪委监委相关负责同志介绍。

聚焦突出问题　深化综合治理

落实黄河流域生态保护和高质量发展重大国家战略，涉及生态环境保护治理、构筑黄河安澜屏障、水资源节约集约利用、盐碱地综合利用等7个方面重点。

除了对重点工程、重点项目“驻点”全程监督，东营市纪委监委还扩大监督渠道，在沿黄镇（街）、相关行业系统建立监测点，搭建信息监测反馈体系，定期收集问题。

该市纪委监委把督促问题整改摆在突出位置来抓，将日常监督、集中检查等发现的问题纳入台账，集中交办督办，面上问题编发预警提示、个性问题“点对点”反馈整改。截至目前，共督促有关部门修订完善制度机制17项，进一步推动深化综合治理。

专项监督以来，该市纪委监委共查处涉水、涉林等问题线索253起，处理308人。其中，为保障农村用水安全，该市纪委监委针对农村生活污水处理问题频发的情况，向水务部门发出监察建议书，督促出台加强农村生活污水处理设施运维管理的指导意见，定期监测。

自去年10月起，东营市开展招投标领域突出问题专项整治，截至目前，全市纪检监察机关共处置涉及招投标领域问题线索86条，立案53件，批评教育和处理91人，给予党纪政务处分33人。针对招投标领域突出问题专项整治中涉及黄河相关问题，该市纪委监委督促有关部门系统梳理招投标、政府采购过程中存在的制度性漏洞，靶向施治，借鉴外地经验修订完善制度11项。

东营市纪委监委加强警示教育，公开通报该市4起领导干部插手干预招投标案件，以市交通运输局、市水务局、市住房和城乡建设管理局等部门作为专题警示教育试点单位，在警示教育现场通报代理机构、评标评审专家的违规违法案例，以案明纪、以案促改、以案促治。

落实黄河重大国家战略，有利于民生福祉。东营市纪委监委将推动黄河重大国家战略落实和守护民生福祉结合起来，围绕农村集体“三资”管理、惠农惠民补贴资金管理发放等方面存在的突出问题开展监督，深化集中整治。在加强对农村集体“三资”管理的监督中，该市纪委监委累计督促清收资源、资产租赁发包费1500余万元，切实维护了群众利益。

“落实黄河流域生态保护和高质量发展重大国家战略，是政治责任。”东营市委常委，市纪委书记、监委主任连峻峰说，接下来，将持续抓好黄河重大国家战略专项监督，聚焦战略重点，着力查处以权谋私、贪污受贿、侵占挪用、利益输送等违纪违法问题，推动重大政策落实，重大资金、重大平台、重大工程落地。

（《中国纪检监察报》2024年8月26日第6版）

基层亮点

李默/摄

构建“七位一体”监督体系 推动写好黄河流域生态保护“绿色文章”

华鲁集团纪委、监察专员办

华鲁集团纪委、监察专员办坚守监督首责定位，贯通政治监督、日常监督、协同监督，聚力共建大监督格局，助力黄河流域生态保护和高质量发展。

华鲁集团纪委工作人员到新泰市华源矿井水处理项目现场调研（刘力炜/摄）

贯通政治监督，推动政治监督具体化、精准化、常态化。深化运用“一台账、两清单、双责任、双问责”监督机制，聚焦黄河流域生态保护和全省国有企业高质量发展大会部署要求，督导集团沿黄九省区中标环保项目高质量建设。2024年，实地督导平阴县安栾河、浪溪河河口湿地工程，现场调研平阴县锦水河下游人工湿地水质净化及生态修复工程、锦水河入黄河口人工湿地项目，推动集团黄河流域环保项目落地落实。

贯通日常监督，“点线面”结合建强廉洁风险防控体系。紧盯招投标、决策审批等权力集中的关键环节，对集团沿黄生态环保项目识别权力28项，廉洁风险点63项，制定防控措施186项。梳理权力运行管控线，绘制权力运行流程图29张，使“隐蔽的权力公开化”。拓展廉洁风险防控面，组织签署《廉洁从业承诺书》719份，建章立制，助力提升企业治理能力和治理水平。

贯通协同监督，形成统一领导、权威高效的大监督格局。印发《构建大监督体系实施办法》，成立工作机构，召开联席会议，对6家子公司开展为期1个月的联合监督检查，合力构建党委监督、纪检监察监督、组织监督、巡察监督、内部审计监督、职能部门监督、职工民主监督“七位一体”的大监督体系，开展“宁夏沙湖湿地”等集团省外黄河流域生态保护和高质量发展示范工程项目专项监督，有力推动关键项目高质量建设。

“区关港”协同　陆海联动
推动打造黄河流域最便捷“出海口”

山东省港口集团纪委、监察专员办

山东港口是黄河流域的重要“出海口”。2024年5月22日至24日，习近平总书记亲临山东视察，对港口工作给予肯定，为港口发展指明了前进方向。山东省港口集团纪委、监察专员办以黄河重大国家战略专项监督

“区关港”三方纪检监察机构到山东港口青岛港前湾集装箱码头开展现场调研（张进刚/摄）

为牵引，协同联动打出政治监督融合牌，扛牢扛实黄河重大国家战略的港口担当。

三方融合凝聚“一条心”。省港口集团发布“服务黄河流域生态保护和高质量发展”关港铁区大协作机制倡议，省港口集团纪委协同青岛、日照口岸自贸片区、海关等纪检机构，构建“区关港”协同联动监督机制，建立“三协三联”工作机制，即协调联络、协同会商、协作共享，联合认定、联手督办、联动创新，成立“清风护航·口岸廉盟”，推动黄河重大国家战略任务落地见效。

协同联动拧成“一股绳”。通过开展日常监督、现场监督、定期召开联席会议等方式，区、关、港三方共同研究破解难点痛点堵点问题。其中，青岛口岸推动升级“集装箱查验线上化系统集约平台”，提升作业指令派发效率20%，提升拖车周转率15%；推出“跨区全时查验”新模式，构建7×12小时查验环境；日照口岸400投诉电话同比下降超过85%，营造了良好营商环境。

合力监督下好“一盘棋”。围绕服务黄河流域高质量发展的中心大局，合力打造“区关港”廉洁生态共同体。省港口集团海向增航线、扩舱容、拓中转，航线总数达到357条，航线数量和密度超过北方其他港口总和；陆向开班列、建陆港、拓货源，建设51个内陆港，开通100条海铁联运班列，与沿黄流域城市共建海铁联运中转基地，海铁联运箱量突破360万标箱，连年保持全国第一。2024年货物吞吐量突破18亿吨、集装箱量突破4400万标箱，分别位居全球第一、第二位，黄河流域最便捷“出海口”和中西部内陆开放新高地的优势效应持续释放。

做实做精做细政治监督
推动学校深度融入黄河重大国家战略

青岛大学纪委、监察专员办

青岛大学纪委、监察专员办高站位、多举措推动政治监督具体化、精准化、常态化，督促学校深度融入黄河重大国家战略。

做实同级监督，加强平台建设。立足政治监督，围绕黄河重大国家战略实施与校党委会商12次，深入部门、学院调研20余次，调阅相关材料200

青岛大学纪委工作人员聚焦“以科技促高产”主题开展调研督导（朱晓明/摄）

余份，督促校党委做好顶层设计，强化科创平台建设，推动成立东营研究院、前沿交叉学科研究院，获批山东省黄河流域盐碱地综合治理与高质量发展、服务黄河流域生态保护和高质量发展氢能关键材料与技术等多个协同创新中心，承担“盐碱地、沙化地及水土污染综合治理与高质量发展”等多项横向课题。

做精重点监督，突出成果转化。围绕粮食安全等重点工作，会同巡察、审计等部门深入实地监督检查30余次，建立联动监督机制，督促加强成果转化。推动学校承担“大豆气孔发育相关基因调控大豆抗旱的分子机制”课题，培育出5种耐盐碱大豆新品种；学校自主研发的“微生物改性碳基材料机械化施工盐碱地改良成套技术”在东营市黄河口垦东片区成功运用，盐碱地土壤有机质含量从不到2‰提高到6‰左右，实现了首次种植水稻出苗率达到95%以上，此项科技创新案例被《科技日报》头版刊登。

做细向下监督，促进文化育人。强化台账管理，全过程跟踪问效，将人才培养和智库文化建设列入重点监督内容。面向黄河重大国家战略人才需求，推动学校加强优质课程资源建设，打造“生态文明与生命关怀”黄河特色通识课程核心模块，立项建设19门核心课程，获批本科高校黄河重大国家战略思政课程优秀案例8项。加强文化素质教育基地建设，学校入选山东省首批中华优秀传统文化传承示范院校。

多学科融合　校地企联动
奏响黄河重大国家战略专项监督“交响乐”

山东省纪委监委驻聊城大学纪检监察组、聊城大学纪委

山东省纪委监委驻聊城大学纪检监察组、聊城大学纪委牢牢把握“国之大者”，通过压实责任链条、健全监督机制、深化治理效能，推动黄河重大国家战略在学校落地落实。

聊城大学纪委组织召开落实黄河重大国家战略调研座谈会（李荣华/摄）

压实责任链条，高站位谋划监督。督促推动学校整合经济、历史、生态、艺术学等优势学科资源，于2022年5月成立了全国高校首家黄河学研究院，落实与学校党委会商通报机制、“一台账、两清单、双责任、双问责”机制，列出7大方面40余项重点任务，制定监督工作方案和工作台账，明确校院党组织、职能部门责任清单和纪检监察机构监督任务清单，推动黄河重大国家战略专项监督具体化、精准化、常态化。

优化机制方式，高质量实施监督。制定《聊城大学纪检监察机构专责监督与其他各类监督贯通协同实施办法》，制发20份协同监督函，凝聚监督合力。出台《关于进一步深化校地纪检监察工作合作的实施意见》，与聊城市纪委监委以协同式监督推动构建服务黄河重大国家战略校地企联动体系。在省纪委监委指导下联合山东师范大学、山东理工大学、齐鲁工业大学（山东省科学院）、山东建筑大学纪检监察机构开展片区协作监督，发现并推动解决问题20余项。

深化综合整治，高效能提升监督。开展黄河重大国家战略落实情况调研式监督，提出意见建议11条，推进整改问题20余项，健全完善制度规定10余项，督促开展廉洁教育活动20余场。监督推进多学科融合、校地企联动，获批省高校服务黄河重大国家战略项目、机构4个，与聊城市政府、高新区三方共建聊城大学科技园，与东阿阿胶股份有限公司共建国家马驴遗传评估中心，打造出黄河流域产业质量指数、“聊红槐”、“防汛石”等具有鲜明“聊大特色”的黄河学研究品牌。

提升监督质效
助推科技赋能黄河重大国家战略

山东省纪委监委驻齐鲁工业大学（省科学院）纪检监察组、
齐鲁工业大学（省科学院）纪委

近年来，山东省纪委监委驻齐鲁工业大学（省科学院）纪检监察组、齐鲁工业大学（省科学院）纪委聚焦黄河流域生态保护和高质量发展，不断强

驻齐鲁工业大学（省科学院）纪检监察组检查黄河“数据立方”项目落实情况（朱玉燕/摄）

化政治监督，着力提升监督质效，推动校（院）充分发挥自身科技创新优势，为黄河重大国家战略提供服务和支撑。2024年6月，央视《新闻联播》报道了校（院）完成山东境内黄河流域建模仿真任务情况。

以忠诚尽责践行担当作为。把黄河流域生态保护和高质量发展作为重要政治任务，紧盯校（院）所承担的黄河“数据立方”项目和校（院）制定的《支撑黄河流域生态保护和高质量发展实施方案》，连续三年将其列为纪检监察工作要点和政治监督清单的重点任务。

以跟踪问效推动责任落实。建立“一台账、两清单、双责任、双问责”监督机制，明确职能部门和承担单位职责分工，采取列席会议、调阅资料、现场检查等方式进行持续监督。共开展专项检查5次，发现4个方面的问题，制发工作提醒函5份，约谈11人次。

以贯通协同形成监督合力。推动校（院）党委履行主体责任，定期调度推进落实情况，形成专题报告5份。协调巡察、审计部门将黄河重大国家战略列为每轮巡察和审计的重要内容进行监督检查，并将发现问题作为纪检监察机构监督检查的工作重点。

以协作联动拓展监督渠道。充分运用“室组校”联动机制，在省纪委监委第四监督检查室指导下，驻校（院）纪检监察组联合四所省属高校纪检监察机构，共同开展了黄河重大国家战略片区协作政治监督。通过有力有效监督，推动校（院）积极融入黄河重大国家战略，现已立项国家重点课题6项，获得省部级奖励19项。

创新“嵌入式、条块式、保障式”监督路径　护航黄河重大国家战略

济南市长清区纪委监委

济南市长清区纪委监委构建“嵌入式、条块式、保障式”的全方位监督体系，推动有关职能部门在落实黄河重大国家战略中破难题、优服务、促改革，生态环境、生态系统得到有效改善，社会效益、环境效益得到稳步提升。

济南市长清区纪委监委工作人员开展农村“三资”领域专项监督检查“回头看”工作（郑超/摄）

“嵌入式”精准监督。区纪委监委精准把握监督工作重心，坚持高位统筹谋划，聚力服务保障黄河流域重点项目建设，聚焦项目谋划、落地、建设、见效、服务5个环节开展嵌入式监督检查，会同部门形成《长清区工业项目征供地推进流程表》，对项目推进情况实行倒计时和红黄牌提醒，实现全流程嵌入式监督，监督检查中发现问题15条，制发纪检监察建议书6份。

“条块式”一体监督。立足职责定位，积极探索建立常态化联动监督、联合办案、监督整改机制，与区审计局开展联动监督，充分利用审计报告的“经济体检”功能，精准发现山石资源领域中的违纪违法问题，共留置5人，给予党纪政务处分23人。创新开展室地联合专项监督模式，开展强化农村“三资”管理护航黄河流域生态保护和高质量发展专项监督检查，全面覆盖长清区613个村（居），全面排查“三资”领域风险隐患。发现并督促整改问题1591个，移送问题线索241件，为全面推进乡村振兴、发展壮大集体经济、促进共同富裕提供了有力保障。

“保障式”长效监督。坚持“三个区分开来”，开展黄河流域生态保护和高质量发展专项监督调研，精准发现干部职工在干事创业中易被追责问责的情形和潜在风险点。开展基层治理不良现象及不担当不作为乱作为假作为问题专项治理，制定《长清区规范政商交往构建亲清政商关系的正面清单和负面清单（试行）》《激励干部担当作为风险备案工作办法（试行）》等机制6个，开展澄清正名49起，容错纠错21起，营造干事创业的良好氛围。

护航国家城乡融合发展试验区建设 见证“城”与“乡”双向奔赴

莱西市纪委监委

莱西市纪委监委将加快推进国家城乡融合发展试验区建设作为贯彻落实黄河重大国家战略的重要抓手，为黄河流域生态保护和高质量发展提供强有力的纪律保障。

莱西市纪委监委工作人员到青北高科园项目建设现场进行督导（潘强/摄）

系统构建政治监督保障体系。持续推进“四项监督”统筹衔接常态化制度化，制发《关于强化政治监督保障城乡融合发展试验区建设的工作方案》，深化运用“一台账、两清单、双责任、双问责”监督机制，梳理9方面89项监督内容，明确方法路径及具体要求。推动市委开展黄河流域生态保护和高质量发展专项巡察，发现并推动整改问题19个，确保黄河重大国家战略一贯到底、落地见效。

“小切口”治理将政治监督引向纵深。深化拓展“莱西经验”，创新“乡村公共资源+共富公司”集体经济发展机制，紧盯议事决议、财务管理等关键环节强化监督。加大“河、湖、公园、湿地、耕地保护、自然环境”等领域监督检查力度，在耕地保护责任落实专项监督中推动整改问题35个，批评教育和处理6人，建章立制2项。扎实开展乡村振兴领域不正之风和腐败问题专项整治，2022年以来共查处借乡村振兴之名以权谋私、截留挪用专项资金等损害群众利益突出问题237件308人。

推动城乡融合迈向更高水平。聚焦特色产业发展、惠民政策落实、重点工程建设等方面开展“嵌入式”“下沉式”监督，为乡村振兴注入“廉动力”。累计出台85项配套政策，有效破除人口、土地、金融、农村产权、农民增收、乡村治理等制约因素，建成城乡融合重点项目49个，打造莱西市国家农村产业融合发展示范园等76处先行先试点。农村增收机制更加健全，年收入50万元及以上新村实现全覆盖，年收入100万元及以上新村43个，成功入选山东省共同富裕先行示范县。

靶向纠治农村供水突出问题 力保百姓用水无忧

高青县纪委监委

在黄河流域生态保护和高质量发展专项监督工作中，高青县纪委监委聚焦“农村供水难题”开展专项整治，坚持案件查办和问题整治两手抓、贯通抓，“查改治”一体发力，多维度纠治农村供水突出问题，推动解决群众吃水难问题。

高青县纪委监委工作人员到县自来水厂开展实地调研（刘婷/摄）

*凝聚“查”的力量，多方联动聚合力。*县纪委监委联合水利部门开展农村供水保障问题专项整治，建立了镇村、行业主管部门、纪委监委联动机制，深入开展起底式排查，共发现部分村干部利用职权虚报套取水费，违规承揽自来水工程等突出问题31个，立案12起，给予党纪政务处分12人。严肃查处了花沟镇东口一村金某某违规报销水费、青城镇徐家寨村杨某某实施自来水工程未履行招投标程序等案件。

*压实“改”的责任，高效整治提战力。*针对排查出的问题，县纪委监委督促水利部门强化整改，加快供水基础设施建设，新建供水管网95公里，新建老官庄水厂并投入使用，将日供水能力由5万吨提高到8万吨，解决了中西部乡镇在夏季供水高峰期水压和水量严重不足问题，确保24小时不间断供水，全面实现农村自来水普及率100%、规模化供水工程覆盖农村人口比例100%。

*发挥“治”的效能，统筹推动增效力。*为巩固农村供水保障问题专项整治成效，县纪委监委向农业农村部门制发监察建议书，督促修订《高青县农村产权交易管理办法》，规范农村自来水等小微工程实施流程。督促水利、发改、财政、农业农村等部门联合出台《高青县农村自来水管理指导意见》，推动633个村将自来水费用纳入“三资”管理，并实现自来水专员管理，聚力解决水费收缴不规范、自来水管理混乱等突出问题。

跟进整治“散乱污”保护环境“不手软”

枣庄市台儿庄区纪委监委

开展黄河流域生态保护和高质量发展专项监督以来，枣庄市台儿庄区纪委监委以生态环境保护治理为突破口，聚焦责任、纪律、作风建立“三式”监督机制，守护绿色生态、护航绿色发展。

枣庄市台儿庄区纪委监委工作人员到邳庄镇小季河流域开展水环境保护专项监督检查（石林/摄）

聚焦责任，开展“驻点式”监督。把落实生态环境保护政治责任作为首要监督任务，通过查阅台账、个别谈话、现场检查等方式，对生态环境部门开展驻点监督，重点查找决策部署执行、责任压力传导等方面问题。2024年以来，已督促生态环境部门认真落实工作任务，依法取缔“散乱污”企业10家，立案调查环境违法行为28起，向公安机关移送违法案件2起，辖区生态环境质量得到明显提升，在半年考核中空气质量改善指标列全市第一位。

聚焦纪律，开展“嵌入式”监督。坚持以“办案带动全局”，严明生态环境执法领域纪律规矩，根据群众反映强烈的“散乱污”企业清理不及时、建筑工地扬尘治理效果不佳等问题，查处违规违纪问题6起，批评教育帮助和处理10人，问责履职不力党员干部2人。针对案件暴露的监督漏洞，及时制发纪检监察建议书，推动生态环境部门进一步完善“散乱污”企业排查整治制度，有效防范违法企业“死灰复燃”。

聚焦作风，开展“下沉式”监督。把处理群众举报推诿扯皮和环保执法“一刀切”等干部作风问题，作为下沉监督调研的重中之重，现场抽查群众举报问题办理情况，并同企业面对面交流监管执法情况。根据反馈意见，督促生态环境部门实行“信访+执法”扎口受理，受理群众信访121件，办结率100%，做到“民有所呼、我有所应”。同时，建立“无事不扰、无据不查、轻微不罚”监管模式，开展非现场执法64家次，对5家符合条件的企业做出不予处罚或减轻处罚决定。

创新“四式”监督法 护航黄河重大国家战略实施

利津县纪委监委

利津县纪委监委围绕发展中心，聚焦重点项目、重点领域和民生实事，创新“四式”监督，打出监督“组合拳”，有力护航黄河重大国家战略落实落地。

利津县纪委监委联合县审计局在盐碱地综合利用试点工作中开展联动监督（孙岩岩/摄）

聚焦发展全局，实行“清单式”监督。印发《黄河流域生态保护和高质量发展专项监督工作方案》及责任清单，明确10个方面37项重点工作90项重点任务，168项具体推进措施。注重统分结合，向各监督主体派发监督任务清单13份，压实主体责任、属地责任、监管责任，精准靶向开展监督。

聚焦重点项目，实行“嵌入式”监督。制定《关于建立重点项目全链条监督机制的工作方案》，建立“动态跟踪管理+关键节点嵌入+全程护航保障”全链条监督机制，将监督力量、监督措施“嵌入”庄科水库、体育公园等6个重点项目，通过现场监督、廉政谈话等方式精准发现问题、纠正工作偏差。

聚焦民生实事，实行“小切口”式监督。开展物业服务领域突出问题专项整治，围绕物业服务中执行“三公开”制度不到位、违规催缴物业费等“小切口”开展专项治理，推动解决问题88个。瞄准规范村级“小微权力”，研究制定《关于建立村级小微权力“一员两岗”监督机制的实施方案（试行）》，探索构建以村级纪检委员监督为主体，“街巷长”监督岗、党员监督岗为枢纽的基层监督体系。

聚焦重点领域，实行“专责+专业式”监督。依托黄河重大国家战略专项监督专班，聚焦构筑黄河安澜屏障、推进水资源集约节约利用等方面，联合职能部门开展监督检查，提升发现问题、督促整改的专业能力。围绕盐碱地等耕地后备资源综合利用试点工作，开展“纪巡审”联动监督，发现并推动整改问题45个，切实提升监督专业性、精准性。

探索实施“问诊式”监督　深入整治高标准农田建设领域腐败和作风问题

烟台市蓬莱区纪委监委

烟台市蓬莱区纪委监委以黄河重大国家战略专项监督为牵引，探索实施听、查、访“问诊式”监督模式，深入开展高标准农田建设专项治理，服务保障黄河重大国家战略在蓬莱落到实处、见到实效。

烟台市蓬莱区纪委监委高标准农田建设专项检查工作组到南王街道七里庄村了解灌溉设备使用和管护情况（李洋/摄）

聚焦职能部门“听”情况，压实监管责任。通过赴职能部门座谈、到项目现场调研督导等方式，听取相关工作情况，督促压实主管部门履职。比如，针对发现的责任落实不到位等问题，督促农业农村部门制定完善《烟台市蓬莱区高标准农田建设项目工程运行管护实施细则》，明确各级管护责任、考核指标等，完善高标准农田建设各个环节规章制度。

紧盯工程项目“查”问题，推动问题整改。调阅区农业农村局近年来高标准农田建设项目等资料，重点查看项目立项审批、招投标备案、监督管理、项目验收等内容。分组赴各镇街查看高标准农田建设项目现场，围绕勘测设计、工程建设、质量检测等方面，实地察访6个镇街30余个村的项目建设现场。针对监督检查中发现的“重建设、轻管护”现象，深入排查“设施建而不用、因损毁未修复不能正常使用”等8个问题，建立排查整治台账，逐项督促整改。

深入田间地头“访”民意，提升工作质效。督促区农业农村部门推行农田建设“随手拍”小程序，广泛收集群众诉求，筛选部分群众关注的高标准农田建设领域重点问题，深入田间地头，与群众面对面交流，推动解决北沟镇南罗村泵站缺少电力设施、大柳行镇卧鹿村进山路部分路基被雨水冲刷掏空等一批群众急难愁盼的突出问题。

护航优化营商环境“软实力”夯实高质量发展“硬支撑”

临朐县纪委监委

临朐县纪委监委积极服务和融入黄河流域生态保护和高质量发展，开展护航优化营商环境专项行动，以营商环境提档升级，推动经济社会高质量发展。

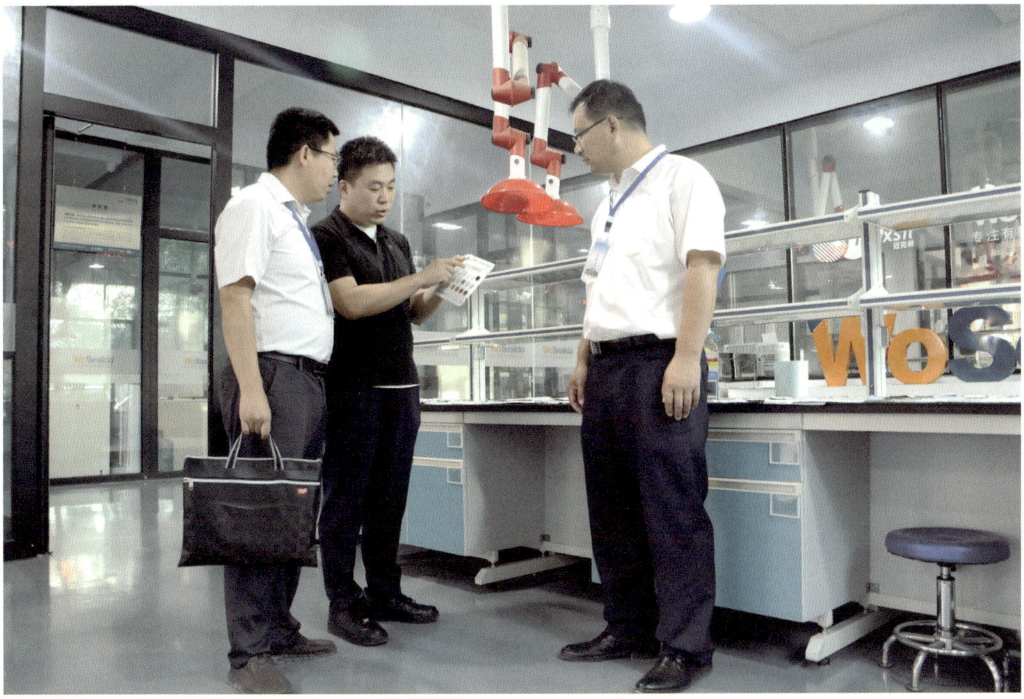

临朐县纪委监委工作人员到山东沃赛新材料有限公司，收集企业关于优化营商环境的意见建议（张继斌/摄）

攥指成拳聚合力。县纪委监委成立“联合护航团”，设置10个“营商环境监测点”，聘请16名“营商环境体验官”，常态化沟通联系、面对面倾听诉求，收集意见建议50余条，协调解决惠企政策落实、办事流程优化等方面问题40余个。与信访、12345政务服务热线等部门建立直通机制，排查梳理企业诉求9000余条，对反映的堵点难点问题，会同职能部门建立问题台账，明确责任单位和完成时限，“清单化”推动解决。

紧盯重点强监督。围绕工作作风、市场环境、政务服务、监管执法、廉洁从政等5个方面，发挥“室组”联动监督优势，将监督嵌入事前酝酿决策、事中执行落实、事后评价问效全流程，开展实地检查19次，排查风险点403个，全部纳入监督台账，跟进监督、对账销号。开展纪检监察干部“走流程”活动，21名纪检监察干部陪同企业“沉浸式”体验审批流程，发现一次性告知不到位等问题13个，已全部整改到位。

以案促改出实效。严肃查处破坏营商环境问题33起，给予党纪政务处分43人。针对办事机构分散、市场主体分头跑多头跑重复跑问题，推动县政府办公室建设全省首家企业综合服务中心，整合12个政府部门、60多家社会侧和市场侧资源，设置项目、政策、金融、人才、法治、科创、开放、综合等8大版块134项增值服务事项，开展帮办代办服务600多次，提供法律援助40多件，提供“一站式”服务，辖区企业归属感、获得感、满意度明显提升。

紧盯工程招投标精准监督
助力项目建设廉洁高效推进

梁山县纪委监委

梁山县纪委监委以黄河重大国家战略专项监督为牵引，紧盯重大项目招标投标等关键环节强化监督执纪执法，切实堵塞工程建设招投标领域制度性漏洞，全力推动黄河重大国家战略在梁山落地落实。

梁山县纪委监委工作人员到项目现场，对招投标等关键环节开展监督检查（南瑞芳/摄）

“纪巡审”联动发力。针对招标投标领域主体多、资金量大等特点，整合监督力量，将“纪”的审调力度、“巡”的政治高度和“审”的专业精度有效融合，建立健全协同联动机制，开展个别谈话243人次，走访暗访161人次，实地查看106次，发现招标人主体责任落实不力、行政监督部门监管缺位等问题124个。

“全流程”监督执纪。招前扎口管理，发挥派驻监督“前哨”作用，督促全县各机关事业单位、县属国有企业扛牢主体责任，严格落实“三重一大”决策程序。招中靠前监督，强化监测分析，对招投标过程不定期现场抽查，严防围标串标、弄虚作假等问题。招后震慑常在，联合发改、审计等部门开展专项整治，严查作风和腐败问题。2022年以来，查处招投标管理相关问题41起，给予党纪政务处分28人。

“查改治”一体推进。对发现的在土地整理项目中明招暗定、违规分包、吃拿卡要等问题，围绕建章立制、人员监管、系统完善等方面向县自然资源和规划局制发纪检监察建议书。推动县委、县政府出台《梁山县政府采购和工程项目招投标“十必须、十严禁”》，制定《梁山县持续开展工程建设招标投标领域突出问题专项治理工作方案（2024—2025）》。督促发改、审计等部门制发《梁山县招标投标领域联动监督工作机制》《梁山县公共资源交易项目评估实施细则》等制度10项，不断健全内控机制。

强化“四个一”专项监督 保障重点项目高效落地

肥城市纪委监委

肥城市纪委监委把保障黄河重大国家战略实施作为政治监督“头号工程”，坚持聚焦关键、靶向发力，三年来，紧盯省和泰安市重点项目，探索“四个一”专项监督模式，推动项目高效落地。

肥城市纪委监委工作人员到康王河沿岸雨污分流工程项目现场，开展实地督导（刘琦/摄）

每年一次提醒谈话。针对市直职能部门、镇（街、区）对黄河重大国家战略认识不足、工作思路不清等问题，市纪委监委主要负责同志结合开展同级监督工作，直接与分管市委常委、副市长，职能部门主要负责人及14个镇（街、区）党（工）委书记谈话，提醒高度重视起来，扛起责任、狠抓项目、倒排工期、专班推进。

每月一轮实地督导。聚焦审批手续办理和资金筹措等关键事项，成立8个专项督导组，专项监督开展以来，分别包保50个重点项目，建立专项监督工作台账，动态更新每月任务清单。针对督导发现的问题，及时下发《工作建议函》或《履责提示函》，督促担当作为、攻坚克难。开展实地监督检查26次，推动整改立项内容不符合实际等问题22个。

开设一个举报专区。在市纪委监委网站和微信公众号设立“黄河流域生态保护和高质量发展监督举报专区”，在重点项目建设现场张贴举报平台二维码，畅通举报渠道，充分发挥群众监督作用。2022年以来，受理并查处有关问题117件，处理162人。

建立一套联席机制。定期协调召开联席会议，组织重点项目所涉及的职能部门主要负责人，对照施工图和时间表，各自梳理工作进展，实现信息共享，问题共答。三年来，通过召开联席会，协调解决工作机制不畅、手续办理缓慢、资金配套不足等困难26个，有力保障重点项目高效落地。

多措并举
靶向整治河道管护突出问题

威海火炬高新技术产业开发区纪检监察工委

在黄河流域生态保护和高质量发展专项监督中，威海火炬高新技术产业开发区纪检监察工委将河道管护作为监督重点，紧盯责任落实、制度落实、工作落实，督促全面强化河道综合治理，助力“水清河畅”。

威海高区纪检监察工委工作人员现场查看初村河河道整治情况（周茹萍/摄）

“全链条”压责。推动区党工委召开河道水质提升工作专题会议，就河道排污问题等进行专题研究部署，强化工作统筹。将河道管护情况、河长制落实情况纳入职能部门、镇街政治监督活页动态监督，压实监管责任、属地责任。联合12345政务热线，梳理群众反映工单43件，约谈承办单位主要负责人12人次，推动“一把手”带头解决河岸环境、河道堵塞等问题21个。

“全覆盖”监督。建立察访组，深入河堤、水库、塘坝等一线点位察访13轮次，督促相关责任主体整改问题11个，对河坝存在违规种植及周边脏乱差现象整治不及时问题进行通报，问责2人。做实黄河流域生态保护和高质量发展专项巡察，发现并推动整改问题3个。聚焦雨季汛期，常态化跟进监督水利部门和镇街值班值守、隐患排查、水位监测等工作，确保安全度汛。通过联合检查方式，对区内水库开展隐患排查，发现并督促整改问题6个。

“全方位”提质。对私挖滥采问题保持高压态势，向相关职能部门制发《监督提示》，督促区、镇、村三级河长常态巡河4884次，对区内河道、水库集中摸底排查15次，集中打击非法采砂行动9次。推动水利、生态环境、水务集团等部门单位建立“抄手”联动机制，实现难点问题联合研究、协同整治。在对区内河道、水库拉网式调研基础上，推动职能部门制定“一河（湖）一策”综合整治方案，并明确水利工程“行政”“技术”“巡查”三岗三责，切实提升河道长效管护质效。

织好监督“三张网”推进落实“一盘棋”

莒县纪委监委

莒县纪委监委聚焦服务和融入黄河流域生态保护和高质量发展，紧扣责任落实这个“牛鼻子”，完善制度机制，2022年以来，共查处黄河重大国家战略领域问题85个，批评教育帮助和处理109人，党纪政务处分13人。

莒县纪委监委工作人员到沭河流域针对沭河治理工程和生态环境保护存在的突出问题开展“进驻式”监督（庄琰/摄）

织好"机制网"，健全监督体系。建立专班运行机制，从有关职能部门抽调业务骨干，成立监督专班，明确职责任务。深化运用"一台账、两清单、双责任、双问责"监督机制，形成县直部门、乡镇街道属地两套监督任务清单，提高监督精准性。创新"进驻式"监督机制，围绕沭河治理工程、生态环境保护、绿色低碳高质量发展等重点内容，开展"进驻式"监督8轮次，发现相关问题36个，制发监督提示函13份。

织好"贯通网"，抓好日常监督。强化"一盘棋"思维，以黄河重大国家战略专项监督为统领，协同推进乡村振兴、营商环境等重大专项监督。抓实"一把手"和领导班子这个"关键少数"，将服务和融入黄河流域生态保护和高质量发展落实情况纳入"红脸出汗"问题清单谈心谈话内容，协助县委梳理涉及黄河重大国家战略的7个县直部门和20个乡镇街道谈心谈话问题清单，推动部门单位切实履职担责。

织好"责任网"，监督问题整改。把查办案件、加强教育、完善制度、促进治理贯通起来，充分运用"问题反馈—黄牌提醒—红牌惩戒"执纪问责工作机制，下达黄牌提醒20余次，督促相关职能部门突出抓好审批、监管等流程制度建设，完善相关制度60余项，实现发现问题动态"清零"。

构建监督闭环
打好矿产资源攻坚战

蒙阴县纪委监委

在开展黄河流域生态保护和高质量发展专项监督工作中，蒙阴县推行“政府监督、平台参与、市场运作”的运营管理模式，县纪委监委在全县持续开展矿产资源领域突出问题集中整治，着力构建“发现问题、严明纪法、整改纠偏、完善治理”的监督闭环，健全完善矿产资源管理运营工作机制。

蒙阴县纪委监委工作人员到坦埠镇东河南村督导矿山生态修复治理工作（公艳艳/摄）

*畅通举报渠道，凝聚工作合力。*畅通“信、访、网、电、微”五位一体举报渠道，及时筛查、发现和受理涉砂石资源问题线索。推动设立全县砂石产品监管平台，线上线下相结合，实现全方位监督监管。共移交行政案件线索184起，涉刑事案件10起，刑事拘留45人，追缴收缴违法所得2300余万元。

*坚持严查开路，严肃执纪执法。*县纪委监委强化对专项整治工作全过程的监督，先后2次召开督导点评推进会，下发6期砂石资源专项整治“红黑榜”，制发纪检监察建议书5份。专项监督开展以来，全县纪检监察机关共处置矿产资源领域问题线索101件，立案查处77件，给予党纪政务处分70人；立案查处充当“保护伞”的党员干部5起5人，给予党纪政务处分5人。

*深化以案促治，构建长效机制。*坚持纠树并举、标本兼治，把“当下改”与“长久立”结合起来，督促修订完善砂石资源申报备案、富余砂资源收储、富余砂资源收益分配、项目建设用料审核定价、涉砂涉石企业监管等一系列工作制度，推动出台《县砂石资源专用票据管理办法》《县违法砂石名木资源处置办法》《县工程建设项目涉及矿产资源处置管理办法》等规章制度，构建起科学规范、运行有效的制度机制。

精准发力　全链条监督水资源税费管理

齐河县纪委监委

齐河县纪委监委扎实推动黄河流域生态保护和高质量发展，针对水资源领域税费征收工作开展专项监督，推动水资源利用水平不断提升。

“全链条”监督检查，环节推动专项监督走深走实。以水资源“取、用、排”各环节职能部门履职情况为切口，深入水利局、税务局等7个部门，对水资源税、环保税、污水处理费、自来水费征收工作进行监督检查，

齐河县纪委监委水资源专班工作人员到山东德邦物流有限公司齐河分公司查看水表运转情况（任彩霞/摄）

开展座谈交流8次，个别谈话21人次，查阅资料58册，数据比对1200余条，发现面上问题4类13个，问题线索32条，追责问责16人，督促相关部门追缴水资源税及滞纳金1192万元。

“全链条”守正创新，一体推动税费管理科学高效。对税费征收各环节全面“体检”，推动水资源税费征收制度创新。督促规范城镇污水处理费征收管理办法，细化一次性告知、信息确认等工作流程5个；督促整改无取水许可证企业16家，未进行水资源论证企业6家；推动完善税务系统设计，设置“取水许可证”“用水量核定文书”上传模块，水资源税费管理更加科学高效。

“全链条”流程管控，系统推动水资源保护和高质量发展。针对发现的水资源循环使用率低、浪费严重等突出问题，监督推动相关部门对水资源“取、用、排”环节实现流程再造。联合相关部门走访企业21家，形成调研报告3篇，制发纪检监察建议4份，推动建立完善排污许可和污染物排放信息协查等制度8项。通过综合整治，2022年以来，全县万元工业增加值用水量下降53.9%，用水效率明显提升，水资源科学配置、全面节约、循环利用工作格局成效初现。

创新“1241”工作法
护航黄河重大国家战略落实落地

东阿县纪委监委

东阿县纪委监委立足职责定位，将黄河流域生态保护和高质量发展专项监督作为推动各类监督贯通融合的重要抓手，创新“1241”工作法，护航黄河重大国家战略落实落地。

东阿县纪委监委工作人员在沿黄村调研农业绿色发展工作（王秀文/摄）

坚持“1”条主线，各类监督齐推进。将黄河流域生态保护和高质量发展专项监督作为引领各专项监督的一条主线，推动项目建设、生态环保、乡村振兴等领域专项监督与黄河流域生态保护和高质量发展专项监督贯通融合、协同进行，开展全流程监督582次，督促推动职能部门解决问题243个，确保各项工作取得实效。

用好“2”个抓手，完善机制明责任。以“一台账、两清单、双责任、双问责”监督机制为抓手，推动监督责任、主管责任、属地责任贯通协同；以做实“室组地巡”联动监督为抓手，构建“风清东阿12345”基层监督体系，通过开展“点题式”监督推动解决问题102个，建章立制12项，有效提升监督治理效能。

强化“4”项措施，全程跟进提质效。坚持调研先行、信息互通、动态跟踪和大数据监督多措并举，开展专题调研40余次，与市民热线办等部门建立会商研判机制，排查整治重点领域难点堵点问题177个，将部门落实黄河重大国家战略工作情况纳入“目录式”报备内容进行动态跟踪，开发“风清东阿”融监督数字化平台丰富监督路径，累计推动各镇（街）整改欠款合同2194份，收缴欠款1376万元。

构建“1”个闭环，靶向纠治促治理。坚持精准开方、靶向施治，由点及面推动整改。聚焦水资源集约节约利用，推动县政府开展自备井管理专项整治，合理解决违规使用自备井问题377个。聚焦重点项目建设，创新“四方必谈”监督方式，协同审计、发改、住建等部门，与建设、招标、施工、监理单位四方开展警示谈话20轮次，督促推动解决问题10个。

打造智慧化监督平台
积极培育营商环境“数字助廉”新动能

惠民县纪委监委

惠民县纪委监委将监督保障黄河重大国家战略落实作为政治任务，以涉企行政执法为“小切口”，打造“阳光惠企”执法监督平台，以数字化手段监督规范各类入企行为，积极培育营商环境“数字助廉”新动能。

惠民县纪委监委工作人员深入企业车间就“阳光惠企”执法监督平台运行情况征求企业意见（李长爱/摄）

全要素集成，科技赋能亮出数字“利器”，推动“非需无扰”。由县纪检监察、司法行政机关统筹负责平台管理使用，整合各领域执法检查事项及市场主体信息，破解各部门执法数据分散、监管不足难题。汇集34个行政执法单位、440项执法事项、6.1万余个市场主体信息，实现全场景、数字化监督。平台设置执法日历、亮码入企等9大数据模型，将监督嵌入涉企行政执法各环节、全过程，推动形成预警反馈、核查、处置、反馈监督闭环。

全链条预警，执法一线架起监督“探头”，推动“迎查无忧”。平台坚持一企一天只接受一批次检查原则，不同执法部门申请同一天到同一企业检查的，自动检测并发出联合检查提醒，防止“多头检查、随意检查”，切实减轻企业负担。同时，平台设置特色产业监督模块，将全县1300余家绳网企业纳入监督，设置预警指标，推动为企业有效减负，各执法部门凭码入企847次，推动联合入企21次。

全过程融入，营商环境嵌入智慧“动能”，推动“发展无虑”。线上，对重大行政执法决定进行裁量预警和审核介入31件，推动落实“不罚轻罚”“依法重罚”案件364件，依法减免资金200余万元，惠及市场主体229个。线下，重点关注“智改数转”和专精特新企业迎检情况，通过数据对比等方式，深入查找重复检查、随意执法等问题，推动整改、解决问题90余件，努力营造安商、护商、爱商、亲商的营商环境。

建立协同监督机制
凝聚黄河重大国家战略监督合力

鄄城县纪委监委

在黄河重大国家战略专项监督中，鄄城县纪委监委充分发挥专责监督作用和职能部门监督优势，探索建立协同机制，凝聚监督合力，推动黄河重大国家战略走深走实。

鄄城县纪委监委工作人员到旧城镇宋楼村现场督导农村供水安全保障提升工程建设情况（李耀/摄）

主导监督协同。县纪委监委立足“监督的再监督”职责定位，建立黄河重大国家战略“1+9”监督联席会议制度，与县人大机关、县政协机关、县审计局、县财政局等9家监督单位贯通融合，召开联席会议7次，召开专题会商会议5次，协同开展监督10次，形成专责监督和专业监督互补互促、同频共振。

联动协作共管。“纪审联动”提升监督质效，审计部门对乡村振兴重大项目开展审计，移交问题线索15件。县委巡察办开展黄河流域生态保护和高质量发展专项联动巡察，发现问题368个，移交问题线索23件。联合县大督察工作领导小组办公室，开展“四清”专项行动，督促各镇（街）自查自纠问题3014个。

突出监督重点。紧盯农村供水安全保障提升工程开展监督，督促完成施工村庄320个，惠及群众7万余户，推动完成更换互联网智能水表的村庄实行直管到户。督促建成4处滩区迁建深井除氟集中供水工程，解决了1.8万人的安全饮水问题。对滩区迁建后续整改26个问题采取88项监督措施，督促全面整改到位。

促进整改提升。针对监督中发现的问题，按照职责分工，第一时间反馈给相关职能部门处理解决，县纪委监委跟踪监督，对账销号。协同监督机制建立以来，向存在问题的被监督部门单位制发工作提示3份，制发纪检监察建议书9份，约谈82人次，谈话提醒31人次。对监督中发现的问题线索，处理205人。

李恒杰/摄

5 大事记

10月

20日至22日，中共中央总书记、国家主席、中央军委主席习近平亲临山东视察，实地了解黄河流域生态保护和高质量发展情况，主持召开深入推动黄河流域生态保护和高质量发展座谈会并发表重要讲话。

25日，山东省委召开全省领导干部会议，传达学习习近平总书记在深入推动黄河流域生态保护和高质量发展座谈会上的重要讲话精神和视察山东重要指示要求，对全省学习贯彻作出部署安排。

25日，山东省人大常委会党组扩大会议学习习近平总书记在深入推动黄河流域生态保护和高质量发展座谈会上的重要讲话精神和视察山东重要指示要求，传达学习全省领导干部会议精神。

25日，山东省政府党组扩大会议学习贯彻习近平总书记在深入推动黄河流域生态保护和高质量发展座谈会上的重要讲话精神和视察山东重要指示要求，按照全省领导干部会议安排部署，结合政府工作实际，研究具体落实措施。

25日，山东省纪委常委会传达学习习近平总书记在深入推动黄河流域生态保护和高质量发展座谈会上的重要讲话精神和视察山东重要指示要求，结合纪检监察工作实际，研究贯彻落实意见。

27日，山东省政协十二届常委会第十九次会议传达学习习近平总书记在深入推动黄河流域生态保护和高质量发展座谈会上的重要讲话精神，围绕“大力弘扬齐鲁优秀文化”协商议政。

2021年度

11月

26日至27日，山东省委十一届十四次全会审议通过《中共山东省委关于深入学习贯彻习近平总书记重要讲话精神扎实推动黄河流域生态保护和高质量发展的决定》。

28日，山东省委在济南举行新闻发布会，介绍省委十一届十四次全会精神，解读全会审议通过的《中共山东省委关于深入学习贯彻党的十九届六中全会精神的决定》和《中共山东省委关于深入学习贯彻习近平总书记重要讲话精神扎实推动黄河流域生态保护和高质量发展的决定》。

12月

17日，山东省推进黄河流域生态保护和高质量发展领导小组办公室印发《山东省“十四五”推动黄河流域生态保护和高质量发展实施方案》，明确“十四五”时期山东省推动黄河流域生态保护和高质量发展各项重点任务。

17日，由中国社会科学院学部主席团、中共济南市委、济南市人民政府主办的“中国社会科学论坛（2021年·经济学）：黄河生态文明国际论坛”举行，山东省委副书记、省长周乃翔在济南出席开幕式并致辞。

18日，黄河流域协同科技创新大会在济南举行，科学技术部部长王志刚出席大会开幕式并讲话，山东省委书记李干杰致辞。

19日，山东省纪委办公厅印发《关于加强山东省黄河流域生态保护和高质量发展专项监督的实施意见》。

23日，山东省纪委监委组织召开黄河流域生态保护和高质量发展专项监督工作部署会议，省委常委、省纪委书记、省监委代理主任夏红民出席会议并讲话。

2021年度

2022年度

1月

7日，山东省纪委办公厅印发《2022年度黄河流域生态保护和高质量发展专项监督工作方案》。

2月

15日，山东省委、省政府印发《山东省黄河流域生态保护和高质量发展规划》。

23日，山东省纪委监委召开黄河流域生态保护和高质量发展专项监督座谈会，开办“黄河清风”讲堂。山东省新旧动能转换综合试验区建设办公室副主任王海林对黄河流域生态保护和高质量发展的战略背景、工作进展和下步打算等情况进行讲解。

3月

15日，山东省委常委、省纪委书记、省监委主任夏红民主持召开省纪委常委会省监委委务会会议。审议通过《省纪委监委黄河国家战略专项监督办公室工作职责（试行）》《省纪委监委黄河流域生态保护和高质量发展专项监督统筹联动工作机制（试行）》。

17日，山东省纪委监委向中央纪委国家监委呈报《关于扎实开展黄河流域生态保护和高质量发展专项监督情况的报告》。19日至21日，赵乐际同志、杨晓渡同志先后圈阅，刘金国同志作出批示。25日，山东省委、省政府主要负责同志先后批示肯定。

22日，山东省纪委监委举办第二期“黄河清风”讲堂，省水利厅党组成员、副厅长崔培学以《提升水资源节约集约安全利用水平推动黄河流域生态保护和高质量发展》为题进行授课。

4月

30日，山东省纪委监委举办第三期“黄河清风”讲堂，省政府发展研究中心三级调研员孙华臣以《锚定“走在前列、全面开创”“三个走在前”，推动黄河流域生态保护和高质量发展》为题，对相关内容进行解读。

5月

17日，山东省纪委监委举办第四期“黄河清风”讲堂，山东黄河河务局纪检组组长杨旭临以《认识黄河、守护黄河，为黄河永远造福中华民族而不懈奋斗》为题，对纪检监察机关在专项监督工作中应把握的监督重点进行解读。

2022年度

6月

13日至16日，全国政协调研组到山东调研黄河国家文化公园建设，省政协主席葛慧君参加。

15日，山东省巡视巡察工作会议暨十二届省委第一轮巡视工作动员部署会召开，对沿黄9市、25县（市、区）和2个功能区以及承担重要工作任务的17个省直部门（单位）党组织部署开展专项巡视。

24日，山东省纪委监委举办第五期“黄河清风”讲堂，济南市纪委副书记、市监委副主任刘国亭以《以高质量监督保障黄河重大国家战略在济南落地落实》为题，详细介绍了济南市纪委监委开展黄河重大国家战略专项监督经验做法。

7月

12日，全国人大调研组就黄河保护法立法工作到山东省调研，在济南召开座谈会，听取对黄河保护法草案的意见建议。山东省人大常委会副主任、党组书记杨东奇参加。

22日，山东省纪委监委举办第六期“黄河清风”讲堂，东营市纪委分管日常工作的副书记、市监委副主任徐国泉以《做实做精专项监督　保障国家战略实施》为题，对东营市纪委监委开展黄河重大国家战略专项监督工作情况作了具体介绍。

8月

11日，山东省人民政府与中国农业发展银行在济南签署政策性金融支持山东省黄河流域生态保护和高质量发展战略合作协议。山东省委副书记、省长周乃翔，中国农业发展银行党委书记、董事长钱文挥出席仪式。

16日，山东省人民政府办公厅印发《济南新旧动能转换起步区发展规划（2021—2035年）》。

23日，由山东省人民政府主办的黄河流域自贸试验区联盟启动暨对外开放高质量发展大会在济南召开。

23日，由国务院参事室主办的“2022黄河论坛”在济南举行，主题为“推动黄河流域生态保护和高质量发展”。

23日，山东省纪委监委举办第七期“黄河清风”讲堂，省生态环境厅党组成员、副厅长、一级巡视员管言明同志以《以黄河流域生态环境高水平保护促进经济社会高质量发展》为题进行授课。

24日，中央纪委常委、国家监委委员，中央巡视工作领导小组成员、办公室主任王鸿津在山东省委巡视机构调研时，对山东省巡视巡察工作特别是对十二届山东省委首轮开展的黄河流域生态保护和高质量发展专项巡视给予高度评价。

28日，山东省委宣传部、省发展改革委、省文化和旅游厅印发《关于打造黄河文化保护传承弘扬新高地行动计划（2022—2025年）》，明确黄河文化保护传承弘扬的各项重点任务。

9月

1日，鲁台经贸合作暨两岸赋能黄河流域生态保护和高质量发展论坛在潍坊举行。

5日，山东省政府办公厅印发《支持黄河流域生态保护和高质量发展若干财政政策》。

15日，山东省人民政府与中国建设银行股份有限公司在济南签署金融服务黄河流域生态保护和高质量发展战略合作协议，山东省委副书记、省长周乃翔，中国建设银行党委副书记、行长张金良出席仪式。

19日至23日，中央纪委国家监委组织4名国家监委特约监察员，对山东省黄河流域生态保护和高质量发展专项监督工作开展专题调研督导。

23日，山东省人民政府与中国气象局签署《共同推进山东“在推动黄河流域生态保护和高质量发展上走在前”合作协议》。

28日，山东省纪委监委举办第八期“黄河清风”讲堂，省自然资源厅二级巡视员李成金以《积极推进黄河口国家公园创建　打造黄河下游生态保护新高地》为题，详细介绍了黄河口国家公园和黄河下游生态保护相关情况。

29日，山东省推进黄河流域生态保护和高质量发展领导小组召开会议，深入学习贯彻习近平总书记关于黄河流域生态保护和高质量发展的重要论述，听取全省黄河流域生态保护和高质量发展有关情况汇报，审议《支持沿黄25县（市、区）推动黄河流域生态保护和高质量发展若干政策措施》。

29日，十二届山东省委黄河流域生态保护和高质量发展专项巡视进行集中反馈。

10月

27日，山东省黄河流域生态保护和高质量发展推进会举行，省纪委监委机关在会上汇报了黄河流域生态保护和高质量发展专项监督情况。

27日，山东省纪委监委举办第九期“黄河清风”讲堂，省农业农村厅党组成员、副厅长、一级巡视员褚瑞云以《贯彻黄河重大国家战略　加快发展绿色高效农业》为题，介绍了全省农业绿色高质量发展相关情况。

2022年度

11月

7日，山东省政协十二届常委会第二十四次会议围绕全省“在推动黄河流域生态保护和高质量发展上走在前”协商议政，省政协主席葛慧君主持会议。

8日，山东省委副书记、省长周乃翔主持召开省政府常务会议，研究绿色低碳高质量发展先行区建设等工作。

10日，由山东省人民政府、中国人民对外友好协会、水利部黄河水利委员会、联合国环境规划署共同主办的世界入海口城市合作发展大会在东营举办。

30日，国家发展改革委地区经济司组织召开黄河流域生态环境突出问题整改视频现场会，宁夏、陕西、山东省（区）发展改革委代表上、中、下游地区汇报有关情况。

12月

9日，山东省纪委监委分管领导分别带领黄河重大国家战略专项监督调研组到11市、29县和部分省直部门、省管国企、省属本科高校以及驻鲁部属高校开展调研。

15日，由中国社会科学院国家高端智库、中共济南市委、济南市人民政府主办的“中国社会科学论坛（2022年·经济学）：黄河生态文明国际论坛”举行，论坛主题为“生态文明建设推进中国式现代化，共同谱写黄河流域中国式现代化新篇章”。

20日，山东省委、省政府印发《山东省建设绿色低碳高质量发展先行区三年行动计划（2023—2025年）》。

2023年度

2月

9日，山东省纪委监委召开十二届省委第一轮黄河流域生态保护和高质量发展专项巡视集中整改报告“三方联审”部署会。

10日，山东省通报第二轮中央生态环境保护督察移交问题追责问责情况。

15日，山东省纪委办公厅印发《2023年度黄河流域生态保护和高质量发展专项监督工作方案》。

17日，山东省纪委监委举办2023年度第一期“黄河清风”讲堂，创新采取“双讲”模式，同时邀请系统外和系统内同志进行“双授课”。济南新旧动能转换起步区党工委专职副书记李国祥，济南新旧动能转换起步区党工委委员、纪检监察工委书记范立山，分别就起步区落实黄河重大国家战略工作情况和起步区纪检监察工委开展黄河重大国家战略监督情况授课。

3月

22日，山东省纪委监委对十二届省委第一轮黄河流域生态保护和高质量发展专项巡视“三方联审”发现问题进行集中反馈。

4月

4日，山东省政协十三届五次主席会议召开，审议黄河流域生态保护专项民主监督方案。省政协主席葛慧君主持会议。

7日，山东省纪委办公厅印发黄河流域生态保护和高质量发展省级部门和各市责任清单，以及警示片问题整改责任清单。

18日，由中国社会科学院、中国公共关系协会、山东省人民政府主办的黄河文化论坛在东营市举办。

20日，山东省纪委监委举办2023年度第二期“黄河清风”讲堂。省工业与信息化厅党组成员、副厅长焉杰和泰安市纪委分管日常工作的副书记、市监委副主任王华山分别以《坚持战略引领+做强“头号工程”聚力筑牢黄河流域高质量发展坚实支柱》《青山可期　绿水为鉴》为题授课。

2023年度

5月

6日，山东省突出生态环境问题整改推进会议在济南召开，省委副书记、省长周乃翔出席会议并讲话。

10日，山东省公开第二轮中央生态环境保护督察整改落实情况。

11日，山东省纪委监委组织召开黄河流域生态保护和高质量发展专项监督工作推进座谈会，省委常委、省纪委书记、省监委主任夏红民出席会议并讲话。

12日，山东省纪委监委启动十二届省委第一轮黄河流域生态保护和高质量发展专项巡视整改实地查访评估。

24日，山东省纪委监委举办2023年度第三期“黄河清风”讲堂。东营市政府副市长、党组成员梁润生和东营市垦利区委常委、区纪委书记、区监委主任宋中海，分别以《扛牢政治责任　强化使命担当，聚力打造实施黄河重大国家战略的东营模式》《东营市垦利区护航黄河重大国家战略落地落实》为题授课。

29日至30日，山东省人大常委会副主任、党组书记杨东奇主持召开省十四届人大常委会第三次会议，审议通过《山东省黄河三角洲生态保护条例》。

6月

4日，山东省委办公厅、省政府办公厅印发实施《关于加快国家省级水网先导区建设全面提升现代水网综合效益的意见》。

19日至21日，中共中央政治局委员、全国人大常委会副委员长李鸿忠率全国人大常委会执法检查组到山东黄河三角洲国家级自然保护区察看大汶流湿地恢复、保护区生态环境监测、互花米草综合治理等。山东省委副书记、省长周乃翔出席座谈会，省人大常委会副主任、党组书记杨东奇参加有关活动。

7月

11日，省政协主席葛慧君到泰安市东平县、肥城市，围绕发挥政协优势开展民主监督，助力黄河流域生态保护和高质量发展重大国家战略落地落实开展调研。

19日，山东省政府新闻办举行新闻发布会，介绍黄河流域生态保护和高质量发展法治保障有关情况。山东省委全面依法治省委员会办公室印发《关于加强黄河流域生态保护和高质量发展法治保障的若干措施》。

25日，山东省十四届人大常委会第四次会议举行联组会议，对全省黄河流域生态保护和高质量发展工作情况进行专题询问，省人大常委会副主任、党组书记杨东奇出席并讲话。

27日，沿黄九省区侨联在济南共同签署《沿黄九省区侨联助力推动黄河流域生态保护和高质量发展联席会议机制协议》。

28日，山东省纪委监委举办2023年度第四期“黄河清风”讲堂。省财政厅党组成员、副厅长王元强，德州市纪委主持日常工作的副书记、市监委副主任周立志，分别以《坚持积极的财政政策加力提效全力保障黄河重大国家战略落实》《立足实际做实做细专项监督保障重大国家战略落实落地》为题授课。

8月

31日，山东省人民政府、河南省人民政府在郑州举行签约仪式，共同签署《关于加强交通互联互通　服务支撑黄河流域生态保护和高质量发展的合作协议》。

2023年度

9月

6日，山东省政协召开黄河流域生态保护专项民主监督协商会，省政协主席葛慧君主持会议并讲话。

15日，山东省委办公厅通报4起十二届省委第一轮黄河流域生态保护和高质量发展专项巡视整改不力典型案例。

20日，山东省纪委监委举办2023年度第五期“黄河清风”讲堂。青岛市委常委、副市长耿涛和青岛市纪委副书记、监委副主任刘文杰，分别以《主动担当作为　找准突破方向　推动青岛更好地服务和融入黄河重大国家战略》《以黄河重大国家战略专项监督为牵引　推动政治监督具体化、精准化、常态化》为题授课。

10月

9日，山东省政府印发《山东省沿黄生态廊道保护建设规划（2023—2030年）》。

24日至27日，山东省纪委监委报送的《中共山东省纪委关于深入推进黄河重大国家战略专项监督实施情况的报告》得到省委、省政府主要领导批示肯定。

24日至25日，黄河流域生态保护和高质量发展现场观摩在滨州市、东营市举行。山东省委书记林武出席活动并在观摩工作会上讲话，省委副书记、省长周乃翔主持会议。

11月

17日，由中国社会科学院生态文明研究智库、中国社会科学院习近平生态文明思想研究中心，中共济南市委、济南市人民政府主办的“中国社会科学论坛（2023年·经济学）：黄河生态文明国际论坛”在济南开幕，论坛主题为“加快推进人与自然和谐共生的现代化，全面建设美丽中国”。

2024年度

12月

1日，山东省纪委监委举办2023年度第六期“黄河清风”讲堂。省委教育工委副书记，省教育厅党组副书记、副厅长邢顺峰同志和省政协常委、农业农村委员会副主任，省审计厅副厅长、一级总监栾心勇同志，分别以《坚持教育优先发展 扛牢黄河重大国家战略教育担当》和《以高质量审计监督助推黄河重大国家战略落地落实》为题授课。

29日，山东省人民政府办公厅、河南省人民政府办公厅印发《鲁豫毗邻地区合作发展实施方案》。

1月

30日，山东省委常委、省纪委书记、省监委主任夏红民主持召开省纪委常委会，听取2023年度黄河流域生态保护和高质量发展专项监督等重大专项监督工作情况汇报。

2月

20日，山东省纪委办公厅印发《2024年度黄河流域生态保护和高质量发展专项监督工作方案》。

21日，中央纪委国家监委驻水利部纪检监察组与山东省纪委监委联合印发《关于聚焦贯彻落实黄河流域生态保护和高质量发展加强政治监督和审查调查协作配合的意见（试行）》。

21日，山东省政府新闻办举行“加力塑造高标准营商环境”主题系列新闻发布会，省纪委监委介绍了全省纪检监察机关护航优化营商环境专项行动开展情况。

3月

13日，山东省委常委、省纪委书记、省监委主任夏红民主持召开省纪委常委会，审议通过《2024年深化乡村振兴领域不正之风和腐败问题专项整治工作方案》《2024年度护航优化营商环境专项行动工作方案》。

14日，山东省委常委会会议暨省绿色低碳高质量发展先行区建设领导小组会议召开，省委书记、省绿色低碳高质量发展先行区建设领导小组组长林武主持会议并讲话。

18日，山东省推进黄河流域生态保护和高质量发展领导小组办公室印发《山东省推动黄河流域生态保护和高质量发展2024年工作要点》。

26日至27日，山东省十四届人大常委会第八次会议召开，审议通过《山东省黄河保护条例》。

2024年度

4月

23日，山东省政协十三届二十五次主席会议审议通过《关于2024年度我省黄河流域生态保护专项民主监督的实施方案》。

5月

6日，山东省委副书记、省长周乃翔出席全省突出生态环境问题整改推进会议，集体观看2023年黄河流域生态环境警示片，对做好整改工作进行动员部署。

22日，中央纪委国家监委驻水利部纪检监察组、山东省纪委监委在济南召开工作座谈会，研究《关于聚焦贯彻落实黄河流域生态保护和高质量发展加强政治监督和审查调查协作配合的意见（试行）》贯彻落实工作。

6月

14日，山东省委书记林武主持召开省委常委会会议，集体观看2023年黄河流域生态环境警示片，对做好问题整改做出安排部署。

14日，全省优化营商环境大会在济南召开，山东省纪委监委机关在会上作典型发言。

15日，山东省纪委监委专门印发通知，部署做好2023年黄河流域生态环境警示片问题整改监督工作。

9月

10日至11日，山东省政协主席葛慧君带队赴河南郑州考察，出席助推“深化鲁豫合作、引领黄河流域生态保护和高质量发展”鲁豫两省政协协商座谈会。

13日，山东省委常委会召开会议，研究全面推动黄河流域生态保护和高质量发展等工作。省委书记林武主持会议并讲话。

18日，山东省政协召开“黄河流域生态保护专项民主监督”协商座谈会。

23日，山东省委常委、省纪委书记、省监委主任夏红民主持召开省纪委常委会会议，部署认真学习贯彻习近平总书记在全面推动黄河流域生态保护和高质量发展座谈会上的重要讲话精神，持续深化黄河重大国家战略专项监督，为山东继续在推动黄河流域生态保护和高质量发展上走在前提供坚强保障。

24日，山东省十四届人大常委会第十一次会议举行联组会议，对山东省绿色低碳高质量发展先行区建设工作情况进行专题询问。省人大常委会副主任、党组书记杨东奇出席并讲话。

7月

1日至5日，山东省人大常委会组织全省部分全国人大代表，围绕黄河重大国家战略实施等专题在省内开展2024年重点专题调研。

10日，山东省委副书记、省长周乃翔主持召开省政府常务会议，研究黄河流域生态环境问题大排查大整治等工作。

23日至25日，山东省十四届人大常委会第十次会议听取省政府关于全省黄河流域生态保护和高质量发展专题询问所提问题整改情况的报告，并进行满意度测评。省委书记、省人大常委会主任林武主持闭幕会并讲话，省人大常委会副主任、党组书记杨东奇参加。

10月

10日至12日，山东省纪委监委派员到省化转办，以及泰安市、菏泽市等地有关部门单位，就全省化工园区扩区调区有关问题开展调研监督。

21日至23日，由沿黄九省（区）国资委、东营市人民政府共同主办的“黄河流域省（区）属国资国企对接交流会”在东营市举办。

30日至31日，山东省政协组织住鲁全国政协委员，围绕“推动黄河流域生态保护和高质量发展”主题到泰安市、聊城市考察。

2024年度

11月

10日，2024黄河流域协同科技创新大会在济南召开，大会主题为“加强区域协同创新　推进生态绿色发展”。会上签署了《沿黄省区科技部门科技创新合作协议》《黄河流域省会城市跨区域协同创新合作协议》等。

19日，山东省纪委监委在东营召开黄河流域生态保护和高质量发展专项监督工作会议，省委常委、省纪委书记、省监委主任夏红民出席会议并讲话。

12月

5日，《中共山东省纪委监委关于深入开展黄河重大国家战略专项监督情况的报告》得到山东省政府主要领导批示肯定。

11日，由山东省政府主办的鲁豫毗邻地区合作发展第一次联席会议在聊城市召开，会上鲁豫毗邻地区8市共同签署了鲁豫毗邻地区合作发展框架协议。

后　记

黄河落天走东海，万里写入胸怀间。2024年是黄河流域生态保护和高质量发展重大国家战略实施五周年，也是习近平总书记亲临山东视察并在济南召开深入推动黄河流域生态保护和高质量发展座谈会三周年。

为全面客观记述三年来全省各级纪检监察机关服务保障黄河重大国家战略，深入开展黄河流域生态保护和高质量发展专项监督的生动实践，不断深化认识、总结规律、提升质效，持续推动黄河重大国家战略在齐鲁大地落地生根、开花结果，2024年11月，山东省纪委监委启动编纂《守护黄河安澜　共促高质量发展——山东省黄河流域生态保护和高质量发展专项监督工作纪实》一书。

在省纪委监委领导的关心指导下，编纂组坚持实事求是，以强烈的责任感和使命感，精心策划结构框架和具体内容，统筹做好资料征集、事实核查、稿件修改、总纂统稿、勘误补遗、审核出版等工作，全力提升编纂质量，于2024年12月完成全书编纂。

全书共23万余字，以"工作综述"开篇，包含"组织领导""监督推动""制度机制""成果成效""大事记"等5个篇章，精心选取具有代表性的重要会议、典型做法、制度文件和成果成效，以期发挥示范带动和参考借鉴作用，进一步纵深推进黄河重大国家战略不断取得新的成效，为山东“走在前、挑大梁”提供有力保障。

本书编纂过程中得到全省各级纪检监察机关、巡视巡察机构和相关部门单位领导和同志们的大力支持，在此表示诚挚感谢。由于本书所记内容广泛，加之时间仓促，难免有疏漏之处，敬请各级领导和社会各界人士批评指正。

编　者

2024年12月